EXPOSITION

DE LA

MÉTHODE DE HANSEN

RELATIVE

AU CALCUL DES PERTURBATIONS DES PETITES PLANÈTES

PAR

L. DUPUY

Professeur de Mathématiques au Lycée de Bordeaux

(Extrait des *Mémoires de la Société des Sciences physiques et naturelles de Bordeaux*, t. X, 1er cahier.)

PARIS
CHEZ GAUTHIER-VILLARS, LIBRAIRE
Quai des Augustins, 55

BORDEAUX
CHEZ Vve CHAUMAS, LIBRAIRE
Cours du Chapeau-Rouge, 34

1874

Bordeaux.—Imp. G. Gounouilhou, rue Guiraude, 11.

EXPOSITION

DE LA

MÉTHODE DE HANSEN

EXPOSITION

DE LA

MÉTHODE DE HANSEN

RELATIVE

AU CALCUL DES PERTURBATIONS DES PETITES PLANÈTES

PAR

L. DUPUY

Professeur de Mathématiques au Lycée de Bordeaux

PARIS

Chez GAUTHIER-VILLARS, Libraire

Quai des Augustins, 55

BORDEAUX

Chez Vve CHAUMAS, Libraire

Cours du Chapeau-Rouge, 34

1874

EXPOSITION

DE LA

MÉTHODE DE HANSEN

RELATIVE AU

CALCUL DES PERTURBATIONS DES PETITES PLANÈTES

Ce travail a pour objet de développer la méthode de M. Hansen pour le calcul des perturbations des petites planètes, en lui faisant subir quelques modifications de détail et de forme qui m'ont paru devoir en simplifier l'exposition et l'usage.

Le but du savant directeur de l'Observatoire de Gotha est d'éviter les séries, peu convergentes dans le cas des petites planètes, auxquelles conduit la méthode employée pour les planètes principales. A cet effet, il prend pour arguments de ses développements l'anomalie excentrique de la planète troublée et l'anomalie moyenne de la planète troublante. Il exprime ainsi, sous une forme abordable par le calcul numérique, les variations des coordonnées qu'il fait dépendre au préalable de deux fonctions W et R, dont les dérivées dépendent de celles de la fonction perturbatrice.

J'ai divisé mon travail en trois parties.

Dans la première, j'expose l'introduction des coordonnées choisies par M. Hansen, l'expression analytique des fonctions W et R, dont dépendent respectivement les perturbations de la longitude moyenne et du rayon vecteur, ainsi que celles de la latitude, les transformations de la fonction perturbatrice et de ses dérivées, et enfin l'expression des perturbations du premier ordre des coordonnées choisies.

Dans la deuxième se trouvent les développements nécessaires au calcul des perturbations du second ordre et des variations séculaires.

Dans la troisième, j'expose les corrections que subissent les coefficients de perturbations quand on corrige les éléments elliptiques pris pour base, et enfin le calcul de ces coefficients lorsqu'on prend pour base les éléments moyens.

PREMIÈRE PARTIE.

§ I.

Transformation des coordonnées.

1.

Les équations différentielles de la *Mécanique Céleste* relatives au mouvement d'une planète autour du Soleil, sont

$$(1)\quad \begin{cases} \dfrac{d^2x}{dt^2} + \mu\dfrac{x}{r^3} = \mu\dfrac{\partial\Omega}{\partial x}, \\ \dfrac{d^2y}{dt^2} + \mu\dfrac{y}{r^3} = \mu\dfrac{\partial\Omega}{\partial y}; \\ \dfrac{d^2z}{dt^2} + \mu\dfrac{z}{r^3} = \mu\dfrac{\partial\Omega}{\partial z}, \end{cases}$$

dans lesquelles la fonction que Laplace désigne par R est remplacée par $-\mu\Omega$; de sorte qu'on a

$$\Omega = \frac{m'}{\mu}\left(\frac{1}{\Delta_1} - \frac{xx'+yy'+zz'}{r'^3}\right) + \frac{m''}{\mu}\left(\frac{1}{\Delta_2} - \frac{xx''+yy''+zz''}{r''^3}\right) + \cdots$$
$$+ \frac{m'm''}{m\mu}\left(\frac{1}{\Delta_{1,2}} - \frac{x'x''+y'y''+z'z''}{r_{1,2}^3}\right) + \cdots,$$

en posant pour abréger

$$\Delta_1^2 = (x-x')^2 + (y-y')^2 + (z-z')^2,$$
$$\Delta_2^2 = (x-x'')^2 + (y-y'')^2 + (z-z'')^2,$$
$$\cdots\cdots\cdots\cdots\cdots\cdots$$
$$\Delta_{1,2}^2 = (x'-x'')^2 + (y'-y'')^2 + (z'-z'')^2,$$
$$\cdots\cdots\cdots\cdots\cdots\cdots$$

Les autres lettres ont la même signification qu'au chap. VI du tome Ier de la *Mécanique Céleste*.

L'intégration du système

$$(2)\quad \begin{cases} \dfrac{d^2x}{dt^2} + \mu\dfrac{x}{r^3} = 0, \\ \dfrac{d^2y}{dt^2} + \mu\dfrac{y}{r^3} = 0, \\ \dfrac{d^2z}{dt^2} + \mu\dfrac{z}{r^3} = 0, \end{cases}$$

ferait connaître le mouvement de la planète m, dans le cas où elle serait la seule du système solaire. Les constantes que l'intégration amène dans ce cas se trouvent partagées en deux groupes qui déterminent, l'un la position, et l'autre les dimensions de l'orbite. La théorie de la variation des constantes arbitraires permet, comme on sait, de prendre pour intégrales des équations (1) celles des équations (2), à la condition d'y considérer comme variables les six constantes arbitraires introduites par l'intégration, les variations de ces constantes devant être déterminées de manière à satisfaire aux équations (1). Les valeurs des coordonnées x, y, z et celles de leurs dérivées $\frac{dx}{dt}$, $\frac{dy}{dt}$, $\frac{dz}{dt}$, déduites de ces deux systèmes, ont alors la même forme.

M. Hansen a donné le nom de *coordonnées idéales* à toutes celles qui jouissent de cette propriété; le nombre en est illimité. Un système de coordonnées idéales x, y, z est en effet lié avec un autre système X, Y, Z par des relations de la forme

$$(3)\quad \begin{cases} X = \alpha x + \alpha' y + \alpha'' z, \\ Y = \beta x + \beta' y + \beta'' z, \\ Z = \gamma x + \gamma' y + \gamma'' z. \end{cases}$$

Les nouvelles coordonnées seront idéales si l'on a

$$(4)\quad \begin{cases} x d\alpha + y d\alpha' + z d\alpha'' = 0, \\ x d\beta + y d\beta' + z d\beta'' = 0, \\ x d\gamma + y d\gamma' + z d\gamma'' = 0, \end{cases}$$

conditions qui se réduisent à deux distinctes; en effet, du système (3) on tire

$$(5)\quad \begin{cases} x = \alpha X + \beta Y + \gamma Z, \\ y = \alpha' X + \beta' Y + \gamma' Z, \\ z = \alpha'' X + \beta'' Y + \gamma'' Z; \end{cases}$$

substituant ces valeurs dans le système (4), il vient

$$(6) \qquad \frac{X}{A} = \frac{Y}{B} = \frac{Z}{C},$$

en posant, pour abréger,

$$\begin{aligned} A\,dt &= \Sigma\gamma d\beta = -\Sigma\beta d\gamma, \\ B\,dt &= \Sigma\alpha d\gamma = -\Sigma\gamma d\alpha, \\ C\,dt &= \Sigma\beta d\alpha = -\Sigma\alpha d\beta. \end{aligned}$$

Les équations (6) montrent que, dans tout système de coordonnées idéales rapportées à des axes mobiles, l'axe instantané de rotation coïncide avec le rayon vecteur de la planète.

2.

Une fonction de coordonnées idéales est elle-même une coordonnée idéale. Soit

$$V = f(X, Y, Z),$$

X, Y, Z étant des coordonnées idéales liées à un autre système x, y, z par les équations (3). En différentiant et ayant égard aux relations (4), on a

$$dV = \frac{\partial f}{\partial X}(\alpha dx + \alpha' dy + \alpha'' dz) + \frac{\partial f}{\partial Y}(\beta dx + \beta' dy + \beta'' dz) + \frac{\partial f}{\partial Z}(\gamma dy + \gamma' dy + \gamma'' dz);$$

ainsi dV a la même forme dans le mouvement troublé et dans le mouvement non troublé; V est donc une coordonnée idéale.

Désignant maintenant par τ le temps contenu hors des constantes arbitraires variables et par t le temps contenu dans ces constantes, on a, dans le mouvement troublé,

$$\frac{\partial V}{\partial \tau}d\tau + \frac{\partial V}{\partial t}dt = \frac{\partial f}{\partial X}\left(\frac{\partial X}{\partial \tau}d\tau + \frac{\partial X}{\partial t}dt\right) + \frac{\partial f}{\partial Y}\left(\frac{\partial Y}{\partial \tau}dt + \frac{\partial Y}{\partial t}dt\right) + \frac{\partial f}{\partial Z}\left(\frac{\partial Z}{\partial \tau}d\tau + \frac{\partial Z}{\partial t}dt\right)$$

et dans le mouvement non troublé,

$$\frac{\partial V}{\partial \tau}d\tau = \left(\frac{\partial f}{\partial X}\frac{\partial X}{\partial \tau} + \frac{\partial f}{\partial Y}\frac{\partial Y}{\partial \tau} + \frac{\partial f}{\partial Z}\frac{\partial Z}{\partial \tau}\right)d\tau;$$

mais V, étant une coordonnée idéale, a la même forme dans les deux mouvements; par suite, la première de ces relations se réduit à

$$\frac{\partial V}{\partial t}dt = \left(\frac{\partial f}{\partial X}\frac{\partial X}{\partial t} + \frac{\partial f}{\partial Y}\frac{\partial Y}{\partial t} + \frac{\partial f}{\partial Z}\frac{\partial Z}{\partial t}\right)dt,$$

relation dans laquelle dV, dX, ... sont les accroissements dus à la force perturbatrice. On introduira donc celle-ci, en différentiant par rapport à t et remplaçant les dérivées premières des coordonnées par zéro, et les dérivées secondes par les accroissements que subissent les seconds membres des équations du mouvement, lorsqu'on passe du mouvement non troublé au mouvement troublé.

3.

Afin de compléter la détermination du système idéal dont il est fait usage dans ce travail, on pose

$$Z = 0, \tag{7}$$

de sorte qu'alors le plan XY passe toujours par le rayon vecteur. Les équations (6) montrent qu'on a aussi

$$C = 0,$$

ou

$$\Sigma\beta d\alpha = -\Sigma\alpha d\beta = 0. \tag{8}$$

En résolvant par rapport à γ, γ', $d\alpha$, $d\alpha'$ les équations

$$\Sigma\alpha\gamma = 0, \quad \Sigma\beta\gamma = 0,$$
$$\Sigma\alpha d\alpha = 0, \quad \Sigma\beta d\alpha = 0,$$

on obtient

$$\left\{\begin{aligned} \frac{d\alpha}{\gamma} &= \frac{d\alpha'}{\gamma'} = \frac{d\alpha''}{\gamma''}, \\ \frac{d\beta}{\gamma} &= \frac{d\beta'}{\gamma'} = \frac{d\beta''}{\gamma''}. \end{aligned}\right. \tag{9}$$

Ainsi, la détermination complète du système idéal choisi par M. Hansen fait dépendre les variations des quatre cosinus α, α', β, β' de celles des deux cosinus α'', β''.

4.

En introduisant dans les équations (5) la condition exprimée par l'équation (7), elles deviennent

$$\left\{\begin{aligned} x &= \alpha X + \beta Y, \\ y &= \alpha' X + \beta' Y, \\ z &= \alpha'' X + \beta'' Y, \end{aligned}\right. \tag{10}$$

et comme x, y, z sont des coordonnées idéales

$$(10)^* \quad \begin{cases} X d\alpha + Y d\beta = 0, \\ X d\alpha' + Y d\beta' = 0, \\ X d\alpha'' + Y d\beta'' = 0. \end{cases}$$

Différentiant deux fois les équations (5) par rapport à t, en tenant compte des précédentes, il vient

$$\begin{aligned} d^2x &= \alpha\, d^2X + \beta\, d^2Y + d\alpha\, dX + d\beta\, dY, \\ d^2y &= \alpha' d^2X + \beta' d^2Y + d\alpha' dX + d\beta' dY, \\ d^2z &= \alpha'' d^2X + \beta'' d^2Y + d\alpha'' dX + d\beta'' dY. \end{aligned}$$

Éliminant ensuite entre ces relations et successivement d^2Y, dY, puis d^2X, dX et enfin d^2X, d^2Y, il vient

$$\begin{aligned} d^2X &= \alpha d^2x + \alpha' d^2y + \alpha'' d^2z, \\ d^2Y &= \beta d^2x + \beta' d^2y + \beta'' d^2z, \\ \frac{1}{\gamma''}(d\alpha'' dX + d\beta'' dY) &= \gamma d^2x + \gamma' d^2y + \gamma'' d^2z. \end{aligned}$$

Si l'on pose de nouveau et pour un instant

$$Z = \gamma x + \gamma' y + \gamma'' z,$$

on peut considérer Ω, qui dépend de x, y, z, comme une fonction de X, Y, ce qui donne

$$\begin{aligned} \frac{\partial\Omega}{\partial X} &= \alpha \frac{\partial\Omega}{\partial x} + \alpha' \frac{\partial\Omega}{\partial y} + \alpha'' \frac{\partial\Omega}{\partial z}, \\ \frac{\partial\Omega}{\partial Y} &= \beta \frac{\partial\Omega}{\partial x} + \beta' \frac{\partial\Omega}{\partial y} + \beta'' \frac{\partial\Omega}{\partial z}, \\ \frac{\partial\Omega}{\partial Z} &= \gamma \frac{\partial\Omega}{\partial x} + \gamma' \frac{\partial\Omega}{\partial y} + \gamma'' \frac{\partial\Omega}{\partial z}, \end{aligned}$$

cette dernière équation servant à définir $\frac{\partial\Omega}{\partial Z}$ dans le système idéal adopté, auquel s'appliquent ces formules, en y faisant $Z = 0$, *après la différentiation.*

Si l'on observe que

$$r^2 = x^2 + y^2 + z^2 = X^2 + Y^2,$$

et qu'on élimine des équations (1) les différentielles de x, y, z et les dérivées de Ω par rapport à ces coordonnées, on aura

$$(11)\qquad \begin{cases} \dfrac{d^2X}{dt^2} + \mu\dfrac{X}{r^3} = \mu\dfrac{\partial\Omega}{\partial X}, \\ \dfrac{d^2Y}{dt^2} + \mu\dfrac{Y}{r^3} = \mu\dfrac{\partial\Omega}{\partial X}, \end{cases}$$

$$(11)^* \qquad \frac{d\alpha''}{dt}\frac{dX}{dt} + \frac{d\beta''}{dt}\frac{dY}{dt} = \mu\gamma''\frac{\partial\Omega}{\partial Z},$$

X, Y étant indépendantes de la position de l'orbite dans l'espace, le choix de ces coordonnées suffit pour séparer le mouvement sur la trajectoire du mouvement de celle-ci dans l'espace. Ce dernier mouvement est donné par les deux équations

$$Xd\alpha'' + Yd\beta'' = 0,$$

$$\frac{d\alpha''}{dt}\frac{dX}{dt} + \frac{d\beta''}{dt}\frac{dY}{dt} = \mu\gamma''\frac{\partial\Omega}{\partial Z};$$

si l'on pose pour abréger

$$h = \frac{\mu dt}{XdY - YdX},$$

ce système devient

$$(12)\qquad \begin{cases} \dfrac{d\alpha''}{dt} = -\,h\gamma''Y\dfrac{\partial\Omega}{\partial Z}, \\ \dfrac{d\beta''}{dt} = \quad h\gamma''X\dfrac{\partial\Omega}{\partial Z}. \end{cases}$$

L'intégration des équations (11) donne X et Y, celle des équations (12) donne α'' et β''; enfin celle des équations (9) fournit $\alpha, \alpha', \beta, \beta'$. La substitution de ces diverses valeurs, dans les relations (10), déterminera complètement x, y, z.

5.

Soit maintenant v l'angle compris dans le plan des XY, entre la partie positive de l'axe des X et le rayon vecteur r, cet angle étant compté dans le sens du mouvement : r et v sont les coordonnées polaires de la planète, et l'on a

$$X = r\cos v, \qquad Y = r\sin v;$$

Éliminant maintenant X et Y des équations (11), on obtient

$$(13)\quad \left\{\begin{aligned} & r^2\frac{d^2v}{dt^2}+2r\frac{dr}{dt}\frac{dv}{dt}=\mu\frac{\partial\Omega}{\partial v},\\ & \frac{d^2r}{dt^2}-r\frac{dv^2}{dt^2}+\frac{\mu}{r^2}=\mu\frac{\partial\Omega}{\partial r}.\end{aligned}\right.$$

Telles sont en coordonnées polaires les équations du mouvement dans le plan des XY.

En intégrant sans tenir compte des seconds membres, et en considérant les constantes introduites comme des fonctions du temps qu'on déterminera par la méthode de la variation des constantes arbitraires, les intégrales obtenues seront celles des équations (13). r et v étant des coordonnées idéales, leurs dérivées premières par rapport au temps conservent la même forme dans le mouvement troublé et dans le mouvement non troublé ; de sorte qu'on a les équations

$$(13)^*\quad \frac{dv}{dt}=\frac{f}{r^2}\sqrt{\mu a},\quad \frac{dr}{dt}=\frac{1}{f}\sqrt{\frac{\mu}{a}}\,e\sin w,$$

dans lesquelles $2a$ est le grand axe de l'orbite, e son excentricité, w l'anomalie vraie, $f=\sqrt{1-e^2}$. Différentiant ces expressions, il vient, dans le mouvement non troublé,

$$\frac{d^2v}{dt^2}=-\frac{2}{r}\frac{dr}{dt}\frac{dv}{dt},\quad \frac{d^2r}{dt^2}=r\left(\frac{dv}{dt}\right)^2-\frac{\mu}{r^2}.$$

Comparant ces résultats avec les équations (13), on voit que les dérivées secondes déduites des équations (13)* satisfont aux équations du mouvement troublé, à la condition de les augmenter respectivement de

$$\frac{\mu}{r^2}\frac{\partial\Omega}{\partial v},\quad \mu\frac{\partial\Omega}{\partial r}.$$

La quantité désignée par h peut prendre la forme

$$(13)^{**}\quad h=\frac{\mu}{r^2\frac{dv}{dt}},$$

et comme

$$r^2\frac{dv}{dt}=f\sqrt{\mu a},$$

on a finalement

$$h=\frac{1}{f}\sqrt{\frac{\mu}{a}}.$$

6.

Les neuf cosinus peuvent s'exprimer en fonction des trois angles i, θ, σ, représentant respectivement l'angle du plan des XY avec celui des xy, l'angle que fait la ligne des nœuds avec la partie positive de l'axe des x, et l'angle que fait la même ligne avec la partie positive de l'axe des X : on a ainsi, comme on sait,

$$\begin{aligned}
\alpha &= \cos\sigma\cos\theta + \sin\sigma\sin\theta\cos i,\\
\beta &= \sin\sigma\cos\theta - \cos\sigma\sin\theta\cos i,\\
\gamma &= \sin\theta\sin i,\\
\alpha' &= \cos\sigma\sin\theta - \sin\sigma\cos\theta\cos i,\\
\beta' &= \sin\sigma\sin\theta + \cos\sigma\cos\theta\cos i,\\
\gamma' &= -\cos\theta\sin i,\\
\alpha'' &= -\sin\sigma\sin i,\\
\beta'' &= \cos\sigma\sin i,\\
\gamma'' &= \cos i.
\end{aligned}$$

Ces neuf équations entre les neuf cosinus et les trois angles montrent que ces derniers sont indépendants les uns des autres, mais l'équation (8) établit une relation entre leurs variations. Pour obtenir cette relation, on calcule d'abord $d\alpha, d\alpha', d\alpha''$, ce qui donne

$$\begin{aligned}
d\alpha &= -\alpha' d\theta - \beta d\sigma - \gamma\sin\sigma di,\\
d\alpha' &= \alpha d\theta - \beta' d\sigma - \gamma'\sin\sigma di,\\
d\alpha'' &= -\beta'' d\sigma - \gamma''\sin\sigma di;
\end{aligned}$$

substituant ces valeurs dans l'équation (8), on a

$$d\sigma = \cos i d\theta. \tag{14}$$

L'intégration des équations (12) et (14) amène trois constantes arbitraires, qui sont les valeurs, pour $t=0$, de θ, α'' et β''; l'intégration des équations (13) en introduit quatre, de sorte qu'on obtient ainsi une constante arbitraire de trop. La septième constante doit son existence à ce qu'elle déterminera la position de l'axe des X dans le plan des XY, position complètement arbitraire. On peut dès lors supposer que, pour $t=0$, les angles $XA\Omega$ et $xA\Omega$ sont égaux; en sorte que si l'on désigne par σ_0, i_0, θ_0 les valeurs de σ, i, θ pour $t=0$, on a

$$\sigma_0 = \theta_0,$$

et par là le nombre des constantes est ramené à six.

Les différentielles des angles θ, σ, i s'expriment facilement en fonction de celles des cosinus α'' et β''. En effet, les valeurs obtenues précédemment pour α' et β' donnent

$$d\alpha'' = -\beta'' d\sigma + \gamma'' \frac{\alpha''}{\sin i} di,$$

$$d\beta'' = -\alpha'' d\sigma + \gamma'' \frac{\beta''}{\sin i} di.$$

Combinant ces équations entre elles et avec l'équation (14), on a

$$d\sigma = \frac{\alpha'' d\beta'' - \beta'' d\alpha''}{1 - \gamma''^2},$$

$$d\theta = \frac{\alpha'' d\beta'' - \beta'' d\alpha''}{\gamma'' (1 - \gamma''^2)},$$

$$d(\theta - \sigma) = \frac{\alpha'' d\beta'' - \beta'' d\alpha''}{\gamma'' (1 + \gamma'')},$$

$$di = \frac{\alpha'' d\alpha'' + \beta'' d\beta''}{\gamma'' \sqrt{1 - \gamma''^2}}.$$

En intégrant, on a

$$i = i_0 + \int \frac{\alpha'' d\alpha'' + \beta'' d\beta''}{\gamma'' \sqrt{1 - \gamma''^2}},$$

$$\theta = \theta_0 + \int \frac{\alpha'' d\beta'' - \beta'' d\alpha''}{\gamma'' \sqrt{1 - \gamma''^2}},$$

$$\theta - \sigma = \int \frac{\alpha'' d\beta'' - \beta'' d\alpha''}{\gamma'' (1 + \gamma'')}.$$

Si l'on désigne par

v la longitude dans l'orbite comptée à partir de AX,

L la projection sur le plan xy de cette longitude, projection comptée à partir de Ax,

λ la latitude par rapport au plan xy,

i l'angle des deux plans XY et xy,

θ et σ les mêmes angles que précédemment,

AX et Ax étant les parties positives des axes des X et des x, le triangle $mm_1\Omega$ rectangle en m_1 et ayant pour sommets la planète, le nœud et l'intersection du cercle de longitude passant par la planète avec celui qui détermine dans la sphère céleste le plan des xy, donne

$$(15)\qquad \begin{cases} \cos\lambda \sin(L-\theta) = \cos i \sin(v-\sigma), \\ \cos\lambda \cos(L-\theta) = \cos(v-\sigma), \\ \sin\lambda = \sin i \sin(v-\sigma). \end{cases}$$

La substitution des valeurs de i, θ, σ, données par les intégrales ci-dessus, dans les équations (15), ferait connaître L et λ; mais ces équations (15) renferment les valeurs complètes de i, θ, σ, de sorte que les parties constantes de ces valeurs ne sont pas séparées des parties variables, c'est-à-dire des perturbations. Dans ce qui suit, je vais établir des équations où cette séparation est effectuée.

7.

Si l'on imagine une sphère de rayon 1, ayant pour centre celui du Soleil, le plan de l'orbite la coupe suivant un grand cercle M☊B, tel que M, ☊, B soient respectivement les points rencontrés par le rayon vecteur, la ligne du nœud ascendant et l'axe des X; alors B☊ $=\sigma$, BM $=v$, M☊D $=i$, OD étant le grand cercle suivant lequel la sphère est coupée par le plan fondamental des xy. Par un point I du cercle MB, je fais passer un grand cercle IN, et sur son plan j'abaisse du point M la perpendiculaire MQ, que je prolonge jusqu'à sa rencontre avec la sphère au point M_0; par ce point et par I je mène un autre grand cercle, sur lequel je prends

$$M_0C = MB = v,$$

et qui fait un angle k avec le plan fondamental qu'il coupe suivant la ligne AHx_0 faisant avec Ax un angle $-\varphi$ compté de Ax vers AH; je désigne encore par h l'arc HC. Il est facile de montrer que le triangle sphérique MIM est isoscèle. Je mène AQ, AM, AM_0, AI, IQ; MM_0 perpendiculaire au plan IAN l'est à la droite AQ passant par son pied dans ce plan, et, comme AMM_0 est isoscèle, $MQ = M_0Q$. Si maintenant je mène IQ, elle est perpendiculaire sur le milieu de MM_0, et par suite le triangle rectiligne IMM_0 est isoscèle, et

$$\text{arc IM} = \text{arc IM}_0.$$

De là résulte

$$\text{arc IC} = \text{arc IB}.$$

La ligne AQ prolongée passant par le milieu de l'arc MM_0, le cercle IN y passe aussi; il est donc bissecteur de l'angle MIM_0.

Les coordonnées du point M, par rapport à la ligne AHx et à la perpendiculaire qu'on lui mène par le point A dans le plan M_0AH, sont

$$x = \cos\lambda \cos(L-\varphi),$$
$$y = \cos\lambda \sin(L-\varphi),$$
$$z = \sin\lambda,$$

tandis que les coordonnées du même point dans le système yAx sont données par les équations (15).

Les coordonnées du point M_0, par rapport aux axes Ay_0, Ax_0, Az_0, sont

$$(15)^* \quad \begin{cases} x_0 = \cos(v-h), \\ y_0 = \cos k \sin(v-h), \\ z_0 = \sin k \sin(v-h), \end{cases}$$

et si maintenant j'appelle x_1, y_1, z_1 les coordonnées de M par rapport à de nouveaux plans coordonnés parallèles aux anciens et passant

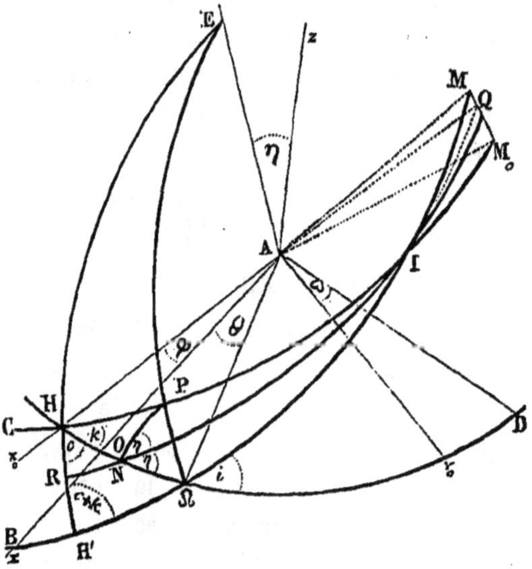

par le point M_0, η l'angle de la direction constante M_0M avec l'axe des z, ω l'angle que fait avec Ay_0 la projection de M_0M sur le plan fondamental, ces deux angles η, ω étant ainsi indépendants de v, j'ai

$$x_1 = (z-z_0) \tan \eta \sin \omega,$$
$$y_1 = -(z-z_0) \tan \eta \cos \omega,$$
$$z_1 = z - z_0,$$

et comme $x_1 = x - x_0$, $y_1 = y - y_0$, il vient finalement

$$(16) \quad \begin{cases} \cos\lambda \cos(L-\varphi) = \cos(v-h) + sA \sin\omega, \\ \cos\lambda \sin(L-\varphi) = \cos k \sin(v-h) - sA\cos\omega, \\ \sin\lambda = \sin k \sin(v-h) + s, \end{cases}$$

en posant pour abréger $\tan g\, n = A$, $z - z_0 = s$.

Ces équations, où φ, h, k sont complètement arbitraires, donnent les coordonnées du point M_0; elles ne diffèrent des équations (15), déterminant le point M, que par les termes complémentaires ayant s en facteur, et qui deviennent très petits en même temps que MM_0.

En posant $\Gamma = \varphi - h$, les équations (16) deviennent

$$(17) \quad \begin{cases} \cos\lambda \cos(L-h-\Gamma) = \cos(v-h) + sA \sin\omega, \\ \cos\lambda \sin(L-h-\Gamma) = \cos k \sin(v-h) - sA \cos\omega, \\ \sin\lambda = \sin k \sin(v-h) + s. \end{cases}$$

La quantité Γ qu'on vient d'introduire ici et les quantités ω, n sont liées aux positions des deux cercles M_0C, MB par des relations qui s'établissent simplement. En effet, NI, cercle bissecteur de l'angle MIM_0, étant perpendiculaire sur l'arc de grand cercle MM_0, a pour pôle le point E, et de plus il fait un angle n avec le plan fondamental, en sorte que l'angle zAE des deux rayons AE, AZ, respectivement perpendiculaires à ces deux plans, est égal à n. De plus, NA, intersection du plan fondamental et du plan du cercle bissecteur, perpendiculaire à ces deux lignes, l'est aussi au plan EAz et à la ligne AD, suivant laquelle il coupe le plan fondamental; N est donc le pôle du grand cercle EzD, par suite

$$ND = 90^\circ,$$

AD se trouve au delà de Ay_0, et on a

$$HN = Dy_0 = \omega,$$

puisque AD, intersection du plan fondamental avec un plan qui lui est perpendiculaire et qui passe par une parallèle AE à la ligne MM_0, doit être parallèle à la projection de cette dernière sur xAy.

Si l'on fait passer par H et E un grand cercle qui coupe MB en H' et par Ω et E un grand cercle rencontrant M_0C en C, on obtient des triangles isoscèles IPΩ, IHH'; on en déduit, en appelant c l'angle H'HΩ,

$$H'B = HC, \quad HP = H'\Omega = \sigma - h, \quad HH'\Omega = c + k.$$

Joignant NP, les deux triangles INP, INΩ sont égaux dans toutes leurs parties, et on a

$$NP = N\Omega, \quad PNI = \Omega NI = \eta, \quad HPN = i.$$

De plus,

$$\begin{aligned} N\Omega &= O\Omega - ON = \theta - \varphi - \omega = \theta - h - \Gamma - \omega, \\ H\Omega &= N\Omega + \omega \quad = \theta - h - \Gamma, \\ PN &= N\Omega \quad\quad = \theta - h - \Gamma - \omega. \end{aligned}$$

Pour déterminer η, on a par le triangle PNH

$$\cos PNH = -\cos 2\eta = -\cos k \cos i + \sin k \sin i \cos(\sigma - h),$$

d'où l'on tire

$$2\cos^2\eta = 1 + \cos k \cos i - \sin k \sin i \cos(\sigma - h).$$

Les formules de Delambre donnent

$$\frac{\cos\frac{1}{2}(i+k)}{\cos\eta} = \frac{\cos\frac{1}{2}(\theta - h - \Gamma)}{\cos\frac{1}{2}(\sigma - h)};$$

$$\frac{\cos\frac{1}{2}(i-k)}{\cos\eta} = \frac{\sin\frac{1}{2}(\theta - h - \Gamma)}{\sin\frac{1}{2}(\sigma - h)}.$$

En multipliant ces deux équations membre à membre, il vient

$$\frac{\cos i + \cos k}{2\cos^2\eta} = \frac{\sin(\theta - h - \Gamma)}{\sin(\sigma - h)},$$

ou enfin

$$\sin(\theta - h - \Gamma) = \frac{(\cos i + \cos k)\sin(\sigma - h)}{2\cos^2\eta}.$$

La première des formules de Delambre donne, après avoir remplacé au numérateur $\cos^2\eta$ par la valeur trouvée plus haut,

$$\cos(\theta - h - \Gamma) = \frac{(1 + \cos i \cos k)\cos(\sigma - h) - \sin i \sin k}{2\cos^2\eta};$$

ces deux équations déterminent sans ambiguïté l'angle $\theta - h - \Gamma$.

Le même triangle donne encore

$$\frac{\sin\omega}{\sin i} = \frac{\sin(\sigma - h)}{\sin 2\eta},$$

$$\cot\omega \sin(\sigma - h) = \cot i \sin k + \cos(\sigma - h)\cos k.$$

La première de ces équations peut s'écrire

$$\sin\omega \tang\eta = \frac{\sin i \sin(\sigma - h)}{2\cos^2\eta},$$

et la seconde, en y substituant cette valeur de $\sin\omega$, devient

$$\cos\omega \tang \eta = \frac{\cos i \sin k + \cos k \cos(\sigma - h) \sin i}{2\cos^2\eta};$$

ainsi se trouve déterminé l'angle ω sans ambiguïté.

On peut trouver pour $\cos\eta$ une expression plus simple que celle qui a été indiquée plus haut. En effet, les triangles HH'Ω, IHN et HRN qui est rectangle, donnent respectivement

$$\frac{\sin(\theta - h - \Gamma)}{\sin(c + k)} = \frac{\sin(\sigma - h)}{\sin c};$$

$$\cos\frac{I}{2} = \cos k \cos\eta + \sin k \sin\eta \cos\omega,$$

$$\cos\omega = \cot\eta \cot c.$$

Éliminant l'angle c entre la première et la dernière de ces relations, on a, en vertu de la seconde et de la valeur trouvée plus haut pour $\sin(\theta - h - \Gamma)$,

$$\cos\eta = \frac{\cos i + \cos k}{2\cos\frac{I}{2}}.$$

Le triangle PHN, dont les côtés sont $PH = \sigma - h$, $PN = \theta - h - \Gamma - \omega$, $NH = \omega$, et les angles respectivement opposés à ces côtés, $180° - 2\eta, k, i$, donne par les formules de Delambre

$$\begin{aligned}
\sin\eta \sin\tfrac{1}{2}(\theta - h - \Gamma - 2\omega) &= \sin\tfrac{1}{2}(k - i) \sin\tfrac{1}{2}(\sigma - h),\\
\sin\eta \cos\tfrac{1}{2}(\theta - h - \Gamma - 2\omega) &= \sin\tfrac{1}{2}(k + i) \cos\tfrac{1}{2}(\sigma - h),\\
\cos\eta \sin\tfrac{1}{2}(\theta - h - \Gamma) &= \cos\tfrac{1}{2}(k - i) \sin\tfrac{1}{2}(\sigma - h),\\
\cos\eta \cos\tfrac{1}{2}(\theta - h - \Gamma) &= \cos\tfrac{1}{2}(k + i) \cos\tfrac{1}{2}(\sigma - h).
\end{aligned}$$

8.

Les arcs h et k étant arbitraires, on peut poser $h = \theta_0$, $k = i_0$, θ_0 et i_0 étant les valeurs initiales de θ et de i : on obtient alors, d'après les équations (15) et (15)*,

$$\begin{aligned}
z &= \sin i \sin(v - \sigma),\\
z_0 &= \sin i_0 \sin(v - \theta_0),
\end{aligned}$$

d'où

$$s = \sin i \sin(v - \sigma) - \sin i_0 \sin(v - \theta_0).$$

Posant de plus

$$(17)^* \quad \begin{cases} p = \sin i \sin(\sigma - \theta_0), \\ q = \sin i \cos(\sigma - \theta_0) - \sin i_0, \end{cases}$$

il vient

$$s = q \sin(v - \theta_0) - p \cos(v - \theta_0),$$
$$2\cos^2\eta = \cos i_0 (\cos i_0 + \cos i) - q \sin i_0.$$

Les équations qui donnent sin ω et cos ω dans l'art. 7 deviennent alors

$$\sin\omega \operatorname{tang}\eta = \frac{p}{2\cos^2\eta},$$

$$\cos\omega \operatorname{tang}\eta = \operatorname{tang} i_0 + \frac{q}{2\cos^2\eta \cos i_0}.$$

En substituant ces valeurs dans les équations (17), on a

$$(18) \begin{cases} \cos\lambda \sin(L - \theta_0 - \Gamma) = \cos i_0 \sin(v - \theta_0) - s\left(\operatorname{tang} i_0 + \dfrac{q}{2\cos^2\eta \cos i_0}\right), \\ \cos\lambda \cos(L - \theta_0 - \Gamma) = \cos(v - \theta_0) + \dfrac{sp}{2\cos^2\eta}, \\ \sin\lambda = \sin i_0 \sin(v - \theta_0) + s, \end{cases}$$

équations d'une application très commode, parce que les quantités du second ordre qu'elles renferment, $\frac{sq}{2\cos^2\eta\cos i_0}$, $\frac{sp}{2\cos^2\eta}$, Γ, sont dans bien des cas tout à fait insensibles.

9.

La quantité Γ s'obtient aisément par une quadrature. En effet, le triangle HPN donne

$$d\mathrm{HN} = -\cos 2\eta\, d\mathrm{NP} + \cos i_0\, d\sigma + \sin(\sigma - \theta_0) \sin i_0\, di,$$
$$d\mathrm{NP} = -\cos 2\eta\, d\mathrm{HN} + \cos i\, d\sigma;$$

on a de plus

$$\mathrm{NP} = \theta - \theta_0 - \mathrm{HN} - \Gamma,$$
$$d\mathrm{NP} = d\theta - d\mathrm{HN} - d\Gamma.$$

Ces équations donnent facilement

$$d\Gamma = -\frac{\sin i_0 \sin(\sigma - \theta_0)}{2\cos^2\eta}\, di + \frac{\sin i - \sin i_0 \sin(\sigma - \theta_0)}{2\cos^2\eta \cos i} \sin i\, d\sigma.$$

En différentiant les valeurs précédentes de p et de q, on a

$$dp = \cos i \sin(\sigma - \theta_0) di + \sin i \cos(\sigma - \theta_0) d\sigma,$$
$$dq = \cos i \cos(\sigma - \theta_0) di - \sin i \sin(\sigma - \theta_0) d\sigma,$$

par suite

$$\cos i di = \sin(\sigma - \theta_0) dp + \cos(\sigma - \theta_0) dq,$$
$$\sin i d\sigma = \cos(\sigma - \theta_0) dp - \sin(\sigma - \theta_0) dq,$$

et enfin

$$d\Gamma = \frac{q dp - p dq}{2\cos^2 \eta \cos i}.$$

Pour exprimer dp, dq au moyen de la fonction perturbatrice elle-même, il faut remarquer que

$$p = -\alpha'' \cos\theta_0 - \beta'' \sin\theta_0, \quad q = -\alpha'' \sin\theta_0 + \beta'' \cos\theta_0 - \sin i_0,$$

d'où

$$dp = -\cos\theta_0 d\alpha'' - \sin\theta_0 d\beta'', \quad dq = -\sin\theta_0 d\alpha'' + \cos\theta_0 d\beta'',$$

et par les équations (12)

$$(19) \quad \begin{cases} dp = hr \sin(v - \theta_0) \cos i \cdot \dfrac{\partial\Omega}{\partial Z} dt, \\ dq = hr \cos(v - \theta_0) \cos i \cdot \dfrac{\partial\Omega}{\partial Z} dt; \end{cases}$$

les intégrations devront être faites de manière que pour $t = 0$ on ait $p = 0$, $q = 0$. On obtient alors

$$d\Gamma = \frac{hrs}{2\cos^2 \eta} \frac{\partial\Omega}{\partial Z} dt,$$

h étant ici, comme dans le système (19), déterminé par l'équation

$$h = \frac{\mu dt}{XdY - YdX}.$$

En intégrant, il vient

$$\Gamma = \int_0^t \frac{hrs}{2\cos^2 \eta} \frac{\partial\Omega}{\partial Z} dt.$$

Le cube de la force perturbatrice n'ayant qu'une petite influence, on peut supposer ici h constant et faire $\cos^2 \eta = \cos^2 i_0$, ce qui donne avec une exactitude suffisante

$$\Gamma = \frac{h}{2\cos^2 i_0} \int_0^t rs \frac{\partial\Omega}{\partial Z} dt.$$

10.

Les quantités p et q peuvent s'exprimer en fonction de s et de sa différentielle. En effet, s étant une coordonnée idéale, en différentiant l'équation

$$s = q \sin(v - \theta_0) - p \cos(v - \theta),$$

on a

$$\frac{ds}{dt} = q \cos(v - \theta_0)\frac{dv}{dt} + p \sin(v - \theta_0)\frac{dv}{dt},$$

et de ces deux équations on tire

$$p = - s \cos(v - \theta_0) + \frac{ds}{dv}\sin(v - \theta_0),$$

$$q = \quad s \sin(v - \theta_0) + \frac{ds}{dv}\cos(v - \theta_0),$$

qui peuvent être utiles lorsque les produits sp, sq donnent quelques termes sensibles dans les équations (18). Dans ce cas, on remplacera dans ces équations $\cos^2\eta$ par $\cos^2 i_0$. On peut du reste développer $\frac{1}{\cos^2\eta}$ en série infinie, et il vient pour les deux premiers termes

$$\frac{1}{\cos^2\eta} = \frac{1}{\cos^2 i_0} + \frac{\sin i_0}{\cos^4 i_0} q + \cdots$$

Dans les expressions qui précèdent, comme dans celles qui suivent, les inclinaisons i_0, i peuvent être quelconques. On doit remarquer toutefois que pour $i_0 = 90^\circ$, Γ devient infini, mais ce cas peut toujours être évité.

---

§ II.

Formation des équations différentielles des perturbations du temps, du logarithme du rayon vecteur et de la coordonnée perpendiculaire au plan fondamental.

11.

Hansen prend pour plan fondamental un plan fixe passant par le centre du Soleil, pris pour origine des coordonnées, et dans lequel il trace un axe fixe celui des x; le plan des XY est le plan de l'orbite à l'instant $t = 0$, i_0 est l'angle de ces deux plans et θ_0 celui que font avec le nœud ascendant les axes des x et des X. Sans les forces perturbatrices, la planète continuerait à se mouvoir dans le plan XY, et décrirait une conique invariable; lorsqu'elles interviennent, on peut supposer l'astre sur cette conique et dans ce plan pendant l'instant dt succédant à l'époque $t=0$.

Soient

a_0 le demi-grand axe de l'orbite décrite à l'instant $t=0$,
p_0 son paramètre,
e_0 son excentricité,
ϖ_0 la longitude du périhélie comptée à partir de OX,
τ_0 le temps du passage au périhélie,
$1-e_0^2=f_0^2$,
r, w, v, μ conservant la signification qui leur a été précédemment assignée;

on a

$$r=\frac{p_0}{1+e_0\cos w}, \qquad v=w+\varpi_0, \qquad \frac{dw}{dt}=\frac{\sqrt{\mu p_0}}{r^2};$$

l'intégration de la dernière donne les circonstances du mouvement non troublé par les équations

$$\sqrt{\frac{\mu}{a_0^3}}(t-\tau_0)=\varepsilon-e_0\sin\varepsilon; \qquad r=a_0(1-e_0\cos\varepsilon),$$

$$\tang\tfrac{1}{2}w=\sqrt{\frac{1+e_0}{1-e_0}}\tang\tfrac{1}{2}\varepsilon, \quad v=w+\varpi_0,$$

$$\cos\lambda\sin(L-\theta_0)=\cos i_0\sin(v-\theta_0),$$
$$\cos\lambda\cos(L-\theta_0)=\cos(v-\theta_0),$$
$$\sin\lambda=\sin i_0\sin(v-\theta_0),$$

dans lesquelles ε désigne l'anomalie excentrique.

Il suffit d'un changement simple pour que ces équations représentent en fonction des éléments $\tau_0, i_0, \theta_0, \varpi_0, p_0, e_0$, le lieu et la vitesse de la planète à une époque quelconque t. Remplaçant t par z, multipliant le rayon vecteur par $1+\nu$ et remplaçant les trois dernières équations par les équations (18), on pourra déterminer z et ν de manière que ces équations satisfassent au mouvement troublé. La question est ainsi ramenée à exprimer z, ν, s au moyen de la fonction perturbatrice.

12.

Par la substitution de z à t, les quantités r, ε, w prennent de nouvelles valeurs $\bar{r}, \bar{\varepsilon}, \bar{w}$, de sorte que dans le mouvement troublé on a

$$\sqrt{\frac{\mu}{a_0^3}}(t-\tau_0)=\bar{\varepsilon}-e_0\sin\bar{\varepsilon}, \qquad \bar{r}=a_0(1-e_0\cos\bar{\varepsilon}),$$

$$\tang\tfrac{1}{2}\bar{w}=\sqrt{\frac{1+e_0}{1-e_0}}\tang\tfrac{1}{2}\bar{\varepsilon}, \qquad v=\bar{w}+\varpi_0,$$

$$\bar{r}=\frac{p_0}{1+e_0\cos\bar{w}}, \qquad r=\bar{r}(1+\nu).$$

La quantité ν qui vient d'être introduite représente, aux quantités près de l'ordre du carré de la force perturbatrice, le logarithme de $\frac{r}{\bar{r}}$; en effet

$$\log(1+\nu)=\nu-\tfrac{1}{2}\nu^2+\cdots$$

13.

Soient maintenant, pour une époque t,

a le demi-grand axe,
n le moyen mouvement,
e l'excentricité,
w l'anomalie vraie,
ε l'anomalie excentrique,
r le rayon vecteur,
χ l'angle compris dans le plan des XY, entre le périhélie et la partie positive de l'axe des X,
v l'angle compris dans le même plan, entre le même axe et le rayon vecteur ;

soit enfin c l'anomalie moyenne pour $t=0$.

La méthode de la variation des constantes arbitraires permet de déterminer les éléments, de manière qu'en substituant les valeurs calculées dans les équations de la conique sur laquelle la planète se meut, on obtienne, à chaque instant, dans le plan XY, le lieu et la vitesse de la planète troublée. Ces éléments sont des fonctions du temps qu'il s'agit de déterminer. Plus tard je montrerai comment on peut, des éléments correspondant à une époque, déduire ceux qui correspondent à une autre époque. Entre les coordonnées et les éléments qui précèdent, on a

$$\begin{aligned} nt + c &= \varepsilon - e \sin \varepsilon, \\ r \cos w &= a(\cos \varepsilon - e), \\ r \sin w &= af \sin \varepsilon, \\ v &= w + \chi, \\ a^3 n^2 &= \mu; \end{aligned}$$

comme on a aussi

$$\begin{aligned} n_0 z + c_0 &= \bar{\varepsilon} - e_0 \sin \bar{\varepsilon}, \\ \bar{r} \cos \bar{w} &= a_0 (\cos \bar{\varepsilon} - e_0), \\ \bar{r} \sin \bar{w} &= a_0 f_0 \sin \bar{\varepsilon}, \\ v &= \bar{w} + \varpi_0. \\ a_0^3 n_0^2 &= \mu, \end{aligned}$$

on en déduit

$$w = \bar{w} + \varpi_0 - \chi;$$

alors l'équation

$$\frac{a}{r} = \frac{1 + e \cos w}{f^2},$$

devient

$$\frac{a}{r} = \frac{1 + e \cos \bar{w} \cos(\varpi_0 - \chi) + e \sin \bar{w} \sin(\chi - \varpi_0)}{f^2};$$

d'où

$$\frac{\bar{r}a}{ra_0} = \frac{\bar{r} + \bar{r} \cos w \cdot e \cos(\chi - \varpi_0) + \bar{r} \sin \bar{w} \cdot e \sin(\chi - \varpi_0)}{a_0 f^2},$$

et comme

$$\bar{r} = a_0 f_0^2 - e_0 \bar{r} \cos \bar{w},$$

il vient

$$\frac{\bar{r}a}{ra_0} = \frac{f_0^2 + \frac{\bar{r}}{a_0}\left\{e \cos(\chi - \varpi) - e_0\right\} \cos \bar{w} + \frac{\bar{r}}{a_0} e \sin(\chi - \varpi_0) \sin \bar{w}}{f^2}.$$

r et v étant des coordonnées idéales, on a, dans le mouvement troublé,

$$\frac{dv}{dt} = \frac{dw}{dt} = \frac{d\bar{w}}{dz} \frac{dz}{dt},$$

et comme

$$\frac{dw}{dt} = \frac{a^2 nf}{r^2}, \qquad \frac{d\bar{w}}{dz} = \frac{a_0^2 n_0 f_0}{\bar{r}^2},$$

il en résulte

$$\frac{dz}{dt} = \frac{a_0 n_0 f}{a n f_0} \frac{\bar{r}^2}{r^2}.$$

en sorte qu'en posant

$$\frac{\frac{a_0 n_0}{f_0}}{\frac{an}{f}} = \frac{h_0}{h},$$

il vient

$$\frac{dz}{dt} = \frac{h_0}{h} \frac{1}{(1+\nu)^2}. \tag{20}$$

On peut remarquer ici qu'en prenant $h_0 = \frac{a_0 n_0}{f_0}$, on a $h = \frac{an}{f}$.

Pour obtenir une autre expression de $\frac{dz}{dt}$, je remarque qu'on a

$$\frac{\nu}{1+\nu} = \frac{r - \bar{r}}{r}$$

et par suite

$$\left(\frac{\nu}{1+\nu}\right)^2 = 1 - \frac{2\bar{r}}{r} + \frac{1}{(1+\nu)^2} = 1 - \frac{2\bar{r}}{r} + \frac{h}{h_0}\frac{dz}{dt},$$

d'où

$$\frac{dz}{dt} = 1 + \left(-1 - \frac{h_0}{h} + \frac{2h_0}{h}\frac{\bar{r}}{r}\right) + \left(\frac{\nu}{1+\nu}\right)^2 \frac{h_0}{h}:$$

posant maintenant

$$W' = -1 - \frac{h_0}{h} + \frac{2h_0}{h}\frac{\bar{r}}{r}, \tag{21}$$

on a finalement

$$\frac{dz}{dt} = 1 + W' + \left(\frac{\nu}{1+\nu}\right)^2 \frac{h_0}{h}. \tag{22}$$

La fonction W', qui joue un rôle très important dans ce travail, peut s'écrire sous une autre forme. En effet,

$$\frac{h_0^2}{h^2} = \frac{af^2}{a_0 f_0^2},$$

par suite

$$\frac{2h_0}{h}\frac{\bar r}{r}=\frac{2h}{h_0}\frac{1}{f_0^2}\frac{\bar r}{a_0}(1+e\cos w),$$

et comme

$$\frac{\bar r}{a_0}=f_0^2-e_0\frac{\bar r}{a_0}\cos\bar w,$$

on a

$$\frac{2h_0}{h}\frac{\bar r}{r}=\frac{2h}{h_0}\left(1-\frac{e_0}{f_0^2}\frac{\bar r}{a_0}\cos\bar w+\frac{e}{f_0^2}\frac{\bar r}{a_0}\cos w\right).$$

De plus

$$\cos w=\cos\bar w\cos(\chi-\varpi_0)+\sin\bar w\sin(\chi-\varpi_0);$$

donc

$$\frac{2h_0}{h}\frac{\bar r}{r}=\frac{2h}{h_0}\left\{1+\left[\frac{e}{f_0^2}\cos(\chi-\varpi_0)-\frac{e_0}{f_0^2}\right]\frac{\bar r}{a_0}\cos\bar w+\frac{e}{f_0^2}\sin(\chi-\varpi_0)\cdot\frac{\bar r}{a_0}\sin\bar w\right\},$$

et enfin

$$(23)\qquad\left\{\begin{aligned}W'=\frac{2h}{h_0}-\frac{h_0}{h}-1+\frac{2h}{h_0}\left\{\frac{e}{f_0^2}\cos(\chi-\varpi_0)-\frac{e_0}{f_0^2}\right\}\frac{\bar r}{a_0}\cos w\\+\frac{2h}{h_0}\frac{e}{f_0^2}\sin(\chi-\varpi_0)\cdot\frac{\bar r}{a_0}\sin\bar w;\end{aligned}\right.$$

comme

$$\frac{1}{r}=\frac{1+e\cos w}{af^2}=\frac{a_0f_0^2h_0^2}{h^2}(1+e\cos w),$$

on peut aussi écrire

$$(24)\qquad W'=\frac{2h\bar r}{a_0h_0f_0^2}+\frac{2h\bar r e\cos(\chi-\varpi_0-\bar w)}{a_0h_0f_0^2}-\frac{h_0}{h}-1.$$

En introduisant l'anomalie excentrique, il vient

$$\begin{aligned}W'=\frac{2h}{h_0}-\frac{h_0}{h}-1-\frac{3h}{h_0}e_0\left[\frac{e\cos(\chi-\varpi_0)-e_0}{f_0^2}\right]\\+\frac{2h}{h_0}\left[\frac{e\cos(\chi-\varpi_0)-e_0}{f_0^2}\right](\cos\varepsilon+\tfrac{1}{2}e_0)\\+\frac{2h}{h_0f_0}e\sin(\chi-\varpi_0)\sin\varepsilon.\end{aligned}$$

14.

Avant d'aller plus loin, je vais établir une proposition dont il sera fait usage dans la suite. Soit L une fonction des coordonnées de la planète et des éléments osculateurs, c'est-à-dire correspondants à l'époque t; dans cette fonction, j'appelle τ le temps qui n'est pas contenu dans ces éléments, et t celui qui y est renfermé, de manière qu'il soit possible de différentier par rapport à t ou à τ, suivant les cas. Ainsi L étant une fonction des coordonnées idéales, sa différentielle première a la même forme dans le mouvement troublé et dans le mouvement non troublé; de sorte qu'en désignant par Λ ce que devient L, lorsqu'on écrit τ au lieu de t en dehors des éléments osculateurs, on obtient

$$\frac{dL}{dt} = \overline{\frac{\partial \Lambda}{\partial \tau}},$$

le trait superposé indiquant qu'après la différentiation il faut changer τ en t.

Il résulte de là que dans le mouvement troublé on a rigoureusement.

$$L = \text{const} + \int \overline{\frac{\partial \Lambda}{\partial \tau}}\, dt.$$

Afin d'apporter plus de clarté dans l'application de cette proposition, j'appelle $\rho, \eta, \omega, \zeta, \beta$, lorsque le temps ne varie pas dans les éléments osculateurs, les quantités précédemmennt désignées par $r, \varepsilon, w, z, \nu$. La dérivée première d'une coordonnée idéale ayant la même forme dans le mouvement troublé et dans le mouvement non troublé, on a

$$(25) \qquad \frac{\partial \zeta}{\partial \tau} = 1 + W + \frac{h_0}{h}\left(\frac{\beta}{1+\beta}\right)^2,$$

où

$$(26) \qquad W = -1 - \frac{h_0}{h} + \frac{2h_0}{h}\frac{\bar{\rho}}{\rho},$$

qu'on peut encore écrire

$$(27) \qquad W = -1 - \frac{h_0}{h} + \frac{2h}{a_0 h_0 f_0^2}\, \bar{\rho}\, [1 + \dot{e}\cos(\chi - \varpi_0 - \bar{\omega})].$$

On a aussi

$$(28) \qquad \frac{\partial \zeta}{\partial \tau} = \frac{h_0}{h(1+\beta)^2}.$$

Appliquant la proposition précédente à l'équation (25), il vient

$$(29) \qquad n_0 z = n_0 t + c_0 + n_0 \int \left\{ \overline{W} + \frac{h_0}{h} \left(\frac{\nu}{1+\nu} \right)^2 \right\} dt ,$$

où c_0, constante amenée par l'intégration, représente l'anomalie moyenne pour $t = 0$.

15.

Éliminant $\frac{h_0}{h}$ entre les équations (25) et (28), j'ai

$$(1-\beta^2) \frac{\partial \zeta}{\partial \tau} = 1 + W ;$$

différentiant cette équation par rapport à τ, ainsi que l'équation (28), il en résulte les deux équations

$$(1-\beta^2) \frac{\partial^2 \zeta}{\partial \tau} - 2\beta \frac{\partial \beta}{\partial \tau} \frac{\partial \zeta}{\partial \tau} = \frac{\partial W}{\partial \zeta} \frac{\partial \zeta}{\partial \tau},$$

$$\frac{\partial^2 \zeta}{\partial \tau^2} = -\frac{\partial \zeta}{\partial \tau} \frac{1}{1+\beta} \frac{2\partial \beta}{\partial \tau},$$

entre lesquelles j'élimine $\frac{\partial^2 \zeta}{\partial \tau^2}$, ce qui donne, réductions faites,

$$(30) \qquad \frac{\partial \beta}{\partial \tau} = -\frac{1}{2} \frac{\partial W}{\partial \zeta}.$$

Comme $\frac{d\nu}{dt} = \frac{\partial \beta}{\partial \tau}$, on a $\nu = C + \int \overline{\frac{\partial \beta}{\partial \tau}} dt$, ou enfin,

$$(31) \qquad \nu = C - \frac{1}{2} \int \overline{\frac{\partial W}{d\zeta}} dt .$$

16.

Pour calculer les perturbations dépendant de la première puissance de la force perturbatrice, il faut remplacer ζ par τ et négliger les puissances de ν supérieures à la première dans les équations (29) et (31), ce qui donne

$$(32)\qquad \begin{cases} n_0 z = n_0 t + c_0 + n_0 \int \overline{W}_0\, dt, \\ \nu = C - \frac{1}{2}\int \frac{\partial \overline{W}}{\partial \tau}\, dt\,, \end{cases}$$

où

$$(33)\qquad W_0 = -1 - \frac{h_0}{h} + \frac{2h}{a_0 h_0 f_0^2}\,\rho\,[1 + e\cos(\chi - \varpi_0 - \omega)]\,,$$

expression dans laquelle ρ et ω sont des fonctions de τ déterminées par les équations

$$(34)\qquad \begin{cases} n_0\tau + c_0 = \eta - e_0 \sin\eta\,, \\ \rho\cos\omega = a_0(\cos\eta - e_0)\,, \\ \rho\sin\omega = a_0 f_0 \sin\eta\,, \\ \rho = a_0(1 - e_0\cos\eta)\,. \end{cases}$$

En substituant les valeurs de ρ et de ω déduites de ces équations dans la relation (33), il vient

$$(35)\qquad W_0 = \Xi + \Upsilon(\cos\eta + \tfrac{1}{2}e_0) + \Psi\sin\eta\,,$$

en posant

$$\Xi = \frac{2h}{h_0} - \frac{h_0}{h} - 1 - \frac{3he_0}{h_0}\left[\frac{e\cos(\chi - \varpi_0) - e_0}{f_0^2}\right],$$

$$\Upsilon = \frac{2h}{h_0}\,\frac{e\cos(\chi - \varpi_0) - e_0}{f_0^2}\,,$$

$$\Psi = \frac{2h}{h_0}\,\frac{f_0 e\sin(\chi - \varpi_0)}{f_0^2}\,.$$

Quand on veut avoir égard au carré et aux puissances supérieures de la force perturbatrice, on ne peut plus changer ζ en τ, et on tient compte de la différence entre ces deux quantités de la manière suivante. Soit

$$n_0 z = n_0 t + c_0 + n\delta z\,,$$

où $n\delta z$ est une fonction de t et une quantité de l'ordre de la force perturbatrice. Soit de même

$$n_0\zeta = n_0\tau + c_0 + n\delta\zeta\,,$$

où $n\delta\zeta$ est une fonction de τ et de t, devenant $n\delta z$ par le changement de τ en t. Les développements suivants montrent, du reste, qu'on n'a pas besoin de connaître $n\delta\zeta$. Soit W une fonction de ζ qui se déduit de W_0 en donnant à τ l'accroissement $\delta\zeta$, il vient

$$W = W_0 + \frac{\partial W_0}{\partial \tau}\delta\zeta + \frac{1}{2}\frac{\partial^2 W_0}{\partial \tau^2}\delta\zeta^2 + \cdots,$$

de même

$$\frac{\partial W}{\partial \zeta} = \frac{\partial W_0}{\partial \tau} + \frac{\partial^2 W_0}{\partial \tau^2}\delta\zeta + \frac{1}{2}\frac{\partial^3 W_0}{\partial \tau^3}\delta\zeta^2 + \cdots.$$

Si donc on ne tient pas compte des puissances de la force perturbatrice supérieures à la seconde, les expressions (29) et (31) donnent

$$(36)\quad \left\{\begin{aligned} n_0 z &= n_0 t + c_0 + n_0\int\left[\overline{W}_0 + \frac{\partial \overline{W}_0}{\partial \tau}\delta z + \nu^2\right]dt, \\ \nu &= C - \frac{1}{2}\int\left[\frac{\partial \overline{W}_0}{\partial \tau} + \frac{\partial^2 W_0}{\partial \tau^2}\delta z\right]dt. \end{aligned}\right.$$

17.

La fonction W_0 peut prendre une autre forme. L'équation (33) montre que cette fonction dépend des trois quantités h, $he\cos\chi$, $he\sin\chi$, qui dépendent elles-mêmes des éléments osculateurs. Reprenant donc les équations auxiliaires

$$w = \overline{w} - \omega - (\chi - \varpi_0 - \omega), \qquad 1 = \frac{r}{af^2} + \frac{re\cos w}{af^2}, \qquad h = \frac{an}{f};$$

les équations

$$r\frac{dv}{dt} = h(1 + e\cos w), \qquad \frac{dr}{dt} = he\sin w,$$

deviennent

$$r\frac{dv}{dt} - h = he\cos(\chi - \varpi_0 - \omega)\cos(\overline{w} - \omega) + he\sin(\chi - \varpi_0 - \omega)\sin(\overline{w} - \omega),$$

$$\frac{dr}{dt} = he\cos(\chi - \varpi_0 - \omega)\sin(\overline{w} - \omega) - he\sin(\chi - \varpi_0 - \omega)\cos(\overline{w} - \omega),$$

d'où l'on tire facilement

$$he\cos(\chi - \varpi_0 - \omega) = \left(r\frac{dv}{dt} - h\right)\cos(\overline{w} - \omega) + \frac{dr}{dt}\sin(\overline{w} - \omega);$$

substituant dans W_0, et remarquant en outre que

$$\frac{h_0}{\mu} = \frac{1}{h_0 a_0 f_0^2},$$

il vient

$$\begin{aligned} W_0 = {} & \frac{2h_0}{\mu}\rho\cos(\overline{w} - \omega)\cdot r\frac{dv}{dt} + \frac{2h_0}{\mu}\rho\sin(\overline{w} - \omega)\cdot\frac{dr}{dt} \\ & - \frac{2h_0}{\mu}\rho\left[\cos(\overline{w} - \omega) - 1\right]h - \frac{h_0}{h} - 1. \end{aligned}$$

Différentiant W_0 par rapport à t, en observant que r et v étant des coordonnées idéales, leurs dérivées seules seront modifiées par cette opération, on a

$$\frac{dW_0}{dt}=\frac{2h_0}{\mu}\rho\cos(\overline{w}-\omega).r\frac{d^2v}{dt^2}+\frac{2h_0}{\mu}\rho\sin(\overline{w}-\omega).\frac{d^2r}{dt^2}$$
$$-\frac{2h_0}{\mu}\rho\,[\cos(\overline{w}-\omega)-1]\frac{dh}{dt}+\frac{h_0}{h}\frac{dh}{dt}:$$

de plus, l'équation (13)** donne

$$\frac{dh}{\mu dt}=-\frac{\frac{d^2v}{dt^2}}{\left(r\frac{dv}{dt}\right)^2}=-\frac{\frac{d^2v}{dt^2}}{\frac{\mu^2}{h^2r^2}},$$

ou bien

$$\frac{dh}{dt}=-\frac{h^2r^2}{\mu}\frac{d^2v}{dt^2}.$$

J'ai fait remarquer, art. 5, que l'introduction de la force perturbatrice amène pour $\frac{d^2v}{dt^2}$ et $\frac{d^2r}{dt^2}$ des accroissements respectifs

$$\frac{\mu}{r^2}\frac{\partial\Omega}{\partial v},\quad \mu\frac{\partial\Omega}{\partial r},$$

par lesquels je vais remplacer ces fonctions dans $\frac{dW_0}{dt}$ et $\frac{dh}{dt}$, ce qui donne

$$(37)\quad\begin{cases}\frac{dh}{dt}=-h^2\frac{\partial\Omega}{\partial v},\\ \frac{dW_0}{dt}=h_0\left[2\frac{\rho}{r}\cos(\overline{w}-\omega)-1+\frac{2h^2}{h_0^2a_0f_0^2}\rho\left\{\cos(\overline{w}-\omega)-1\right\}\right]\frac{\partial\Omega}{\partial v}\\ \qquad -2h_0\frac{\rho}{r}\sin(\overline{w}-\omega).r\frac{\partial\Omega}{\partial r}.\end{cases}$$

En changeant τ en t dans la dernière équation de ce système, il vient

$$\frac{\overline{dW_0}}{dt}=h_0\frac{\partial\Omega}{\partial v};$$

d'un autre côté, la première peut s'écrire

$$(38)\qquad \frac{d\frac{h_0}{h}}{dt}=h_0\frac{\partial\Omega}{\partial v},$$

par suite

$$(39) \qquad \frac{d\frac{h_0}{h}}{dt} = \frac{d\overline{W}_0}{dt},$$

relation qui dispense de calculer $\frac{\partial\Omega}{\partial v}$.

W_0 s'obtient par une intégration; substituant le résultat obtenu, dans les équations (32), deux intégrations nouvelles donneront les perturbations du premier ordre de la longitude moyenne et du logarithme du rayon vecteur. La première, on le voit, dépend d'une intégrale double.

Reste à obtenir l'expression des perturbations de la latitude.

18.

Je pose pour abréger $u = \frac{r}{a_0}$, et observant que $v = \overline{w} + \varpi_0$, il vient

$$u = \frac{\overline{r}}{a_0} q \sin(\overline{w} + \varpi_0 - \theta_0) - \frac{\overline{r}}{a_0} p \cos(\overline{w} + \varpi_0 - \theta_0),$$

de sorte que, en désignant par R ce que devient u quand on y change t en τ, il vient

$$R = \frac{\overline{\rho}}{a_0} q \sin(\overline{\omega} + \varpi_0 - \theta_0) - \frac{\overline{\rho}}{a_0} p \cos(\overline{\omega} + \varpi_0 - \theta_0):$$

Pour introduire la force perturbatrice, il faut différentier cette expression par rapport à t, ce qui donne

$$(40) \qquad \frac{dR}{dt} = \frac{\overline{\rho}}{a_0}\left\{ \sin(\overline{\omega} + \varpi_0 - \theta_0) \cdot \frac{dq}{dt} - \cos(\overline{\omega} + \varpi_0 - \theta_0) \cdot \frac{dp}{dt} \right\},$$

ou bien, en tenant compte des équations (19),

$$(41) \qquad \frac{dR}{dt} = hr\frac{\overline{\rho}}{a_0} \sin(\overline{\omega} - \overline{w}) \cdot \frac{\partial\Omega}{\partial Z} \cos i,$$

qu'on peut encore écrire, à l'aide des équations qui lient l'anomalie vraie et le rayon vecteur correspondant, à l'anomalie excentrique,

$$(41)^* \qquad \frac{dR}{dt} = P \sin\overline{\eta} - Q(\cos\overline{\eta} - e_0).$$

En intégrant l'équation (41), il vient

$$u = \overline{R},$$

le trait superposé indiquant ici qu'après l'intégration il faut changer τ en t. Mais u étant une coordonnée idéale, on a aussi, d'après la proposition de l'art. 14,

$$u = \int \frac{\overline{\partial R}}{\partial \tau} dt.$$

Lorsqu'on ne veut tenir compte que de la première puissance de la force perturbatrice, il faut introduire, dans l'équation (41), les valeurs elliptiques des fonctions qui y entrent et remplacer h par h_0, ce qui donne

(42) $$\frac{dR_0}{dt} = h_0 r \frac{\rho}{a_0} \sin(\omega - w) \cdot \frac{\partial \Omega}{\partial Z} \cos i.$$

On a alors

(43) $$u_0 = \overline{R}_0,$$

et

(44) $$u_0 = \int \frac{\overline{\partial R_0}}{\partial \tau} dt,$$

R_0 représentant ce que devient R lorsqu'on y remplace les éléments par leurs valeurs elliptiques.

Pour obtenir les perturbations du second ordre, on a

$$R = R_0 + \frac{\partial R_0}{\partial \tau} \delta\zeta + \frac{1}{2} \frac{\partial^2 R_0}{\partial \tau^2} \delta\zeta^2 + \cdots,$$

ou, en négligeant les termes de l'ordre du cube de la force perturbatrice,

$$\overline{R} = \overline{R}_0 + \frac{\overline{\partial R_0}}{n \partial \tau} n \delta z,$$

et par suite

(45) $$u = \overline{R}_0 + \frac{\overline{\partial R_0}}{n \partial \tau} n \delta z,$$

R_0 étant tiré de l'équation (42), qui n'a subi aucun changement.

De l'expression précédente de R, je tire

$$\frac{\partial R}{\partial \tau} = \frac{\partial R_0}{\partial \tau} + \frac{\partial^2 R_0}{\partial \tau^2} \delta\zeta + \frac{\partial R_0}{\partial \tau} \frac{d \delta\zeta}{d\tau},$$

et d'après la proposition de l'art. 14,

$$(46)\qquad u=\int\left\{\frac{\partial R_0}{\partial\tau}\left(1+\frac{d\delta\zeta}{dt}\right)+\frac{\partial^2 R_0}{n\partial\tau^2}n\delta z\right\}dt.$$

§ III.

De la fonction perturbatrice et de ses dérivées partielles.

19.

La fonction perturbatrice étant indépendante de l'origine des coordonnées, on peut prendre celle-ci arbitrairement. Dans ce travail, elle est fixée au nœud ascendant de l'orbite de la planète troublée sur l'orbite de la planète troublante, ce qui donne des expressions plus simples. Le plan XY étant celui de la première, soient $X'Y'$ celui de la seconde, I l'inclinaison mutuelle de ces deux plans, φ et φ' les angles des axes des X et des X' avec le nœud ascendant, il vient avec ces notations

$$X=r\cos(v-\varphi),\quad x'=r'\cos(v'-\varphi'),$$
$$Y=r\sin(v-\varphi),\quad y'=r'\cos I\sin(v'-\varphi'),$$
$$z'=-r'\sin I\sin(v'-\varphi'),$$

expressions qu'il faudra substituer dans

$$\Omega=\frac{m'}{\mu}\left(\frac{1}{\Delta}-\frac{Xx'+Yy'+Zz'}{r'^3}\right)$$

et ses dérivées, après y avoir fait $Z=0$.

En désignant par ϖ_0, ϖ_0' les longitudes des périhélies comptées respectivement à partir des axes des X et des X' ; par Π_0, Π_0', les longitudes des mêmes points comptées à partir du nœud ascendant de l'orbite troublée sur l'orbite troublante, on a

$$\Pi=\varpi_0-\varphi\qquad \Pi'=\varpi_0'-\varphi',$$

et comme

$$v=\overline{w}+\varpi_0,\qquad v'=\overline{w}'+\varpi_0',$$

il vient

$$X=r\cos(\overline{w}+\Pi),\quad x'=r'\cos(\overline{w}'+\Pi'),$$
$$Y=r\sin(\overline{w}+\Pi),\quad y'=r'\cos I\sin(\overline{w}'+\Pi'),$$
$$z'=r'\sin I\sin(\overline{w}'+\Pi'),$$

de sorte qu'en posant

$$H = \cos(\bar{w} + \Pi)\cos(\bar{w}' + \Pi') + \cos I \sin(\bar{w} + \Pi)\sin(\bar{w}' + \Pi'),$$

on obtient

$$\Delta^2 = r^2 + r'^2 - 2rr'H,$$

(47) $$\Omega = \frac{m'}{\mu}\left(\frac{1}{\Delta} - \frac{rr'H}{r'^3}\right).$$

De plus, comme

$$\frac{\partial\Omega}{\partial v} = \frac{\partial\Omega}{\partial\bar{w}},$$

il vient

$$\frac{\partial\Omega}{\partial v} = -\frac{m'}{\mu}\left(\frac{1}{\Delta^3} - \frac{1}{r'^3}\right) rr'H',$$

$$r\frac{\partial\Omega}{\partial r} = \frac{m'}{\mu}\left(\frac{1}{\Delta^3} - \frac{1}{r'^3}\right) rr'H - \frac{m'}{\mu}\frac{r^2}{\Delta^3},$$

$$\frac{\partial\Omega}{\partial Z} = -\frac{m'}{\mu}\left(\frac{1}{\Delta^3} - \frac{1}{r'^3}\right) r' \sin I \sin(\bar{w}' + \Pi'),$$

où j'ai fait pour abréger

$$H' = \sin(\bar{w} + \Pi)\cos(\bar{w}' + \Pi') - \cos I \cos(\bar{w} + \Pi)\sin(\bar{w}' + \Pi').$$

Ce qui précède montre que les dérivées partielles de la fonction perturbatrice, contenues dans les formules de perturbations du § 2, sont exprimées en fonction de sept quantités, $r, r', \bar{w}, \bar{w}', I, \Pi, \Pi'$.

20.

Les variables I, Π, Π' ne sont pas données immédiatement, mais on peut les obtenir aisément. Soit, en effet,

$$\mathrm{IB} = \Phi, \quad \mathrm{IA} = \Phi', \quad \mathrm{AX}' = \sigma', \quad \mathrm{BX} = \sigma,$$

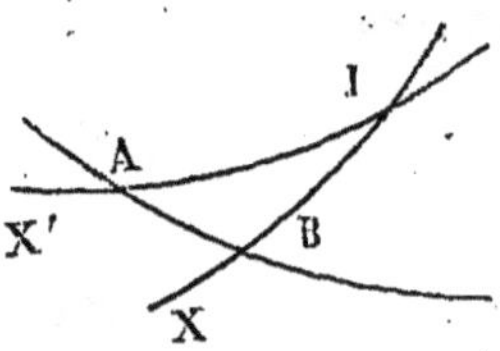

alors

$$\varphi = \Phi + \sigma, \quad \varphi' = \Phi' + \sigma',$$

par suite

(48) $$\Pi = \varpi_0 - \sigma - \Phi, \quad \Pi' = \varpi'_0 - \sigma' - \Phi'.$$

Le triangle des trois nœuds donne alors

(49)
$$\left\{\begin{aligned}
\sin\frac{I}{2}\sin\tfrac{1}{2}(\Phi+\Phi') &= \sin\tfrac{1}{2}(\theta-\theta')\sin\tfrac{1}{2}(i+i'),\\
\sin\frac{I}{2}\cos\tfrac{1}{2}(\Phi+\Phi') &= \cos\tfrac{1}{2}(\theta-\theta')\sin\tfrac{1}{2}(i-i'),\\
\cos\frac{I}{2}\sin\tfrac{1}{2}(\Phi'-\Phi) &= \sin\tfrac{1}{2}(\theta-\theta')\cos\tfrac{1}{2}(i+i'),\\
\cos\frac{I}{2}\cos\tfrac{1}{2}(\Phi'-\Phi) &= \cos\tfrac{1}{2}(\theta-\theta')\cos\tfrac{1}{2}(i-i').
\end{aligned}\right.$$

Les éléments i', θ', σ' sont variables comme i, θ, σ, et par suite, Φ, Φ', I, Π, Π' sont aussi variables; mais on peut les considérer comme invariables dans une première approximation, et on remplace alors, dans les équations précédentes, i, θ, i', θ' par leurs valeurs initiales i_0, $\theta_0 = \sigma_0$, i'_0, $\theta'_0 = \sigma'_0$. On obtient ainsi pour I, Φ, Φ' les valeurs I_0, Φ_0, Φ'_0, d'où l'on tire

(50) $$\Pi_0 = \varpi_0 - \theta_0 - \Phi_0, \quad \Pi'_0 = \varpi'_0 - \theta'_0 - \Phi'_0,$$

valeurs que l'on substitue à I, Π, Π', dans les valeurs précédentes des dérivées de Ω. Il faudra ensuite, dans ces dérivées partielles, comme dans toutes les expressions précédentes, remplacer r et w par leurs valeurs en fonction de l'anomalie excentrique, à l'aide des équations

$$\begin{aligned}
n_0 t + c &= \varepsilon - e_0 \sin\varepsilon,\\
r\cos w &= a_0(\cos\varepsilon - e_0),\\
r\sin w &= a_0 f_0 \sin\varepsilon,\\
r &= a_0(1 - e_0\cos\varepsilon).
\end{aligned}$$

Dans cette première approximation, il faut aussi remplacer h et $\cos i$ par h_0 et $\cos i_0$; toutefois, il sera bon de laisser provisoirement, comme signe algébrique, $\cos i$ dans la valeur de u.

21.

Pour réunir les différentes dérivées de la fonction perturbatrice employées dans ce travail, je transcris celles de l'art. 19, en supprimant le trait au-dessus des lettres qui en sont affectées; les autres se déduisent aisément des deux premières. Il vient ainsi

$$r\frac{\partial\Omega}{\partial r}=\frac{m'}{\mu}\left(\frac{1}{\Delta^3}-\frac{1}{r'^3}\right)rr'H-\frac{m'}{\mu}\frac{r^2}{\Delta^3},$$

$$\frac{\partial\Omega}{\partial Z}=-\frac{m'}{\mu}\left(\frac{1}{\Delta^3}-\frac{1}{r'^3}\right)r'\sin I\sin(w'+\Pi'),$$

$$r^2\frac{\partial^2\Omega}{\partial r^2}+r\frac{\partial\Omega}{\partial r}=\frac{m'}{\mu}\left[\frac{3}{\Delta^5}(r^2-rr'H)^2+\left(\frac{1}{\Delta^3}-\frac{1}{r'^3}\right)rr'H-2\frac{r^2}{\Delta^3}\right],$$

$$r\frac{\partial^2\Omega}{\partial r\partial Z}=\frac{m'}{\mu}\frac{1}{\Delta^5}(r^2-rr'H)r'\sin I\sin(w'+\Pi'),$$

$$\frac{\partial^2\Omega}{\partial Z^2}=\frac{m'}{\mu}\left(\frac{3}{\Delta^5}r'^2\sin^2 I\sin^2(w'+\Pi')-\frac{1}{\Delta^3}\right),$$

$$\frac{\partial\Omega}{\partial Z'}=\frac{m'}{\mu}\left(\frac{1}{\Delta^3}-\frac{1}{r'^3}\right)r\sin I\sin(w+\Pi),$$

$$r\frac{\partial^2\Omega}{\partial r\partial Z'}=-\frac{m'}{\mu}\frac{3}{\Delta^5}(r^2-rr'H)r\sin I\sin(w+\Pi)+\frac{\partial\Omega}{\partial Z'},$$

$$\frac{\partial^2\Omega}{\partial Z\partial Z'}=-\frac{m'}{\mu}\left[\frac{3}{\Delta^5}\sin I.rr'\sin(w+\Pi)\sin(w'+\Pi')-\left(\frac{1}{\Delta^3}-\frac{1}{r'^3}\right)\cos I\right].$$

Les 5e, 6e et 8e équations de ce groupe servent de définitions aux premiers membres de ces équations; on verra plus tard dans quelles circonstances elles se présentent.

De l'expression de Δ^2 on tire

$$\frac{rr'H}{\Delta^3}=\frac{r^2+r'^2}{2\Delta^3}-\frac{1}{2\Delta},$$

$$\frac{r^2-rr'H}{\Delta^5}=-\frac{r'^2-r^2}{2\Delta^5}+\frac{1}{2\Delta^3},$$

d'où j'obtiens, par une simple substitution,

$$r\frac{\partial\Omega}{\partial r}=\frac{m'}{\mu}\left(\frac{r'^2-r^2}{2\Delta^3}-\frac{1}{2\Delta}-\frac{r}{r'^2}H\right),$$

$$r\frac{\partial^2\Omega}{\partial r\partial Z}=-\frac{3}{2}\frac{m'}{\mu}\left(\frac{r'^2-r^2}{\Delta^5}-\frac{1}{\Delta^3}\right)\sin I.r\sin(w+\Pi),$$

$$r\frac{\partial^2\Omega}{\partial r\partial Z}=\frac{3}{2}\frac{m'}{\mu}\left(\frac{r'^2-r^2}{\Delta^5}-\frac{1}{\Delta^3}\right)\sin I.r'\sin(w'+\Pi')+\frac{\partial\Omega}{\partial Z'};$$

cette dernière, en éliminant $\frac{\partial\Omega}{\partial Z'}$, devient

$$r\frac{\partial^2\Omega}{\partial r\partial Z'}=\frac{3m'}{2\mu}\left(\frac{r'^2-r^2}{\Delta^5}-\frac{1}{3\Delta^3}\right)\sin I.r\sin(w+\Pi)-\frac{m'}{\mu}\sin I.\frac{r}{r'^3}\sin(w+\Pi).$$

De Δ^2 on tire encore

$$\frac{(r^2-rr'H)^2}{\Delta^5}=\frac{(r'^2-r^2)^2}{4\Delta^5}-\frac{r'^2-r^2}{2\Delta^3}+\frac{1}{4\Delta},$$

ce qui donne immédiatement

$$r^2\frac{\partial^2\Omega}{\partial r^2}+r\frac{\partial\Omega}{\partial r}=\frac{m'}{\mu}\left[\frac{3(r'^2-r^2)}{4\Delta^5}-\frac{r'^2}{\Delta^3}+\frac{1}{4\Delta}\right]-\frac{m'}{\mu}\frac{r}{r'^2}H.$$

21.

Je fais maintenant

$$\mathbf{M}=\frac{m'}{\mu}\cdot 206265'',$$

$$\alpha=\frac{a'}{a},$$

et les expressions des articles précédents deviennent

$$a\Omega=\mathbf{M}\left(\frac{a}{\Delta}\right)-(H),$$

$$ar\frac{\partial\Omega}{\partial r}=\tfrac{1}{2}\mathbf{M}\left(\frac{a}{\Delta}\right)^3\left[\alpha^2\left(\frac{r'}{a'}\right)^2-r^2\right]-\tfrac{1}{2}\mathbf{M}\left(\frac{a}{\Delta}\right)-(H),$$

$$a^2\frac{\partial\Omega}{\partial Z}=-\mathbf{M}\left(\frac{a}{\Delta}\right)^3\alpha\sin I.\left(\frac{r'}{a'}\right)\sin(w'+\Pi')+(I),$$

$$ar^2\frac{\partial^2\Omega}{\partial r^2}+ar\frac{\partial\Omega}{\partial r}=\tfrac{3}{4}\mathbf{M}\left(\frac{a}{\Delta}\right)^5\left[\alpha^2\left(\frac{r'}{a'}\right)^2-\left(\frac{r}{a}\right)^2\right]-\mathbf{M}\left(\frac{a}{\Delta}\right)^3\alpha^2\left(\frac{r'}{a'}\right)^2$$
$$+\tfrac{1}{4}\mathbf{M}\left(\frac{a}{\Delta}\right)-(H),$$

$$a^2r\frac{\partial^2\Omega}{\partial r\partial Z}=-\tfrac{3}{2}\mathbf{M}\left(\frac{a}{\Delta}\right)^5\left[\alpha^2\left(\frac{r'}{a'}\right)^2-\left(\frac{r}{a}\right)^2\right]\alpha\sin I.\left(\frac{r'}{a'}\right)\sin(w'+\Pi')$$
$$+\tfrac{3}{2}\mathbf{M}\left(\frac{a}{\Delta}\right)^3\alpha\sin I.\left(\frac{r'}{a'}\right)\sin(w'+\Pi'),$$

$$a^3\frac{\partial^2\Omega}{\partial Z^2}=3\,\mathbf{M}\left(\frac{a}{\Delta}\right)^5\alpha^2\sin^2 I.\left(\frac{r'}{a'}\right)^2\sin^2(w'+\Pi')-\mathbf{M}\left(\frac{a}{\Delta}\right)^3,$$

$$aa'\frac{\partial\Omega}{\partial Z'}=\mathbf{M}\left(\frac{a}{\Delta}\right)^3\alpha\sin I.\left(\frac{r}{a}\right)\sin(w+\Pi)-(I)',$$

$$aa'r\frac{\partial^2\Omega}{\partial r\partial Z'}=\tfrac{3}{2}\mathbf{M}\left(\frac{a}{\Delta}\right)^5\left[\alpha^2\left(\frac{r'}{a'}\right)^2-\left(\frac{r}{a}\right)^2\right]\alpha\sin I.\left(\frac{r}{a}\right)\sin(w+\Pi)$$
$$-\tfrac{1}{2}\mathbf{M}\left(\frac{a}{\Delta}\right)^3\alpha\sin I.\left(\frac{r}{a}\right)\sin(w+\Pi)-(I)',$$

$$a^2 a' \, \frac{\partial^2 \Omega}{\partial Z \partial Z'} = -3 \, M \left(\frac{a}{\triangle}\right)^5 \alpha^2 \sin^2 I . \left(\frac{r'}{a'}\right) \left(\frac{r}{a}\right) \sin \left(w' + \Pi'\right) \sin \left(w + \Pi\right)$$

$$+ M \left(\frac{a}{\triangle}\right)^3 \alpha \cos I - (I)'' \, ,$$

avec

$$(H) = \frac{M}{\alpha^2} \left(\frac{a'}{r'}\right)^2 \left(\frac{r}{a}\right) H \, ,$$

$$(I) = M \, \frac{\sin I}{\alpha^2} \left(\frac{a'}{r'}\right)^2 \sin \left(w' + \Pi'\right) ,$$

$$(I)' = M \, \frac{\sin I}{\alpha^2} \left(\frac{a'}{r'}\right)^3 \frac{r}{a} \sin \left(w + \Pi\right) ,$$

$$(I)'' = M \, \frac{\cos I}{\alpha^2} \left(\frac{a'}{r'}\right)^3 .$$

Ces formules, renfermant les rapports des quantités linéaires qui y entrent, au lieu de ces quantités elles-mêmes, sont mieux appropriées au calcul que les précédentes.

22.

Pour le développement de la fonction perturbatrice et de ses dérivées partielles contenues dans l'article précédent, je fais usage de la méthode de M. Liouville, combinée avec la méthode d'interpolation de M. Le Verrier, telle qu'elle a été modifiée par M. Hoüel. Pour l'exposition de cette méthode, je renvoie le lecteur à la thèse de M. Durrande sur ce sujet [1], et je conserve la notation de son travail en y remplaçant seulement T par ε et T' par g' : j'ai alors

$$\theta = j\varepsilon + j'g' , \quad g' = j\sigma , \quad \varepsilon = \frac{\theta}{j} - j'\sigma .$$

En supposant que la fonction dont il s'agit, R, soit développée en série infinie, suivant les puissances de l'exponentielle $e^{\sigma i}$, on a, en se bornant aux $k + 1$ premiers termes,

$$R = C_0 + C_1 e^{\sigma i} + C_2 e^{2\sigma i} + \cdots + C_k e^{k\sigma i}$$

$$+ C_{-1} e^{-\sigma i} + C_{-2} e^{-2\sigma i} + \cdots + C_{-k} e^{-k\sigma i} .$$

---

[1] *Détermination des coefficients des termes périodiques de la fonction perturbatrice,* 27 juillet 1864.

Donnant à σ les diverses valeurs

$$\begin{array}{c} 0\,,\quad \alpha\,,\quad 2\alpha\,,\quad 3\alpha\,,\ldots,\quad k\alpha\,,\\ -\alpha\,,-2\alpha\,,-3\alpha\,,\ldots,-k\alpha\,; \end{array}$$

il en résultera pour R autant de valeurs correspondantes : je les désigne par

$$\begin{array}{c} R_0\,,R_1\,,\ R_2\,,\ R_3\,,\ \ldots,R_k\\ R_{-1}\,,R_{-2}\,,R_{-3}\,,\ldots,R_{-k}\,, \end{array}$$

ce qui fournit $2k+1$ équations du premier degré entre les $2k+1$ quantités C_0, C_1, C_{-1}, ..., C_k, C_{-k}. Mais, d'après la théorie, la constante C_0 est égale à la valeur de $\Theta = \Sigma A_j e^{j\theta i}$ correspondante à la valeur de θ qu'on vient d'employer concurremment avec les valeurs précédentes de σ; on a donc

$$\Sigma A_j e^{j\theta i} = C_0\,.$$

On obtiendra d'autres valeurs de $\Sigma A_j e^{j\theta i}$, en calculant les valeurs de R correspondantes à celles de ε et de θ satisfaisant à l'équation $\varepsilon = \frac{\theta}{j} - j'\sigma$, σ prenant les mêmes valeurs que précédemment. De cette façon, on aura autant de systèmes d'équations du premier degré que de systèmes de valeurs simultanées de $\sigma, \theta, \varepsilon$; à chacun d'eux correspond une quantité $(C_0)_h$ qui est la constante du développement et qui est une des valeurs de $\Sigma A_j e^{j\theta i}$. Ayant ainsi $2j+1$ valeurs de $\Sigma A_j e^{j\theta i}$, on en conclut celles des coefficients A_j.

Pour déterminer les termes de R ayant un argument d'une autre forme, tels que $B_h e^{(\lambda+h\theta)i}$, dans lequel $\lambda = n\varepsilon + n'g'$, avec la condition $n + n' \leqq \frac{1}{2}(j+j')$, la théorie montre qu'on a

$$\Sigma B_h e^{h\theta i} = e^{-\frac{n\theta}{j}i} C_{n'j-nj'}\,.$$

On obtiendra ainsi, à l'aide de coefficients déjà calculés, et pour chaque valeur de θ, des valeurs particulières de la somme $\Sigma B_h e^{h\theta i}$. On en conclura, par la méthode de M. Hoüel, comme précédemment pour les A_j, les valeurs des B_h.

23.

Pour trouver plus commodément les valeurs numériques de R, j'emploie les notations de M. Hoüel [1], en désignant les distances des périhélies au nœud ascendant de l'orbite de m sur l'orbite de m', par Π et Π', et j'ai

$$\begin{aligned} \mu\cos\omega + \nu\cos\Omega &= M, & \mu\sin\omega + \nu\sin\Omega &= N, \\ \mu\cos\omega - \nu\cos\Omega &= M', & \mu\sin\omega - \nu\sin\Omega &= N', \\ \Pi' - \Pi &= \omega, & \Pi' + \Pi &= \Omega, \\ \cos^2\frac{I}{2} &= \mu, & \sin^2\frac{I}{2} &= \nu; \end{aligned}$$

par suite,

$$H = \mu\cos(w' - w + \omega) + \nu\cos(w' + w + \Omega).$$

Posant encore

$$\begin{aligned} X &= a'r(M\cos w + N'\sin w) = -Maa'e + Maa'\cos\varepsilon + N'aa'f\sin\varepsilon, \\ Y &= a'f'r(M\sin w - N\cos w) = Naa'ef' - Naa'f'\cos\varepsilon + M'aa'ff'\sin\varepsilon, \end{aligned}$$

il vient

$$\begin{aligned} rr'H &= -Xe' + X\cos\varepsilon' + Y\sin\varepsilon', \\ \Delta^2 &= r^2 + r'^2 - 2rr'H. \end{aligned}$$

Cela posé, pour une valeur donnée de g', on calcule ε', puis $\frac{a'}{r'}$: pour la valeur correspondante de ε, on calcule aussi $\frac{a}{r}$; on conclut de là r', r, et par suite H et Δ^2. Les expressions $\left(\frac{a'}{r'}\right)^3\sin w'$, $\left(\frac{a'}{r'}\right)^3\cos w'$, $\left(\frac{a'}{r'}\right)^3$, $\left(\frac{a'}{r'}\right)^2\sin w'$, $\left(\frac{a'}{r'}\right)^2\cos w'$, qui entrent dans (H), (I), $(I)'$, $(I)''$, se développent en séries de sinus ou cosinus des multiples de g', ordonnées suivant les puissances de e' [2]. On obtient alors ces quantités immédiatement sous la forme voulue par une multiplication de deux séries.

---

(1) *Mémoire sur le développement des fonctions en séries périodiques au moyen de l'interpolation*, p. 54.

(2) Cayley, *Memoirs of the R. Astron. Society of London*, t. XXIX.

24.

Par les procédés succinctement rappelés dans les deux articles précédents, on trouve pour $a\Omega$ une expression de la forme

$$(51) \qquad a\Omega = \Sigma A_{jj'} \, e^{(j\varepsilon - j'g')i} + \Sigma (A)_{jj'} \, e^{-(j\varepsilon - j'g')i} .$$

dans laquelle j et j' peuvent prendre toutes les valeurs de $-\infty$ à $+\infty$, et où A et (A) sont deux quantités imaginaires conjuguées, de sorte qu'on a

$$A = A' - iA'', \qquad (A) = A' + iA'' .$$

Dans la suite de ce travail, comme ici, je désignerai toujours une quantité complexe par une lettre et sa conjuguée par la même lettre entre parenthèses; cette lettre servira aussi à représenter la partie réelle ou le coefficient de $i = \sqrt{-1}$, suivant qu'elle aura un ou deux accents. De plus, toutes les fois qu'il n'en pourra résulter d'ambiguïté, je supprimerai les indices et le signe Σ; il sera toujours facile de les rétablir au besoin. Lorsqu'il existera entre des quantités complexes une relation ayant aussi lieu entre leurs conjuguées, j'écrirai seulement celle dont l'écriture sera la plus simple.

On peut toujours se dispenser d'écrire les termes renfermant les puissances négatives de l'exponentielle imaginaire, quand on conserve les autres; en sorte qu'on aura simplement

$$(52) \qquad a\Omega = A e^{(j\varepsilon - j'g')i} .$$

Toutes les quantités de l'art. 21 se développent sous cette forme.

25.

Le second membre de l'équation (52) est susceptible de prendre une autre forme. En effet, on a

$$g' = n't + c' , \qquad g = nt + c = \varepsilon - e \sin \varepsilon ,$$

d'où

$$g' = N\varepsilon - Ne \sin \varepsilon + c' - cN ,$$

en posant

$$N = \frac{n'}{n} .$$

D'après cela, il vient

$$j\varepsilon - j'g' = (j - j'N)\varepsilon + j'Ne\sin\varepsilon - j'(c' - cN) ,$$

et, si l'on pose, pour un instant,

$$j - j'N = \omega , \quad j'Ne = 2\beta , \quad c' - cN = \gamma ,$$
$$e^{\varepsilon i} = y , \quad \text{d'où} \quad 2i\sin\varepsilon = y - y^{-1} ,$$

on a

$$e^{(j\varepsilon - j'g')i} = y^{\omega} . e^{\beta(y-y^{-1})} . e^{-j'\gamma i} .$$

Mais

$$e^{\beta(y-y^{-1})} = I_0^{\beta} + I_1^{\beta} y + I_2^{\beta} y^2 + \cdots + I_n^{\beta} y^n + \cdots$$
$$- I_1^{\beta} y^{-1} + I_2^{\beta} y^{-2} - \cdots \pm I_n^{\beta} y^{-n} \mp \ldots ,$$

où

$$I_n^{\beta} = \frac{\beta^n}{n!}\left(1 - \frac{\beta^2}{n+1} + \frac{1}{2!} \cdot \frac{\beta^4}{(n+1)(n+2)} - \frac{1}{3!} \cdot \frac{\beta^6}{(n+1)(n+2)(n+3)} + \cdots\right),$$

$$I_0^{\beta} = 1 - \frac{\beta^2}{1!} + \left(\frac{\beta^2}{2!}\right)^2 - \left(\frac{\beta^2}{3!}\right)^3 + \cdots ,$$

expressions dans lesquelles j'écris, pour abréger, $1.2.3....k = k!$. De ce qui précède on conclut aisément

$$(53)\left\{\begin{aligned} e^{(j\varepsilon - j'g')i} = I_0^{\beta} e^{(\omega\varepsilon - j'\gamma)i} + I_1^{\beta} e^{[(\omega+1)\varepsilon - j'\gamma]i} + \cdots + I_n^{\beta} e^{[(\omega+n)\varepsilon - j'\gamma]i} + \cdots \\ - I_1^{\beta} e^{[(\omega-1)\varepsilon - j'\gamma]i} + \cdots \pm I_n^{\beta} e^{[(\omega-n)\varepsilon - j'\gamma]i} \mp \cdots \end{aligned}\right.$$

En multipliant chaque terme du second membre de l'équation (52) par la puissance de e correspondante et donnée par la relation précédente, on obtient le développement de $a\Omega$ en fonction de l'anomalie excentrique de la planète troublée.

En posant

$$(j - j'N)\varepsilon - j'\gamma + k\varepsilon = (j_1 - j'N)\varepsilon - j'\gamma - k\varepsilon ,$$

d'où l'on tire

$$j - j_1 + 2k = 0 , \quad \text{ou} \quad j_1 - j = 2k ,$$

on obtient la condition pour que deux termes de ce développement aient même argument. L'un d'eux appartient évidemment à la série de ceux qui dérivent de la ligne supérieure de la relation (53), et l'autre à la série de ceux qui dérivent de la ligne inférieure; en les réduisant en un seul, il vient

$$(A_{j,j'} \pm A_{j+2k,j'}) I_k^{\beta} e^{[(\omega+k)\varepsilon - j'\gamma]i} ,$$

expression dans laquelle on prend + lorsque k est pair et — lorsque k est impair. Il faut remarquer que pour $k=0$, on a simplement

$$A_{j,j'}\, I_0^6\, e^{(\omega\varepsilon - j'\gamma)i} .$$

Ainsi donc, en désignant par $A_{j,j'}$ des quantités qui se déduisent, comme on vient de le voir, des $A_{j,j'}$ donnés par le développement numérique de la fonction perturbatrice, on a

$$a\Omega = A_{j,j'}\, e^{[(j-j'N)\varepsilon - j'(c'-cN)]i} .$$

26.

Pour obtenir la dérivée partielle de cette fonction par rapport à ε, on ne peut pas la différentier directement. Toutefois, cette dérivée s'exprime simplement à l'aide des coefficients du développement précédent. Soient, en effet, les deux formes de développement

(54) $$F = K_j\, e^{[(j-j'N)\varepsilon - U]i} ,$$

(55) $$F = H_j\, e^{(j\varepsilon - j'g')i} ,$$

où, pour abréger, j'ai fait $j'(c'-cN) = U$ et supprimé le signe $\Sigma\Sigma$. En différentiant la seconde par rapport à ε, j'ai

(56) $$\frac{\partial F}{\partial \varepsilon} = j i H_j\, e^{(j\varepsilon - j'g')i} ;$$

mais

$$K_j\, e^{[(j-j'N)\varepsilon - U]i} = H_j\, e^{(j\varepsilon - j'g')i} ,$$

d'où, en différentiant par rapport à ε,

$$(j-j'N) K_j\, e^{[(j-j'N)\varepsilon - U]i}\, d\varepsilon = H_j\, e^{(j\varepsilon - j'g')i} (j\, d\varepsilon - j'\, dg') ,$$

ou, à cause de

$$dg' = N[1 - \tfrac{1}{2} e (e^{\varepsilon i} + e^{-\varepsilon i})]\, d\varepsilon ,$$

$$(j-j'N) K_j\, e^{[(j-j'N)\varepsilon - U]i} = \{ j - j'N[1 - \tfrac{1}{2} e (e^{\varepsilon i} + e^{-\varepsilon i})] \} H_j\, e^{(j\varepsilon - j'g')i} ,$$

qu'on peut écrire

$$j H_j\, e^{(j\varepsilon - j'g')i} = \left[j K_j - j'N . \frac{e}{2} (K_{j-1} + K_{j+1}) \right] e^{[(j-j'N)\varepsilon - U]i} .$$

Substituant dans l'équation (56), on a

$$\frac{\partial F}{\partial \varepsilon} = i \left[j K_j - j'N \frac{e}{2} (K_{j-1} + K_{j+1}) \right] e^{[(j-j'N)\varepsilon - U]i} ,$$

relation qui permettra de calculer avec facilité $\frac{\partial F}{\partial \varepsilon}$ à l'aide des coefficients de F développée sous la forme (54).

La dérivée partielle par rapport à g', ou, ce qui revient au même, par rapport à c', s'obtient par la différentiation directe de l'équation (54), ce qui donne

$$\frac{\partial F}{\partial g'} = -j'i F.$$

---

§ IV.

Développement des fonctions W_0 et R_0 suivant les puissances de $e^{\varepsilon i}$.

27.

On trouve que

$$a\frac{\partial \Omega}{\partial \varepsilon} = A e^{\varphi i},$$

où je pose $\varphi = (j - j'N)\varepsilon - U$. On a de même

$$ar\frac{\partial \Omega}{\partial r} = B e^{\varphi i},$$

et comme

$$A'_{j,j'} = A'_{-j,-j'}, \qquad B'_{j,j'} = B'_{-j,-j'}, \qquad A'_0 = 0,$$
$$A''_{j,j'} = -A''_{-j,-j'}, \quad B''_{j,j'} = -B''_{-j,-j'}, \quad A''_0 = 0, \quad B''_0 = 0,$$

il en résulte

$$A_{-j,-j'} = (A)_{j,j'}, \qquad B_{-j,-j'} = (B)_{j,j'}.$$

28.

Comme la fonction perturbatrice est développée par rapport à l'anomalie excentrique ε_0, qui résulte du temps et des éléments constants, il faut éliminer dt des expressions de $\frac{dW_0}{dt}$ et de $\frac{dR_0}{dt}$, art. 17 et 18. Pour cela, de la relation

$$n_0 t + c_0 = \varepsilon_0 - e_0 \sin \varepsilon_0,$$

je tire

$$n_0 dt = (1 - e_0 \cos \varepsilon_0) d\varepsilon_0 = \frac{r_0}{a_0} d\varepsilon_0,$$

r_0 étant le rayon vecteur correspondant à l'anomalie excentrique ε_0; posant maintenant, pour abréger,

$$T = \frac{dW_0}{d\varepsilon_0}, \quad U = \frac{dR_0}{d\varepsilon_0},$$

il vient

$$(57) \begin{cases} T = \dfrac{h_0 r_0}{a_0 n_0}\left\{2\dfrac{\rho}{r}\cos(\bar{w}-\omega) - 1 + \dfrac{2h^2\rho}{a_0 h_0^2 f_0^2}[\cos(\bar{w}-\omega)-1]\right\}\dfrac{\partial\Omega}{\partial w} \\ \qquad + \dfrac{2h_0 r_0}{a_0 n_0}\dfrac{\rho}{r}\sin(\bar{w}-\omega).r\dfrac{\partial\Omega}{\partial r}, \\ U = \dfrac{h r_0 r}{a_0^2 n_0}\sin(\omega-\bar{w})\cdot\dfrac{\partial\Omega}{\partial Z}\cos i. \end{cases}$$

Si l'on veut s'en tenir à la première approximation, les signes distinctifs deviennent inutiles, puisque partout il faut entendre par éléments les constantes a_0, e_0, ..., et par coordonnées, celles du mouvement elliptique. On a dans ce cas

$$(58) \begin{cases} T = \dfrac{1}{f}\left\{2\rho\cos(w-\omega) - r + \dfrac{2\rho r}{af^2}[\cos(w-\omega)-1]\right\}\dfrac{\partial\Omega}{\partial Z} \\ \qquad + \dfrac{2}{f}\rho\sin(w-\omega).r\dfrac{\partial\Omega}{\partial r}, \end{cases}$$

$$(59) \qquad U = \frac{r^2\rho}{af}\sin(\omega-w)\cdot\frac{\partial\Omega}{\partial Z}\cos i.$$

Pour éliminer $\dfrac{\partial\Omega}{\partial w}$ de la valeur de T, je remarque que

$$\frac{\partial w}{\partial\varepsilon} = \frac{af}{r}, \quad \frac{\partial r}{\partial\varepsilon} = \frac{er\sin w}{f};$$

par suite

$$(60) \qquad \frac{\partial\Omega}{\partial\varepsilon} = \frac{af}{r}\frac{\partial\Omega}{\partial w} + \frac{er\sin w}{f}\frac{\partial\Omega}{\partial r},$$

ce qui donne

$$(60)^* \qquad \frac{\partial\Omega}{\partial w} = \frac{r}{af}\frac{\partial\Omega}{\partial\varepsilon} - \frac{er\sin w}{f}r\frac{\partial\Omega}{\partial r}.$$

Substituant dans l'expression (58), et posant

$$(60)^{**} \begin{cases} M = \dfrac{1}{a^2f^2}\left\{2\rho r\cos(w-\omega) - r^2 + \dfrac{2r^2\rho}{af^2}[\cos(w-\omega)-1]\right\}, \\ N = \dfrac{1}{af}\left\{2\rho\sin(w-\omega) - \left[2\rho\cos(w-\omega) - r + \dfrac{2\rho r}{af^2}(\cos(w-\omega)-1)\right]\dfrac{er\sin w}{af^2}\right\}, \end{cases}$$

il vient

$$T = Ma\frac{\partial \Omega}{\partial \varepsilon} + Nar\frac{\partial \Omega}{\partial r}, \tag{61}$$

équation à laquelle il faut joindre les deux systèmes

$$\left\{\begin{aligned} r\cos w &= a(\cos\varepsilon - e), \\ r\sin w &= af\sin\varepsilon, \\ r &= a(1-e\cos\varepsilon), \end{aligned}\right. \qquad \left\{\begin{aligned} \rho\cos\omega &= a(\cos\eta - e), \\ \rho\sin\omega &= af\sin\eta, \\ \rho &= a(1-e\cos\eta), \end{aligned}\right. \tag{62}$$

qui permettent d'exprimer M et N en fonctions finies de l'anomalie excentrique. Cela se voit immédiatement pour M; je vais démontrer que N jouit de la même propriété. En effet, à cause des relations

$$\rho = af^2 - \rho e\cos\omega, \qquad 1 = \frac{r}{af^2} + \frac{er\cos w}{af^2},$$

on a successivement

$$afN = 2\rho\sin(w-\omega)\left(\frac{r}{af^2} + \frac{er\cos w}{af^2}\right) - 2\rho r\frac{e}{af^2}\sin w\cos(w-\omega)$$

$$- 2\rho r\frac{e}{af^2}\frac{r}{af^2}\sin w\cos(w-\omega) + \frac{2r^2e}{af^2}\sin w\left(1 - \frac{\rho e\cos\omega}{af^2}\right) + \frac{e}{af^2}r^2\sin w,$$

$$a^2f^3N = 2\rho r\sin(w-\omega)\left[1 - \frac{re}{af^2}(e+\cos w)\right] - 4\rho re\sin\omega + 3r^2e\sin w,$$

$$N = \frac{1}{a^2f^3}\left[\frac{2\rho r^2}{a}\sin(w-\omega) - 4\rho re\sin\omega + 3r^2e\sin w\right],$$

forme sous laquelle on voit immédiatement que N est une fonction finie de l'anomalie excentrique.

Éliminant w et ω des quantités M et N, à l'aide des équations (62), il vient

$$\left\{\begin{aligned} M &= \frac{1}{f^2}\Big[-3(1-\tfrac{1}{2}e^2) + 2\cos\varepsilon - \tfrac{1}{2}e^2\cos 2\varepsilon + e^2\cos(\eta+\varepsilon) - 3e\cos\eta \\ &\qquad + (4-e^2)\cos(\eta-\varepsilon) - e\cos(\eta - 2\varepsilon)\Big], \\ N &= \frac{1}{f^2}\Big[e\sin\varepsilon - \tfrac{1}{2}e^2\sin 2\varepsilon + e^2\sin(\eta+\varepsilon) - e\sin\eta - (2-e^2)\sin(\eta-\varepsilon) \\ &\qquad + e\sin(\eta - 2\varepsilon)\Big]. \end{aligned}\right. \tag{63}$$

On a aussi, pour la première approximation,

$$U = \frac{r^2\rho}{af}\sin(\omega - w)\cdot\frac{\partial \Omega}{\partial Z}\cos i,$$

expression qui, en éliminant ω et w par les relations (62), devient

$$U = Qa^2\frac{\partial \Omega}{\partial Z}\cos i, \tag{64}$$

où

$$(65)\quad \left\{ \begin{aligned} Q = {} & e\sin\varepsilon - \tfrac{1}{2}e^2\sin 2\varepsilon + \tfrac{1}{2}e^2\sin(\eta+\varepsilon) - \tfrac{3}{2}e\sin\eta \\ & + (1+\tfrac{1}{2}e^2)\sin(\eta-\varepsilon) - \tfrac{1}{2}e\sin(\eta - 2\varepsilon)\,. \end{aligned} \right.$$

Les seconds membres des équations (61) et (64), se développant en série suivant les puissances de $e^{\varepsilon i}$, il suffira d'une simple intégration pour donner W_0 et R_0, desquelles dépendent les perturbations de la longitude moyenne, du logarithme du rayon vecteur et de la coordonnée perpendiculaire au plan fondamental.

29.

En multipliant M et N par les expressions de l'art. 27, et faisant pour abréger

$$\varphi = (j - j'N)\varepsilon - j'(c' - cN)\,,$$

il vient

$$\begin{aligned} f^2 Ma\frac{\partial\Omega}{\partial\varepsilon} = {} & \left(-\frac{6-3e^2}{2}A_j + eA_{j-1} - \tfrac{1}{4}e^2A_{j-2} + eA_{j+1} - \tfrac{1}{4}e^2A_{j+2}\right)e^{\varphi i} \\ & + \left(\tfrac{1}{2}e^2A_{j+1} - \tfrac{3}{2}eA_j + \frac{4-e^2}{2}A_{j-1} - \tfrac{1}{2}eA_{j-2}\right)e^{(\varphi-\eta)i} \\ & + \left(\tfrac{1}{2}e^2A_{j-1} - \tfrac{3}{2}A_j + \frac{4-e^2}{2}A_{j+1} - \tfrac{1}{2}eA_{j+2}\right)e^{(\varphi+\eta)i}\,, \end{aligned}$$

$$\begin{aligned} f^2 Nar\frac{\partial\Omega}{\partial r} = {} & i\left(-\tfrac{1}{2}eB_{j-1} + \tfrac{1}{4}e^2B_{j-2} + \tfrac{1}{2}eB_{j+1} - \tfrac{1}{4}e^2B_{j+2}\right)e^{\varphi i} \\ & + i\left(\tfrac{1}{2}e^2B_{j+1} - \tfrac{1}{2}eB_j - \frac{2-e^2}{2}B_{j-1} + \tfrac{1}{2}eB_{j-2}\right)e^{(\varphi-\eta)i} \\ & + i\left(-\tfrac{1}{2}e^2B_{j-1} + \tfrac{1}{2}eB_j - \frac{2-e^2}{2}B_{j+1} - \tfrac{1}{2}eB_{j+2}\right)e^{(\varphi+\eta)i}\,, \end{aligned}$$

en sorte que si l'on pose

$$(66)\quad \left\{ \begin{aligned} f^2(F)_j = {} & -\frac{6-3e^2}{2}A_j + eA_{j-1} - \tfrac{1}{4}e^2A_{j-2} + eA_{j+1} - \tfrac{1}{4}e^2A_{j+2} \\ & + i\left(-\tfrac{1}{2}eB_{j-1} + \tfrac{1}{4}e^2B_{j-2} + \tfrac{1}{2}eB_{j+1} - \tfrac{1}{4}e^2B_{j+2}\right), \\ f^2(G)_j = {} & \tfrac{1}{2}e^2A_{j+1} - \tfrac{3}{2}eA_j + \frac{4-e^2}{2}A_{j-1} - \tfrac{1}{2}eA_{j-2} \\ & + i\left(\tfrac{1}{2}e^2B_{j+1} - \tfrac{1}{2}eB_j - \frac{2-e^2}{2}B_{j-1} + \tfrac{1}{2}eB_{j-2}\right), \\ f^2(H) = {} & \tfrac{1}{2}e^2A_{j-1} - \tfrac{3}{2}eA_j + \frac{4-e^2}{2}A_{j+1} - \tfrac{1}{2}eA_{j+2} \\ & + i\left(-\tfrac{1}{2}e^2B_{j-1} + \tfrac{1}{2}eB_j + \frac{2-e^2}{2}B_{j+1} - \tfrac{1}{2}eB_{j+2}\right), \end{aligned} \right.$$

il en résulte, en supprimant l'indice zéro, ce qui peut maintenant se faire sans qu'il en résulte de confusion,

$$\frac{\partial W}{\partial \varepsilon} = (F)e^{\varphi\iota} + (G)e^{(\varphi-\eta)\iota} + (H)e^{(\varphi+\eta)\iota}. \tag{67}$$

Des relations de l'art. 27 entre les coefficients, on conclut

$$\left\{\begin{aligned} F_{-j,-j'} &= (F)_{j,j'}, \\ G_{-j,-j'} &= (H)_{j,j'}, \end{aligned}\right. \tag{68}$$

équations complexes qui donnent les suivantes entre quantités réelles,

$$\left\{\begin{aligned} F'_{-j,-j'} &= F'_{j,j'}, \qquad & G'_{-j,-j'} &= H'_{j,j'}, \\ F''_{-j,-j'} &= -F''_{j,j'}, \qquad & G''_{-j,-j'} &= -H''_{j,j'}, \end{aligned}\right. \tag{68)*}$$

Dans le cas particulier où $j = j' = 0$, ces équations deviennent

$$F''_{0,0} = 0, \qquad G''_{0,0} = -H''_{0,0}, \qquad G'_{0,0} = H'_{0,0}, \tag{69}$$

$$F'_{0,0} = -G'_{1,0} = eH'_{0,0}. \tag{70}$$

Des relations (66), on conclut aisément

$$F_j + \tfrac{1}{2}(G_{j+1} + H_{j-1}) + A_j = 0. \tag{71}$$

30.

J'intègre l'équation (67), et, négligeant ici comme plus bas la constante d'intégration dont il sera tenu compte dans un autre paragraphe, il vient

$$W = -\frac{i}{\omega} e^{-\varphi\iota} [(F) + (G)e^{-\iota} + (H)e^{\eta\iota}],$$

et par suite

$$\overline{W} = -i\left[\frac{(F)_j}{\omega} + \frac{(G)_{j+1}}{\omega+1} + \frac{(H)_{j-1}}{\omega-1}\right]e^{\varphi\iota}.$$

L'équation (29) donne

$$n(z-t) = c_0 + n\int \overline{W}\,dt.$$

d'où l'on tire

$$nd\delta z = n\overline{W}dt,$$

ou bien

$$nd\delta z = -i(P)_j n dt,$$

en posant

$$P_j = \frac{F_j}{\omega} + \frac{G_{j+1}}{\omega+1} + \frac{H_{j-1}}{\omega-1}.$$

Or

$$ndt = (1 - e\cos\varepsilon)\,d\varepsilon,$$

donc

$$nd\delta z = -i\left[(P)_j - \tfrac{1}{2}e(P)_{j-1} - \tfrac{1}{2}e(P)_{j+1}\right] e^{\varphi i} d\varepsilon.$$

En intégrant, on a

(72) $$n\delta z = -(R)_j\, e^{\varphi i},$$

où l'on a fait

$$R_j = \frac{1}{\omega}\left(P_j - \tfrac{1}{2}eP_{j-1} - \tfrac{1}{2}eP_{j+1}\right).$$

L'équation (31) donne à son tour

$$\frac{d\nu}{d\varepsilon} = -\tfrac{1}{2}\frac{\overline{\partial W}}{\partial \eta};$$

mais

$$\frac{\partial W}{\partial \eta} = \frac{1}{\omega}\left[-(G)\,e^{(\varphi-\eta)i} + (H)\,e^{(\varphi+\eta)i}\right],$$

d'où

$$\frac{\overline{\partial W}}{\partial \eta} = \left[-\frac{(G)_{j+1}}{\omega+1} + \frac{(H)_{j-1}}{\omega-1}\right] e^{\varphi i};$$

si donc on pose

$$Q_j = \frac{(G)_{j+1}}{\omega+1} - \frac{(H)_{j-1}}{\omega-1},$$

il vient

$$2d\nu = Q_j\, e^{\varphi i} d\varepsilon,$$

et, en intégrant,

(73) $$2\nu = -iS_j\, e^{\varphi i},$$

où l'on a fait

$$S_j = \frac{1}{\omega} Q_j.$$

31.

On peut contrôler les calculs numériques auxquels conduisent ces formules. En effet, la première des équations (37) peut s'écrire

$$\frac{d\dfrac{h_0}{h}}{dt} = -\left(\frac{h}{h_0}\right)^2 h_0 \frac{\partial \Omega}{\partial w};$$

de plus

$$\frac{h}{h_0} - 1 = \frac{h - h_0}{h} = \delta \frac{h}{h_0},$$

et par suite, en se bornant à la première approximation,

$$\frac{d \frac{h}{h_0}}{dt} = -\frac{an}{f} \frac{\partial \Omega}{\partial v},$$

où l'on a supprimé l'indice 0 des éléments, comme dans ce qui précède. Éliminant dt, il vient

$$d \frac{h}{h_0} = -\frac{r}{f} \frac{\partial \Omega}{\partial v} d\varepsilon ;$$

mais $\overline{T} = \frac{r}{f} \frac{\partial \Omega}{\partial v}$, donc enfin

$$d \frac{h}{h_0} = d\left(1 + \delta \frac{h}{h_0}\right) = d\delta \frac{h}{h_0} = -\overline{T} d\varepsilon ;$$

comme

$$\overline{T} = [(F)_j + (G)_{j-1} + (H)_{j-1}]\, e^{\varphi i},$$

il vient finalement

$$\delta \frac{h}{h_0} = \frac{1}{\omega} i\, [(F)_j + (G)_{j+1} + (H)_{j-1}]\, e^{\varphi i}.$$

D'un autre côté, l'équation (20) donne

$$\frac{h_0}{h} = (1 + \nu)^2 \frac{dz}{dt},$$

ou bien, puisque $\frac{dz}{dt} = 1 + \frac{d\delta z}{dt}$,

$$\frac{h_0}{h} = \left(1 + \delta \frac{h}{h_0}\right)^{-},$$

et, en se bornant à la première approximation,

$$\frac{h_0}{h} = 1 - \delta \frac{h}{h_0} :$$

on aura donc

$$1 - \delta \frac{h}{h_0} = (1 + \nu)^2 \left(1 + \frac{d\delta z}{dt}\right),$$

ou, en négligeant les termes du second ordre,

(74) $$\delta \frac{h}{h_0} = -\frac{d\delta z}{dt} - 2\nu .$$

En tenant compte des résultats de l'article précédent, on a

$$\delta \frac{h}{h_0} = i\,(\Pi)_j\, e^{\varphi i},$$

en posant

$$\Pi_j = S_j + P_j\,.$$

L'un de ces deux procédés de calcul servira de vérification à l'autre.

32.

Le calcul des perturbations de la latitude, produites par la première puissance de la force perturbatrice, dépend de l'équation

$$\frac{1}{\cos i}\,\frac{dR}{d\varepsilon} = Q\,a^2\,\frac{\partial\Omega}{\partial Z},$$

dans laquelle

$$a^2\,\frac{\partial\Omega}{\partial Z} = D_{j,j'}\, e^{\varphi i}\,.$$

La quantité complexe $D_{j,j'}$ est telle que

$$D_{-j,-j'} = (D)_{j,j'}\,, \qquad D''_{0,0} = 0\,.$$

Multipliant la valeur de Q, (65), par le développement de $a^2\,\dfrac{\partial\Omega}{\partial Z}$, on obtient

$$\begin{aligned}\frac{1}{\cos i}\,\frac{dR}{d\varepsilon} &= i\left[-\tfrac{1}{2}e(D_{j-1}-D_{j+1}) + \tfrac{1}{4}e^2(D_{j-2}-D_{j+2})\right] e^{\varphi i}\\ &+ i\left[\tfrac{3}{4}eD_j - \tfrac{1}{4}e^2 D_{j-1} - \tfrac{1}{4}(2+e^2)\,D_{j+1} + \tfrac{1}{4}\,e\,D_{j+2}\right] e^{(\varphi+\eta)i}\\ &+ i\left[-\tfrac{3}{4}eD_j + \tfrac{1}{4}e^2 D_{j+1} + \tfrac{1}{4}(2+e^2)D_{j-1} - \tfrac{1}{4}e\,D_{j-2}\right] e^{(\varphi-\eta)i};\end{aligned}$$

posant, ensuite pour abréger,

$$(75)\qquad \left\{\begin{aligned} T_j &= -\tfrac{1}{2}e\,(D_{j-1}-D_{j+1}) + \tfrac{1}{4}e^2\,(D_{j-2}-D_{j+2})\,,\\ U_j &= -\tfrac{3}{4}\,eD_j + \tfrac{1}{4}e^2 D_{j+1} + \tfrac{1}{4}(2+e^2)\,D_{j-1} - \tfrac{1}{4}\,e\,D_{j-2}\,,\\ V_j &= \tfrac{3}{4}\,eD_j - \tfrac{1}{4}\,e^2 D_{j-1} - \tfrac{1}{4}(2+e^2)\,D_{j+1} + \tfrac{1}{4}\,e\,D_{j+2}\,,\end{aligned}\right.$$

il vient

$$(76)\qquad \frac{1}{\cos i}\,\frac{dR}{d\varepsilon} = i e^{\varphi i}\,(T_j + U_j e^{-\eta i} + V_j e^{\eta i})\,.$$

Les équations (75) donnent les formules

(77) $$(T)_{j,j'} = - T_{-j,-j'}\ ,\qquad (V)_{j,j'} = - U_{-j,\ j'}\ ,$$

qui correspondent à

(77)* $$\begin{cases} T'_{j,j'} = - T'_{-j,-j'}\ , & V'_{j,j'} = - U'_{-j,-j'}\ , \\ T''_{j,j'} = T''_{-j,-j'}\ , & V''_{j,j'} = U''_{-j,-j'}\ . \end{cases}$$

Les mêmes équations (75) donnent encore

(78) $$T_{j,j'} + V_{j-1,j'} + U_{j+1,j'} = 0\ ,$$

et

(79) $$T'_{0,0} = 0\ ,\qquad -\tfrac{1}{2}\, T''_{0,0} = U''_{1,0} = e\, V''_{0,0}\ .$$

Intégrant l'équation (76), on a

$$\frac{R}{\cos i} = \frac{1}{\omega}\, e^{\varphi i}\, (T + U e^{\ \eta i} + V e^{\eta i})\ ,$$

et par suite

$$\frac{\overline{R}}{\cos i} = Y_j\, e^{\varphi i}\ ,$$

en posant

$$Y_j = \frac{T_j}{\omega} + \frac{U_{j+1}}{\omega + 1} + \frac{V_{j-1}}{\omega - 1}\ .$$

De plus, d'après l'équation (43), $u = \overline{R}$; donc

(80) $$\frac{u}{\cos i} = Y_j\, e^{\varphi i}\ .$$

L'équation (44) donne $\frac{du}{dt} = \frac{\partial \overline{R}}{\partial \tau}$, ou bien $\frac{du}{d\varepsilon} = \frac{\partial \overline{R}}{\partial \eta}$; par suite

$$u = \int \frac{\partial \overline{R}}{\partial \eta}\, d\varepsilon\ .$$

Différentiant maintenant par rapport à η la valeur précédente de R, il vient

$$\frac{1}{\cos i}\, \frac{\partial R}{\partial \eta} = - \frac{i}{\omega}\, (U_j\, e^{(\varphi - \eta) i} - V_j\, e^{(\varphi + \eta) i})\ ,$$

d'où

$$\frac{1}{\cos i}\, \frac{\partial \overline{R}}{\partial \eta} = - i \left(\frac{U_{j+1}}{\omega + 1} - \frac{V_{j-1}}{\omega - 1} \right) e^{\varphi i}\ ,$$

et enfin

(81) $$\frac{u}{\cos i} = \frac{W_j}{\omega}\, e^{\varphi i}\ ,$$

où j'ai fait

$$W_j = -\frac{U_{j+1}}{\omega+1} + \frac{V_{j-1}}{\omega-1}.$$

Le rapprochement des deux équations (80) et (81) donne l'équation de condition

$$Y_j = \frac{W_j}{\omega},$$

qui pourra servir à contrôler les calculs numériques.

---

§ V.

Intégration des équations différentielles dans le cas où $j'=0$. — Détermination des constantes arbitraires dans deux cas différents.

33.

En prenant seulement les premiers termes de $\frac{dW}{d\varepsilon}$, obtenus lorsqu'on y fait $j'=0$, et $j=0,1,2,\ldots$ successivement, on a

$$\begin{aligned}\frac{dW}{d\varepsilon} = F'_0 \quad & + (H)_0 e^{\eta i} && + (G)_0 e^{-\eta i} \\ + (F)_1 e^{\varepsilon i} & + (H)_1 e^{(\varepsilon+\eta)i} && + (G)_1 e^{(\varepsilon-\eta)i} \\ + (F)_2 e^{2\varepsilon i} & + (H)_2 e^{(2\varepsilon+\eta)i} && + (G)_2 e^{(2\varepsilon-\eta)i} \\ + \cdots \quad & + \cdots && + \cdots,\end{aligned}$$

d'où l'on tire

$$\begin{aligned}W = 2k + K_1 e^{\eta i} + F'_0\varepsilon \quad & + (H)_0 e^{\eta i}\varepsilon && + (G)_0 e^{-\eta i}\varepsilon \\ -i(F)_1 e^{\varepsilon i} & -i(H)_1 e^{(\varepsilon+\eta)i} && -i(G)_1 e^{(\varepsilon-\eta)i} \\ -\tfrac{1}{2}i(F)_2 e^{2\varepsilon i} & -\tfrac{1}{2}i(H)_2 e^{(2\varepsilon+\eta)i} && -\tfrac{1}{2}i(G) e^{(2\varepsilon-\eta)i} \\ -\cdots \quad & -\cdots && -\cdots,\end{aligned}$$

en désignant par $2k + K_1 e^{\eta i}$ la constante d'intégration, constante dans laquelle $K_1 = K'_1 - iK''_1$. De plus, en faisant $\tau = t$, et observant que $F'_0 = eH'_0$, on a

$$\begin{aligned}\overline{W} = 2k + 2G''_1 + eH'_0\varepsilon + (H)_0 e^{\varepsilon i}\varepsilon \\ -i[(P)_1 + iK_1] e^{\varepsilon i} - i(P)_2 e^{2\varepsilon i} - i(P)_3 e^{3\varepsilon i} - \ldots,\end{aligned}$$

où l'on a remplacé $(G)_0$ par son égal H_0, $(G)_0 \mathrm{e}^{-\varepsilon i}$ par $(H)_0 \mathrm{e}^{\varepsilon i}$, et posé, pour abréger,

$$\begin{aligned}
P_0 &= G_1, \\
P_1 &= F_1 + \tfrac{1}{2} G_2, \\
P_2 &= \tfrac{1}{2} F_2 + \tfrac{1}{3} G_3 + H_1, \\
P_3 &= \tfrac{1}{3} F_3 + \tfrac{1}{4} G_4 + \tfrac{1}{2} H_2, \\
&\ldots\ldots\ldots\ldots
\end{aligned}$$

Mais la première des équations (32) donne $\frac{dz}{dt} = 1 + \overline{W}$; on a donc

$$(82) \quad \left\{ \begin{aligned}
\frac{dz}{dt} = {} & 1 + 2k + 2P''_0 + eH'_0 \varepsilon + (H)_0 \mathrm{e}^{\varepsilon i} \varepsilon \\
& - i[(P)_1 + iK_1]\mathrm{e}^{\varepsilon i} - i(P)_2 \mathrm{e}^{2\varepsilon i} - i(P_3)\mathrm{e}^{3\varepsilon i} - \ldots
\end{aligned} \right.$$

Éliminant dt par la relation $n\,dt = (1 - e\cos\varepsilon)\,d\varepsilon$, il vient

$$\begin{aligned}
n\frac{dz}{dt} = {} & 1 + 2k + 2P''_0 - e(P''_1 + K'_1) + [(1 - \tfrac{1}{2}e^2)H'_0 + iH''_0]\mathrm{e}^{\varepsilon i}\varepsilon \\
& \qquad - (\tfrac{1}{2}e^2 H'_0 + \tfrac{1}{2} ieH''_0)\mathrm{e}^{2\varepsilon i}\varepsilon \\
& + [P''_1 + K'_1 - \tfrac{1}{2}e(1 + 2k + 2P''_0) - \tfrac{1}{2}eP''_2 - i(P'_1 + K''_1 - \tfrac{1}{2}eP'_2)]\mathrm{e}^{\varepsilon i} \\
& + [P''_2 - \tfrac{1}{2}eP''_1 - \tfrac{1}{2}eP''_3 - \tfrac{1}{2}eK'_1 - i(P'_2 - \tfrac{1}{2}eP'_1 - \tfrac{1}{2}eK''_1 - \tfrac{1}{2}eP'_3)]\mathrm{e}^{2\varepsilon i} \\
& + [P''_3 - \tfrac{1}{2}eP''_2 - \tfrac{1}{2}eP''_4 - i(P'_3 - \tfrac{1}{2}eP'_2 - \tfrac{1}{2}eP'_4)]\mathrm{e}^{3\varepsilon i} \\
& + \ldots\ldots\ldots\ldots\ldots\ldots,
\end{aligned}$$

et, en intégrant,

$$(83) \quad \left\{ \begin{aligned}
nz = {} & c + (1 + 2R''_0 + 2k - eK'_1)\varepsilon \\
& - \{R'_1 - (1 - \tfrac{1}{2}e^2)H'_0 + K''_1 + i[R''_1 - H''_0 + K'_1 - \tfrac{1}{2}e(1 + 2k)]\}\mathrm{e}^{\varepsilon i} \\
& + [H''_0 - i(1 - \tfrac{1}{2}e^2)H'_0]\,\mathrm{o}^{\varepsilon i}\varepsilon \\
& - [R'_2 + \tfrac{1}{8}eH'_0 - \tfrac{1}{4}eK''_1 + i(R''_2 + \tfrac{1}{8}eH''_0 - \tfrac{1}{4}eK'_1)]\mathrm{e}^{2\varepsilon i} \\
& - \tfrac{1}{4}e(H''_0 - iH'_0)\mathrm{e}^{2\varepsilon i}\varepsilon \\
& - (R'_3 + iR''_3)\mathrm{e}^{3\varepsilon i} \\
& - \ldots,
\end{aligned} \right.$$

où l'on a représenté par c la constante d'intégration, et posé

$$\begin{aligned}
R''_0 &= P''_0 - \tfrac{1}{2}eP''_1, \\
R''_1 &= P''_1 - \tfrac{1}{2}eP''_2 - eP''_0, & R'_1 &= P'_1 - \tfrac{1}{2}eP'_2, \\
R''_2 &= \tfrac{1}{2}(P''_2 - \tfrac{1}{2}eP''_1 - \tfrac{1}{2}eP''_3), & R'_2 &= \tfrac{1}{2}(P'_2 - \tfrac{1}{2}eP'_1 - \tfrac{1}{2}eP'_3), \\
R''_3 &= \tfrac{1}{3}(P''_3 - \tfrac{1}{2}eP''_2 - \tfrac{1}{2}eP''_4), & R'_3 &= \tfrac{1}{3}(P'_3 - \tfrac{1}{2}eP'_2 - \tfrac{1}{2}eP'_4), \\
&\ldots\ldots\ldots & &\ldots\ldots\ldots
\end{aligned}$$

La constante c est l'anomalie moyenne pour $t = 0$.

34.

Je vais maintenant éliminer ε en dehors des exponentielles à l'aide de la relation $nt + c = \varepsilon - e \sin \varepsilon$, et, dans cette opération, je néglige c, parce que les termes qui en proviennent se combinent avec les constantes arbitraires; alors, désignant simplement par c la somme constante $c + e\left(1 - \frac{1}{2}e^2\right)h_0$, on a

$$
(84)\quad \left\{
\begin{aligned}
nz = {} & c + \left[1 + 2R''_0 + 2\left(k - \tfrac{1}{2}eK'_1\right)\right] nt \\
& -\left\{R'_1 - \left(1 - \tfrac{5}{8}e^2\right)H'_0 + K''_1 + i\left[R''_1 + eR''_0 - \left(1 - \tfrac{1}{8}e^2\right)H''_0 + \left(1 - \tfrac{1}{2}e^2\right)K'_1\right]\right\} e^{\varepsilon i} \\
& + \left[H''_0 - i\left(1 - \tfrac{1}{2}e^2\right)H'_0\right] e^{\varepsilon i} nt \\
& - \left[R'_2 + \tfrac{1}{8}e\left(5 - 2e^2\right)H'_0 - \tfrac{1}{4}eK''_1 + i\left(R''_2 + \tfrac{5}{8}eH''_0 - \tfrac{1}{4}eK'_1\right)\right] e^{2\varepsilon i} \\
& - \tfrac{1}{4}e\left(H''_0 - iH'_0\right) e^{2\varepsilon i} nt \\
& - \left[R'_3 - \tfrac{1}{8}e^2 H'_0 + i\left(R''_3 - \tfrac{1}{4}e^2 H''_0\right)\right] e^{3\varepsilon i} \\
& - \left(R'_4 + iR''_4\right) e^{4\varepsilon i} \\
& - \ldots\ldots\ldots
\end{aligned}
\right.
$$

Éliminant ε des termes de même nature dans $\frac{dz}{dt}$, il vient

$$
(85)\quad \left\{
\begin{aligned}
\frac{dz}{dt} = {} & 1 + 2k + 2P''_0 - eH''_0 + eH'_0 nt \\
& + \left[P''_1 + K'_1 - i\left(P'_1 + e^2 H'_0 + K''_1\right)\right] e^{\varepsilon i} \\
& + \left(H'_0 + iH''_0\right) e^{\varepsilon i} nt \\
& + \left[P''_2 + \tfrac{1}{2}eH''_0 - i\left(P''_3 + \tfrac{1}{2}eH'_0\right)\right] e^{2\varepsilon i} \\
& + \left(P''_3 - iP'_3\right) e^{3\varepsilon i} \\
& + \ldots\ldots\ldots
\end{aligned}
\right.
$$

35.

En différentiant la valeur de W par rapport à η, il vient

$$
\begin{aligned}
\frac{\partial W}{\partial \eta} = {} & -(G)_1 e^{(\varepsilon - \eta)i} + i(H)_0 e^{\eta i} \varepsilon \\
& + iK_1 e^{\eta i} - \tfrac{1}{2}(G)_2 e^{(2\varepsilon - \eta)i} - \tfrac{1}{3}(G)_3 e^{(3\varepsilon - \eta)i} + (H)_1 e^{(\varepsilon + \eta)i} + \cdots :
\end{aligned}
$$

par suite

$$
\begin{aligned}
\overline{\frac{\partial W}{\partial \eta}} = {} & 2eH'_0 + \left[K''_1 - \tfrac{1}{2}G'_2 + i\left(K'_1 - \tfrac{1}{2}G''_2\right)\right] e^{\varepsilon i} \\
& - \left(H''_0 - iH'_0\right) e^{\varepsilon i} \varepsilon \\
& - \left[\tfrac{1}{3}G'_3 - H'_1 + i\left(\tfrac{1}{3}G''_3 - H''_1\right)\right] e^{2\varepsilon i} \\
& - \left[\tfrac{1}{4}G'_4 - \tfrac{1}{2}H'_2 + i\left(\tfrac{1}{4}G''_4 - \tfrac{1}{2}H''_2\right)\right] e^{3\varepsilon i} \\
& - \ldots\ldots\ldots\ldots,
\end{aligned}
$$

et comme $2\frac{d\nu}{d\varepsilon} = -\frac{\overline{\partial W}}{\partial \eta}$, en multipliant par $d\varepsilon$ et intégrant, on a

$$
(86)\quad \left\{
\begin{aligned}
2\nu = 2C & - 2eH'_0 nt \\
& + \{Q''_1 + H''_0 - K'_1 - i[Q'_1 + (1-e^2)H'_0 - K''_1]\} e^{\varepsilon i} \\
& - (H'_0 + iH''_0) e^{\varepsilon i} nt \\
& + \tfrac{1}{2}[Q''_2 - eH''_0 - i(Q'_2 - eH'_0)] e^{2\varepsilon i} \\
& + \tfrac{1}{3}(Q''_3 - iQ'_3) e^{3\varepsilon i} \\
& + \ldots\ldots\ldots,
\end{aligned}
\right.
$$

après avoir éliminé ε en dehors des exponentielles et posé

$$
\begin{aligned}
Q_1 &= \tfrac{1}{2} G_2, \\
Q_2 &= \tfrac{1}{3} G_3 - H_1, \\
Q_3 &= \tfrac{1}{4} G_4 - \tfrac{1}{2} H_2, \\
&\ldots\ldots\ldots\ldots
\end{aligned}
$$

36.

Je vais maintenant faire subir les mêmes transformations aux quantités $\frac{\overline{\partial W}}{\partial \eta} = -2\frac{d\nu}{d\varepsilon}$, $\frac{\overline{\partial^2 W}}{\partial \eta^2}$, qui se présenteront dans la suite. On a

$$
\begin{aligned}
2\frac{d\nu}{d\varepsilon} = -\frac{\overline{\partial W}}{\partial \eta} = -eH'_0 & + [Q'_1 - K''_1 + i(Q''_1 - K'_1)] e^{\varepsilon i} \\
& + (H''_0 - iH'_0) e^{\varepsilon i} nt \\
& + [Q'_2 - \tfrac{1}{2} eH'_0 + i(Q''_2 - \tfrac{1}{2} eH''_0)] e^{2\varepsilon i} \\
& + (Q'_3 + iQ''_3) e^{3\varepsilon i} \\
& + \ldots\ldots\ldots
\end{aligned}
$$

Ensuite, différentiant $\frac{\partial W}{\partial \eta}$ par rapport à η, il vient

$$
\begin{aligned}
\frac{\partial^2 W}{\partial \eta^2} = {} & i(G)_1 e^{(\varepsilon-\eta)i} - (H)_0 e^{\eta i} \varepsilon \\
& - K_1 e^{\eta i} + \tfrac{1}{2} i(G)_2 e^{(2\varepsilon-\eta)i} + \tfrac{1}{3}(G)_3 e^{(3\varepsilon-\eta)i} + i(H)_1 e^{(\varepsilon+\eta)i} + \ldots,
\end{aligned}
$$

d'où l'on tire

$$
\begin{aligned}
\frac{\overline{\partial^2 W}}{\partial \eta^2} = -2G''_1 + eH''_0 & - [\tfrac{1}{2} G''_2 + K'_1 - i(\tfrac{1}{2} G'_2 + K''_1)] e^{\varepsilon i} \\
& - (H'_0 + iH''_0) e^{\varepsilon i} nt \\
& - [\tfrac{1}{3} G''_3 + H''_1 + \tfrac{1}{2} eH''_0 - i(\tfrac{1}{3} G'_3 + H'_1 + \tfrac{1}{2} eH'_0)] e^{2\varepsilon i} \\
& - [\tfrac{1}{4} G''_4 + \tfrac{1}{2} H''_2 - i(\tfrac{1}{4} G'_4 + \tfrac{1}{2} H'_2)] e^{3\varepsilon i} \\
& - \ldots\ldots\ldots\ldots\ldots\ldots\ldots\ldots
\end{aligned}
$$

37.

L'équation, art. 33,

$$d\delta\frac{h}{h_0} = -\,\overline{T}d\varepsilon\,,$$

qui sert à contrôler le calcul numérique des quantités $\frac{d\delta z}{dt}$ et ν, donne, dans le cas où $j' = 0$ et $j = 0, 1, 2, \ldots$, en ayant égard aux équations de condition (69) et (70),

$$\frac{d\delta\frac{h}{h_0}}{d\varepsilon} = eH'_0 - [(F)_1 + (G)_2 + (H)_0]\,\mathrm{e}^{\varepsilon i} - [(F)_2 + (G)_3 + (H)_1]\,\mathrm{e}^{2\varepsilon i} - \cdots;$$

intégrant et désignant par $2K$ une constante arbitraire, il vient

$$\begin{aligned}\delta\frac{h}{h_0} = 2K + eH'_0 nt &- [\Pi''_1 - i(\Pi'_1 - \tfrac{1}{2}e^2 H'_0)]\,\mathrm{e}^{\varepsilon i}\\ &- \tfrac{1}{2}(\Pi''_2 - i\Pi'_2)\,\mathrm{e}^{2\varepsilon i}\\ &- \ldots\ldots\ldots,\end{aligned}$$

après avoir éliminé ε hors des exponentielles.

38.

Il faut maintenant, pour compléter ce qui est relatif au cas $j' = 0$, s'occuper de l'équation (76), qui devient dans ce cas

$$\begin{aligned}\frac{dR}{\cos i\,d\varepsilon} = T''_0 + iU_0\mathrm{e}^{-\eta i} &+ iT_1\mathrm{e}^{\varepsilon i} + iU_1\mathrm{e}^{(\varepsilon-\eta)i} + iV_1\mathrm{e}^{(\varepsilon+\eta)i}\\ &+ iT_2\mathrm{e}^{2\varepsilon i} + iU_2\mathrm{e}^{(2\varepsilon-\eta)i} + iV_2\mathrm{e}^{(2\varepsilon+\eta)i}\\ &+ iT_3\mathrm{e}^{3\varepsilon i} + iU_3\mathrm{e}^{(3\varepsilon-\eta)i} + iV_3\mathrm{e}^{(3\varepsilon+\eta)i}\\ &+ \ldots\ldots\ldots\ldots\ldots\ldots,\end{aligned}$$

où l'on peut, à cause des équations (79), remplacer T''_0 par $-2eV''_0$.

Cette équation peut s'écrire, art. 28,

$$\frac{dR}{\cos i\,d\varepsilon} = \frac{hr^2}{na^2}\,\rho\sin(\omega - w)\cdot\frac{\partial\Omega}{\partial Z}\,,$$

dont l'intégrale amènera une constante de la forme

$$2l'_1\frac{\rho}{a}\sin\omega + 2l''_2\frac{\rho}{a}\cos\omega\,,$$

qui peut s'écrire

$$2l'_1 f\sin\eta + 2l''_1(\cos\eta - e)\,;$$

la constante indépendante de l'exponentielle $e^{\eta i}$ a donc pour valeur $-2el_1''$, lorsque la constante dépendant de cette exponentielle est mise sous la forme $(l_1'-il_1'')e^{\eta i}$. Ainsi, l'intégrale de l'équation placée au commencement de cet article a pour constante

$$-2el_1''+l_1e^{\eta i}.$$

On a donc successivement

$$\begin{aligned}\frac{R}{\cos i}=-2el_1''-2eV_0''\varepsilon &+iV_0e^{\eta i}\varepsilon &&+l_1e^{\eta i}\\ +T_1e^{\varepsilon i} &+U_1e^{(\varepsilon-\eta)i} &&+V_1e^{(\varepsilon+\eta)i}\\ +\tfrac{1}{2}T_2e^{2\varepsilon i} &+\tfrac{1}{2}U_2e^{(2\varepsilon-\eta)i} &&+\tfrac{1}{2}V_2e^{(2\varepsilon+\eta)i}\\ +\cdots &+\cdots &&+\cdots,\end{aligned}$$

$$\frac{\overline{R}}{\cos i}=2U_1'-2el_1''-2eV_0''\varepsilon+(Y_1+l_1)e^{\varepsilon i}+iV_0e^{\varepsilon i}\varepsilon+Y_2e^{2\varepsilon i}+Y_3e^{3\varepsilon i}+\cdots,$$

en posant

$$Y_1=T_1+\tfrac{1}{2}U_2,\quad Y_2=\tfrac{1}{2}T_2+\tfrac{1}{3}U_3+V_1,\quad Y_3=\tfrac{1}{3}T_3+\tfrac{1}{4}U_4+\tfrac{1}{2}V_2,\ \ldots,$$

et enfin, à cause de l'équation (43) et en éliminant ε hors des exponentielles,

$$\begin{aligned}\frac{u}{\cos i}=2U_1'-2el_1''-eV_0'-2eV_0''nt &+[Y_1'+l_1'-i(Y_1''-e^2V_0''+l_1'')]e^{\varepsilon i}\\ &+(V_0''+iV_0')e^{\varepsilon i}nt\\ &+[Y_2'+\tfrac{1}{2}eV_0'-i(Y_2''+\tfrac{1}{2}eV_0'')]e^{2\varepsilon i}\\ &+(Y_3'-iY_3'')e^{2\varepsilon i}\\ &+\ldots\ldots\ldots\end{aligned}$$

Je vais aussi donner la dérivée de u, dont on se servira plus loin. On a, art. 33,

$$\frac{1}{\cos i}\frac{du}{d\varepsilon}=\frac{1}{\cos i}\frac{\partial\overline{R}}{\partial\eta};$$

alors la valeur précédente de u donne

$$\begin{aligned}\frac{1}{\cos i}\frac{\partial\overline{R}}{\partial\eta}=\frac{1}{\cos i}\frac{du}{d\varepsilon}=&-3eV_0''\\ &+[Y_1''+V_0''+l_1''+i(Y_1'+V_0'+l_1')]e^{\varepsilon i}\\ &-(V_0'-iV_0'')e^{\varepsilon i}nt\\ &+2[Y_2''+\tfrac{1}{4}eV_0''+i(Y_2'+\tfrac{1}{2}eV_0')]e^{2\varepsilon i}\\ &+3(Y_3''+iY_3')e^{3\varepsilon i}\\ &+\ldots\ldots\ldots\ldots\end{aligned}$$

39.

Par les intégrations précédentes, j'ai introduit huit constantes, $c, k, K'_1, K''_1, l'_1, l''_1, K, C$, dont les deux dernières, par exemple, sont des fonctions des autres. On va les déterminer, en se bornant à la première approximation.

L'expression de dW_0, art. 17, se compose de trois parties, l'une ayant en facteur $\rho \sin \omega$, l'autre $\rho \cos \omega$, et enfin une troisième

$$-h_0\left(1+2\frac{h^2}{h_0^2}\right)\frac{\partial \Omega}{\partial w}dt,$$

indépendante de ces facteurs.

Or, on a vu que l'intégration de dW amène pour constante

$$2k+2K'_1\cos\eta+2K''_1\sin\eta,$$

qu'on peut écrire

$$2k+2K'_1\left(\frac{\rho}{a}\cos\omega+e\right)+2K''_1\frac{\rho}{a}\sin\omega$$

$$=2k+2eK'_1+2K'_1\frac{\rho}{a}\cos\omega+2K''_1\frac{\rho}{a}\sin\omega,$$

de sorte que la constante amenée par l'intégration de la troisième partie de dW_0 est

$$2k+2eK'_1.$$

Mais on a, (38),

$$h_0\frac{\partial \Omega}{\partial w}dt=d\frac{h_0}{h},$$

$$-2\frac{h^2}{h_0}\frac{\partial \Omega}{\partial w}dt=2d\frac{h}{h_0},$$

d'où l'on tire

$$d\left(2\frac{h}{h_0}-\frac{h_0}{h}\right)=-h_0\left(1+\frac{2h^2}{h_0^2}\right)\frac{\partial \Omega}{\partial w}dt.$$

En intégrant, et remarquant que dans la première approximation $h=h_0$, on a

$$2\frac{h}{h_0}-\frac{h_0}{h}=1+2k+2eK'_1-h_0\int\left(1+\frac{2h^2}{h_0^2}\right)\frac{\partial \Omega}{\partial w}dt;$$

de plus, $2K$ étant la constante arbitraire introduite par l'intégration dans l'expression de $\delta \frac{h}{h_0}$, on a, puisque $\frac{h_0}{h} = 1 - \delta \frac{h}{h_0}$ et $d\frac{h_0}{h} = d\delta \frac{h}{h_0}$,

$$\frac{h_0}{h} = 1 - 2K + h_0 \int \frac{\partial \Omega}{\partial w} dt ;$$

on a encore

$$\frac{h_0}{h} = 1 + \frac{h_0}{h} - 1 ,$$

d'où

$$\frac{h}{h_0} = 1 - \left(\frac{h_0}{h} - 1\right) + \left(\frac{h_0}{h} - 1\right)^2 - \left(\frac{h_0}{h} - 1\right)^3 + \ldots ,$$

et par suite

$$\frac{2h}{h_0} - \frac{h_0}{h} = 4 - \frac{3h_0}{h} + 2\left(\frac{h_0}{h} - 1\right)^2 - 2\left(\frac{h_0}{h} - 1\right)^3 + \cdots ,$$

de sorte que, si l'on désigne par $2H_1$ une quantité constante dépendant des puissances de la force perturbatrice supérieures à la première, on a

$$\frac{2h}{h_0} - \frac{h_0}{h} = 1 + 6K + 2H_1 + \text{des termes variables.}$$

Comparant cette expression à celle qui a déjà été obtenue plus haut pour la même quantité, on en conclut

(87) $$K = \tfrac{1}{3}(k + eK_1') - \tfrac{1}{3} H_1 ,$$

et, si l'on se borne à la première approximation,

(88) $$K = \tfrac{1}{3}(k + eK_1') .$$

Pour déterminer C, j'écris l'équation (20) sous la forme

$$\frac{dz}{dt} = \frac{h_0}{h} - 2\nu + (3\nu^2 - 4\nu^3 + \cdots)\frac{h_0}{h} - 2\nu\left(\frac{h_0}{h} - 1\right) ;$$

par suite, en désignant par $2V_1$ une quantité de même ordre que $2H_1$, on a

$$\frac{dz}{dt} = 1 - 2K - 2C + 2V_1 + \text{des termes variables.}$$

D'un autre côté, on a trouvé, (85),

$$\frac{dz}{dt} = 1 + 2k + 2P_0'' - eH_0'' + \text{des termes variables} ,$$

ou bien

$$\frac{dz}{dt} = 1 + 2k + 2Z_0 + 2Z_1 + \text{des termes variables},$$

en posant

$$Z_0 = P''_0 - \tfrac{1}{2} e H''_0,$$

et désignant par Z_1 une quantité de même ordre que V_1. Comparant les deux valeurs de $\frac{dz}{dt}$, on en tire

$$k + Z_0 + Z_1 = -K - C + V_1,$$

d'où

(89) $$C = -\tfrac{1}{3}(4k + eK'_1 + 3Z_0) + \tfrac{1}{3}(H_1 + 3V_1 - 3Z_1),$$

et, en négligeant les termes d'un ordre supérieur au premier par rapport à la force perturbatrice,

(90) $$C = -\tfrac{1}{3}(4k + eK'_1 + 3Z_0).$$

40.

Pour terminer ce paragraphe, il me reste à exposer les moyens employés pour déterminer les constantes arbitraires.

Les éléments moyens sont les moyennes entre les limites possibles des éléments osculateurs rapportés à l'époque. Leur emploi conduit à des perturbations dont le maximum possible est moindre que celui qui dépend de tout autre système d'éléments. On fera voir plus tard comment d'un système d'éléments osculateurs on peut déduire les éléments moyens; on peut donc chercher à déterminer les constantes, soit en partant des éléments moyens, soit en partant des éléments osculateurs.

Lorsque les éléments moyens sont connus, la constante c est la valeur moyenne de l'anomalie moyenne: or, la vraie valeur du moyen mouvement est la limite du rapport de l'angle décrit par le rayon vecteur de la planète au temps employé à le décrire, lorsque cet angle augmente indéfiniment; le moyen mouvement étant exempt de variations séculaires, la valeur moyenne du moyen mouvement doit être identique à cette vraie valeur; de sorte que l'expression de nz ne peut renfermer d'autres termes proportionnels à t que nt, sans quoi n ne serait pas la limite du rapport indiqué dans la définition précédente. Cette valeur de n devra être introduite aussi dans les arguments, sans quoi les perturbations ne représenteraient le lieu et la vitesse de la planète que pendant un temps plus ou moins long, au bout duquel des écarts apparaîtraient.

Les termes perturbateurs de nz, qui varient le plus avec les éléments elliptiques pris pour base du calcul, sont les facteurs de $\mathrm{e}^{\varepsilon i}$ et de $\mathrm{e}^{2\varepsilon i}$; dans v et u, ceux qui varient le plus, dans les mêmes circonstances, sont les termes constants et les facteurs de $\mathrm{e}^{\varepsilon i}$. Il résulte de la forme de ces termes qu'on ne peut pas les annuler à la fois; on dispose alors des constantes pour annuler les coefficients de $\mathrm{e}^{\varepsilon i}$ dans nz et v. Par ces considérations, on obtient les cinq équations

$$
\begin{aligned}
&R''_0 + k - \tfrac{1}{2} e K'_1 = 0 , \\
&R'_1 - (1 - \tfrac{5}{8} e^2) H'_0 + K''_1 = 0 , \\
&R''_1 + e R''_0 - (1 - \tfrac{1}{8} e^2) H''_0 + (1 - \tfrac{1}{2} e^2) K'_1 = 0 , \\
&Y'_1 + l'_1 = 0 , \\
&Y''_1 - e^2 R''_0 + l''_1 = 0 ;
\end{aligned}
$$

on tire de là

$$
\begin{aligned}
K'_1 &= - \frac{R''_1 + e R''_0 - (1 - \frac{1}{8} e^2) H''_0}{1 - \frac{1}{2} e^2} , \\
K''_1 &= - R'_1 + (1 - \tfrac{5}{8} e^2) H'_0 , \\
k &= \frac{- R''_0 - \frac{1}{2} e R''_1 + \frac{1}{2} e (1 - \frac{1}{8} e^2) H''_0}{1 - \frac{1}{2} e^2} , \\
l'_1 &= - Y'_1 , \\
l''_1 &= e^2 V''_0 - Y''_1 .
\end{aligned}
$$

Alors on a

$$
\begin{aligned}
nz = c + nt & \\
&+ [H''_0 - i (1 - \tfrac{1}{2} e^2) H'_0] \, \mathrm{e}^{\varepsilon i} nt \\
&- \Big\{ R'_2 + \tfrac{1}{4} e R'_1 + \tfrac{3}{8} e (1 - \tfrac{1}{4} e^2) H'_0 \\
&\qquad + \frac{4}{4 - e^2} i [(1 - \tfrac{1}{2} e^2) R''_2 + \tfrac{1}{4} e R''_1 + \tfrac{1}{4} e^2 R''_0 + \tfrac{3}{8} e (1 - \tfrac{3}{4} e^2) H''_0] \Big\} \mathrm{e}^{2\varepsilon i} \\
&- \tfrac{1}{4} e (H''_0 - i H'_0) \, \mathrm{e}^{2\varepsilon i} nt \\
&- [R'_3 - \tfrac{1}{8} e^2 H'_0 + i (R''_0 - \tfrac{1}{4} e^2 H''_0)] \, \mathrm{e}^{3\varepsilon i} \\
&- (R'_4 + i R''_4) \, \mathrm{e}^{4\varepsilon i} \\
&- \ldots\ldots\ldots ,
\end{aligned}
$$

$$\nu = 2C - 2eH'_0 nt$$
$$+ \left(Q''_1 + \frac{(1-\frac{5}{8}e^2)H''_0 - R''_1 - eR''_0}{1-\frac{1}{2}e^2} - i(Q'_1 + R'_1 - \frac{3}{8}e^2 H'_0)\right) e^{\varepsilon i}$$
$$- (H'_0 + iH''_0)e^{\varepsilon i} nt$$
$$+ \tfrac{1}{2}[Q''_2 - eH''_0 - i(Q'_2 - eH'_0)]\, e^{2\varepsilon i}$$
$$+ \tfrac{1}{3}(Q''_3 - iQ'_3)\, e^{3\varepsilon i}$$
$$+ \ldots\ldots\ldots,$$

$$\frac{u}{\cos i} = 2(U'_1 - eY'_1 - \tfrac{1}{2}eV'_0) - 2eV''_0 nt$$
$$+ (V''_0 + iV'_0)e^{\varepsilon i} nt$$
$$+ [Y'_2 + \tfrac{1}{2}eV'_0 - i(Y''_2 + \tfrac{1}{2}eV''_0)]\, e^{2\varepsilon i}$$
$$+ (Y'_3 - iY''_3)\, e^{3\varepsilon i}$$
$$+ \ldots\ldots\ldots$$

Telles seront les formules de perturbations du premier ordre, lorsqu'on aura pris les éléments moyens pour base du calcul.

41.

Je vais maintenant prendre pour base de la détermination des constantes arbitraires les éléments osculateurs correspondants à l'époque, c'est-à-dire à $t = 0$. Dans ce cas, les valeurs numériques des perturbations et de leurs différentielles premières par rapport au temps sont évidemment nulles; on a donc pour cet instant

$$nz = c_0, \quad \nu = 0, \quad u = 0,$$
$$\frac{dz}{dt} = 1, \quad \frac{d\nu}{dt} = 0, \quad \frac{du}{dt} = 0,$$

où c_0, parmi les éléments osculateurs, désigne l'anomalie moyenne. Comme $\frac{d\nu}{dt} = \frac{d\nu}{d\varepsilon}\frac{d\varepsilon}{dt}$, $\frac{du}{dt} = \frac{du}{d\varepsilon}\frac{d\varepsilon}{dt}$, et que $\frac{d\varepsilon}{dt}$ ne saurait être nul, il en résulte que, pour l'époque,

$$\frac{d\nu}{d\varepsilon} = 0, \quad \frac{du}{d\varepsilon} = 0.$$

Si maintenant on désigne par ε_0 la valeur de ε pour cet instant, et par

$$(n\delta z)_0, \quad 1+\left(\frac{d\delta z}{dt}\right)_0, \quad (\nu)_0, \quad \left(\frac{d\nu}{d\varepsilon}\right)_0, \quad \left(\frac{u}{\cos i}\right)_0, \quad \left(\frac{du}{\cos i\, d\varepsilon}\right)_0,$$

les parties indépendantes des constantes arbitraires dans les expressions de

$$n\delta z, \quad 1+\frac{d\delta z}{dt}, \quad \nu, \quad \frac{d\nu}{d\varepsilon}, \quad \frac{u}{\cos i}, \quad \frac{du}{\cos i\, d\varepsilon},$$

on obtient

$$c_0 = c - [K_1'' + i(1-\tfrac{1}{2}e^2)K_1']\,e^{\varepsilon i} + \tfrac{1}{4}e(K_1''+iK_1')\,e^{2\varepsilon i} + (n\delta z)_0,$$

$$0 = 2k + (K_1' - iK_1'')\,e^{\varepsilon i} + \left(\frac{d\delta z}{dt}\right)_0,$$

$$0 = -\tfrac{8}{3}k - \tfrac{2}{3}eK_1' - 2Z - (K_1' - iK_1'')\,e^{\varepsilon i} + 2(\nu)_0,$$

$$0 = (K_1'' + iK_1')\,e^{\varepsilon i} + 2\left(\frac{d\nu}{d\varepsilon}\right)_0;$$

$$0 = -2el_1' + (l_1' - il_1'')\,e^{\varepsilon i} + \left(\frac{u}{\cos i}\right)_0,$$

$$0 = (l_1'' + il_1')\,e^{\varepsilon i} + \left(\frac{du}{\cos i\, d\varepsilon}\right)_0,$$

où l'on a écrit Z pour $Z_0 + Z_1$.

Résolvant ces équations, on trouve

$$c = c_0 - (n\delta z)_0 - K_1''[(1-\tfrac{1}{2}e^2)\sin\varepsilon_0 - \tfrac{1}{4}e\sin 2\varepsilon_0] + K_1'(\tfrac{1}{4}e + \cos\varepsilon_0 - \tfrac{1}{2}e\cos^2\varepsilon_0),$$

$$k = -\tfrac{1}{2}\left(\frac{d\delta z}{dt}\right)_0 + \frac{2\left(\frac{d\delta z}{dt}\right)_0 + 3(\nu)_0 - 3Z}{1-e\cos\varepsilon_0} + \frac{e\sin\varepsilon_0}{1-e\cos\varepsilon_0}\left(\frac{d\nu}{d\varepsilon}\right)_0,$$

$$K_1' = -\frac{\left[2\left(\frac{d\delta z}{dt}\right)_0 + 3(\nu)_0 - 3Z\right]\cos\varepsilon_0 + \left(\frac{d\nu}{d\varepsilon}\right)_0\sin\varepsilon_0}{1-e\cos\varepsilon_0},$$

$$K_1'' = -\frac{\left[2\left(\frac{d\delta z}{dt}\right)_0 + 3(\nu)_0 - 3Z\right]\sin\varepsilon_0 + (e-\cos\varepsilon_0)\left(\frac{d\nu}{d\varepsilon}\right)_0}{1-e\cos\varepsilon_0},$$

$$l_1' = \frac{\left(\frac{du}{\cos i\, d\varepsilon}\right)_0\sin\varepsilon_0 - \left(\frac{u}{\cos i}\right)_0\cos\varepsilon_0}{2(1-e\cos\varepsilon_0)},$$

$$l_1'' = -\frac{\left(\frac{du}{\cos i\, d\varepsilon}\right)_0(\cos\varepsilon_0 - e) + \left(\frac{u}{\cos i}\right)_0\sin\varepsilon_0}{2(1-e\cos\varepsilon_0)}.$$

Ainsi sont obtenues les valeurs numériques à substituer aux constantes dans les expressions de nz, ν et $\frac{u}{\cos i}$.

42.

Les relations précédentes montrent que c dépend seul de $(n\delta z)_0$, et par suite, de la seconde puissance des petits diviseurs qui sont calculés en fonction de la valeur osculatrice de n, et non de la valeur moyenne; c est donc la constante qui est calculée avec le moins d'exactitude. On peut, sans calculer les perturbations du second ordre, corriger le résultat qu'on vient d'obtenir.

La substitution des valeurs numériques de k et k_1 donne

$$nz = c + [1 + 2R''_0 + 2(k - \tfrac{1}{2}eK'_1)]\,nt + \text{des termes périodiques},$$

où n représente la valeur osculatrice du moyen mouvement dont la vraie valeur moyenne dans l'unité de temps est

$$[1 + 2(R''_0 + k - \tfrac{1}{2}eK'_1)]\,n\,.$$

Lorsque, dans la détermination des constantes, on aura eu égard aux quantités du second ordre, l'expression précédente représentera cette valeur moyenne, aux quantités près de l'ordre du cube de la force perturbatrice. Si l'on pousse plus loin l'exactitude pour les constantes, il en résultera une valeur correspondante pour cette vraie valeur moyenne du moyen mouvement dans l'unité de temps.

Pour montrer comment on peut, avec l'approximation déjà obtenue, corriger la valeur du moyen mouvement, je représente par n_0 sa valeur osculatrice, et par (n) la valeur corrigée qui servira, une fois connue, à corriger les coefficients ainsi que c et N, et enfin les arguments. De là résulteront pour les constantes de nouvelles valeurs qui permettront à leur tour de corriger (n).

Dans le cas des petits diviseurs, on peut établir les formules de correction de la manière suivante.

On a vu qu'en désignant par F l'un des coefficients des quantités

$$\frac{\partial W}{\partial \varepsilon}, \quad \frac{\partial W}{\partial \eta}, \quad \frac{\partial R}{\cos i\,\partial \eta},$$

il faut, pour obtenir

$$\frac{d\delta z}{dt}, \quad \frac{d\nu}{d\varepsilon}, \quad \frac{du}{\cos i\,d\varepsilon},$$

intégrer des expressions de la forme

$$Fd\varepsilon = Be^{\varphi i}d\varepsilon,$$

φ ayant la même signification qu'à l'art. 29.

On a alors

$$\int F d\varepsilon = -\frac{iB}{j-j'N}e^{\varphi i} = -i\frac{nF}{jn-j'n'}.$$

Comme (n) ne diffère de n_0 que de quantités du premier ordre, les variations du dénominateur seront les seules ayant une influence dans le cas des petits diviseurs. Remplaçant alors le coefficient de $-iF$, dans l'expression précédente, par $\frac{n_0}{jn-j'n'}$, prenant la variation de cette fraction par rapport à n, et remplaçant ensuite dans le dénominateur n par n_0, il vient

$$-\frac{(n)-n_0}{n_0}\frac{j}{(j-j'N)^2};$$

désignant maintenant par la caractéristique Δ la variation due à cette correction de n, on a

$$\Delta\int F d\varepsilon = -i\frac{(n)-n_0}{n_0}\frac{j}{(j-j'N)^2}F,$$

d'où, en posant

$$f(j,j') = -\frac{(n)-n_0}{n_0}\frac{j}{(j-j'N)},$$

$$\Delta\int F d\varepsilon = \frac{iF}{j-j'N}f(j,j'),$$

ou encore

$$\Delta\left(\frac{B}{j-j'N}\right) = \frac{Bf(j,j')}{j-j'N}.$$

Appliquant ces résultats aux expressions des art. précédents, on a, ω ayant la même signification qu'à l'art. 25,

$$\Delta(P)_{j,j'} = -f(j,j')\frac{iF_{j,j'}}{\omega} - f(j+1,j')\frac{i(G)_{j+1,j'}}{\omega+1} - f(j-1,j')\frac{i(H)_{j-1,j'}}{\omega-1}$$

$$\Delta(Q)_{j,j'} = -f(j+1,j')\frac{i(G)_{j+1,j'}}{\omega+1} + f(j-1,j')\frac{i(H)_{j-1,j'}}{\omega-1},$$

$$\Delta(R)_{j,j'} = f(j,j')(R)_{j,j'} + \frac{\Delta(P)_{j,j'} - \frac{1}{2}e\Delta(P)_{j-1,j'} - \frac{1}{2}e\Delta(P)_{j+1,j'}}{\omega},$$

$$\Delta S_{j,j'} = f(j,j')\, S_{j,j'} + \frac{\Delta Q_{j,j'}}{\omega},$$

$$\Delta Y_{j,j'} = -f(j,j')\frac{i\,T_{j,j'}}{\omega} - f(j+1,j')\frac{i\,U_{j+1,j'}}{\omega+1} - f(j-1,j')\frac{i\,V_{j-1,j'}}{\omega-1},$$

$$\Delta W_{j,j'} = f(j+1,j')\frac{i\,U_{j+1,j'}}{\omega+1} - f(j-1,j')\frac{i\,V_{j-1,j'}}{\omega-1}.$$

Dans ces expressions, les fonctions multipliées par la fonction f ont été déjà calculées dans l'approximation précédente. On a ensuite

$$\Delta\, n\delta z = -\Sigma\,\Delta(R)_{j,j'}\,e^{\varphi i},$$

$$2\Delta\nu = -i\Sigma\,\Delta(S)_{j,j'}\,e^{\varphi i},$$

$$\frac{\Delta u}{\cos i} = \Sigma\,\Delta\, Y_{j,j'}\,e^{\varphi i},$$

$$\Delta\frac{d\delta z}{dt} = -i\Sigma\,\Delta(P)_{j,j'}\,e^{\varphi i},$$

$$2\Delta\frac{d\nu}{dz} = \Sigma\,\Delta(Q)_{j,j'}\,e^{\varphi i},$$

$$\Delta\frac{du}{\cos i\, dz} = i\Sigma\, W_{j,j'}\,e^{\varphi i}.$$

Ainsi se trouvent terminés les développements relatifs à la première approximation.

DEUXIÈME PARTIE.

§ I.

Établissement des formules générales nécessaires pour le calcul des perturbations du second ordre.

1.

Si l'on ne tient pas compte, dans les formules (36), (45), (46), des termes dus aux perturbations du premier ordre, elles donnent

$$n\delta z = n\int\left(\delta\overline{W} + \frac{\partial\overline{W}}{\partial\tau}\delta z + \nu^2\right)dt,$$

$$\delta\nu = -\tfrac{1}{2}\int\left(\delta\frac{\partial\overline{W}}{\partial\tau} + \frac{\partial^2\overline{W}}{\partial\tau^2}\delta z\right)dt,$$

$$\delta u = \delta\overline{R} + \frac{\partial\overline{R}}{n\partial\tau}n\delta z,$$

ou

$$\delta u = \int\left(\frac{\partial\overline{\delta R}}{\partial\tau} + \frac{\partial\overline{R}}{\partial\tau}\frac{d\delta z}{dt} + \frac{\partial^2\overline{R}}{n\partial\tau^2}n\delta z\right)dt.$$

Prenant ε pour variable indépendante, on a

$$\frac{\partial\delta W}{\partial\tau} = \frac{\partial\delta W}{\partial\eta}\frac{an}{\rho},$$

$$\frac{\partial^2 W}{\partial\tau^2} = \frac{\partial^2 W}{\partial\eta^2}\frac{an}{\rho}\frac{d\eta}{d\tau} - \frac{\partial W}{\partial\eta}\frac{an}{\rho^2}\frac{d\rho}{d\tau},$$

et par suite

$$(0)\quad\begin{cases} n\delta z = \displaystyle\int\frac{r}{a}\left(\delta\overline{W} + \frac{\partial\overline{W}}{\partial\eta}\frac{a}{r}n\delta z + \nu^2\right)d\varepsilon, \\ \delta\nu = -\tfrac{1}{2}\displaystyle\int\left[\frac{\partial\overline{\delta W}}{\partial\eta} + \left(\frac{\partial^2\overline{W}}{\partial\eta^2} - \frac{\partial\overline{W}}{\partial\eta}\frac{ae}{r}\sin\varepsilon\right)\frac{a}{r}n\delta z\right]d\varepsilon, \\ \delta u = \delta\overline{R} + \dfrac{\partial\overline{R}}{\partial\eta}\dfrac{a}{r}n\delta z, \\ \delta u = \displaystyle\int\left[\frac{\partial\overline{\delta R}}{\partial\eta} + \frac{\partial\overline{R}}{\partial\eta}\frac{d\delta z}{dt} + \left(\frac{\partial^2\overline{R}}{\partial\eta^2} - \frac{\partial\overline{R}}{\partial\eta}\frac{ae}{r}\sin\varepsilon\right)\frac{a}{r}n\delta z\right]d\varepsilon. \end{cases}$$

2.

La fonction $\frac{dW}{dt}=\frac{an}{r}T$, qui a été introduite dans la première approximation, et dont dépend aussi la seconde, est une fonction de $r, g, r', g', h, I, \Pi, \Pi'$, de sorte que, si l'on écrit pour abréger $T_0=\frac{dW}{dt}$, on aura, par le théorème de Taylor,

$$(1)\quad \left\{\begin{aligned}\frac{d\delta W}{dt}=\frac{\partial T_0}{\partial g}\delta g+\frac{\partial T_0}{\partial r}\delta r+\frac{\partial T_0}{\partial h}\delta h+\frac{\partial T_0}{\partial g'}\delta g'+\frac{\partial T_0}{\partial r'}\delta r'\\ +\frac{\partial T_0}{\partial I}\delta I+\frac{\partial T_0}{\partial \Pi}\delta\Pi+\frac{\partial T_0}{\partial \Pi'}\delta\Pi'.\end{aligned}\right.$$

Mais, de la relation $r=\bar{r}(1+\nu)$, on tire $dr=\bar{r}d\nu+\nu d\bar{r}$, d'où $\frac{\partial\nu}{\partial r}=\frac{1}{\bar{r}}$, et par suite $\frac{\partial T_0}{\partial r}=\frac{\partial T_0}{\partial \nu}\frac{1}{\bar{r}}$; de plus, comme $\delta r=\bar{r}\nu$, il vient

$$\frac{\partial T_0}{\partial r}\delta r=\frac{\partial T_0}{\partial \nu}\nu:$$

on a donc

$$\begin{aligned}\frac{d\delta W}{dt}=\frac{\partial T_0}{\partial g}n\delta z+\frac{\partial T_0}{\partial \nu}\nu+\frac{\partial T_0}{\partial h}\delta h+\frac{\partial T_0}{\partial g'}n'\delta z'+\frac{\partial T_0}{\partial \nu'}\nu'\\ +\frac{\partial T_0}{\partial I}\delta I+\frac{\partial T_0}{\partial \Pi}\delta\Pi+\frac{\partial T_0}{\partial \Pi'}\delta\Pi'.\end{aligned}$$

$\frac{d\delta R}{dt}$ se mettra sons une forme analogue.

3.

La somme des trois derniers termes du développement précédent est susceptible d'une transformation remarquable. En effet, désignant par δ' l'accroissement de Ω, dû aux accroissements de I, Π, Π', on a

$$\delta'\Omega=\frac{\partial\Omega}{\partial I}\delta I+\frac{\partial\Omega}{\partial\Pi}\delta\Pi+\frac{\partial\Omega}{\partial\Pi'}\delta\Pi'.$$

Les formules différentielles des triangles sphériques donnent, pour le triangle des trois nœuds,

$$\begin{aligned}dI&=\cos\Phi\, di-\cos\Phi' di'+\sin\Phi'\sin i'(d\theta-d\theta'),\\ d\Phi&=-\cos i\, d(\theta-\theta')+\cos I\, d\Phi'+\sin\Phi'\sin I\, di',\\ d\Phi'&=\cos i'\, d(\theta-\theta')+\cos I\, d\Phi-\sin\Phi'\sin I\, di;\end{aligned}$$

éliminant $d\Phi'$ entre les deux dernières équations, il vient

$$d\Phi=\sin i'\operatorname{coséc} I\cos\Phi' d(\theta-\theta')-\cot I\sin\Phi\, di-\sin\Phi'\operatorname{coséc} I\, di',$$

et, à cause des équations (14) et (48), *Première partie,*

$$d\Pi = -(\sin i' \operatorname{coséc} I \cos\Phi' + \cos i)\frac{d\sigma}{\cos i} + \operatorname{coséc} I \sin i' \cos\Phi' \frac{d\sigma'}{\cos i'}$$
$$-\operatorname{coséc} I \sin\Phi' di' + \cot I \sin\Phi\, di\,.$$

De plus, le triangle des trois nœuds donne

$$\cos i = \cos i' \cos I - \sin i' \sin I \cos\Phi'\,,$$
$$\cos i' = \cos i \cos I + \sin i \sin I \cos\Phi\,,$$

d'où

$$\cos i + \sin i' \operatorname{coséc} I \cos\Phi' = \sin i \cot I \cos\Phi\,;$$

substituant plus haut, puis changeant dans le résultat Φ en Φ', i en $180° - i'$, on a successivement

$$d\Pi = \cot I\left(\sin\Phi\, di - \sin i \cos\Phi \frac{d\sigma}{\cos i}\right) - \operatorname{coséc} I\left(\sin\Phi' di' - \sin i' \cos\Phi' \frac{d\sigma'}{\cos i'}\right).$$
$$d\Pi' = \cot I\left(-\sin\Phi' di' + \sin i' \cos\Phi' \frac{d\sigma'}{\cos i'}\right) + \operatorname{coséc} I\left(\sin\Phi\, di - \sin i \cos\Phi \frac{d\sigma}{\cos i}\right).$$

Des équations

$$p = \sin i \sin(\sigma - \theta)\,, \qquad q = \sin i \cos(\sigma - \theta) - \sin i_0\,,$$

on tire

$$di = \frac{\sin(\sigma - \theta_0)}{\cos i} dp + \frac{\cos(\sigma - \theta_0)}{\cos i} dq\,,$$
$$d\sigma = \frac{\cos(\sigma - \theta_0)}{\sin i} dp - \frac{\sin(\sigma - \theta_0)}{\sin i} dq\,;$$

on a des expressions analogues pour di', $d\sigma'$. Substituant ces résultats dans les expressions de dI, $d\Pi$, $d\Pi'$, et tenant compte des équations (48), *Première partie,* il vient

$$(2)\quad \begin{cases} dI = -\sin(\Pi - \varpi_0 + \theta_0)\dfrac{dp}{\cos i} + \cos(\Pi - \varpi_0 + \theta_0)\dfrac{dq}{\cos i} \\ \qquad + \sin(\Pi' - \varpi'_0 + \theta'_0)\dfrac{dp'}{\cos i'} - \cos(\Pi' - \varpi'_0 + \theta'_0)\dfrac{dq'}{\cos i'}\,, \\ d\Pi = -\cot I\left[\cos(\Pi - \varpi_0 + \theta_0)\dfrac{dp}{\cos i} + \sin(\Pi - \varpi_0 + \theta_0)\dfrac{dq}{\cos i}\right] \\ \qquad + \operatorname{coséc} I\left[\cos(\Pi' - \varpi'_0 + \theta'_0)\dfrac{dp'}{\cos i'} + \sin(\Pi' - \varpi'_0 + \theta'_0)\dfrac{dq''}{\cos i'}\right], \\ d\Pi' = \cot I\left[\cos(\Pi' - \varpi'_0 + \theta'_0)\dfrac{dp'}{\cos i'} + \sin(\Pi' - \varpi'_0 + \theta'_0)\dfrac{dq'}{\cos i'}\right] \\ \qquad - \operatorname{coséc} I\left[\cos(\Pi - \varpi_0 + \theta_0)\dfrac{dp}{\cos i} + \sin(\Pi - \varpi_0 + \theta_0)\dfrac{dq}{\cos i}\right]. \end{cases}$$

En substituant dans ces équations les valeurs de dp', dq', on obtiendrait par intégration, avec toute l'exactitude désirable, les valeurs des accroissements $\delta I, \delta \Pi, \delta \Pi'$, qu'il faut ajouter aux valeurs initiales de I, Π, Π'. Mais, ces quantités variant très peu, on peut les considérer, sans erreur sensible, comme constantes dans les seconds membres des équations (2), de sorte que l'intégration se fait en remplaçant dans les seconds membres dp, dq, dp', dq', par p, q, p', q'. Posant maintenant

$$-\Phi_0 = \Pi - \omega_0 + \theta, \qquad -\Phi_0' = \Pi - \varpi_0' + \theta_0',$$

on a, pour les accroissements $\delta I, \delta\Pi, \delta\Pi'$, les valeurs

$$\delta I = \sin\Phi_0 \cdot \frac{p}{\cos i} + \cos\Phi_0 \cdot \frac{q}{\cos i} - \sin\Phi_0' \cdot \frac{p'}{\cos i'} - \cos\Phi_0' \cdot \frac{q'}{\cos i'},$$

$$\delta\Pi = -\cot I\left(\cos\Phi_0 \cdot \frac{p}{\cos i} - \sin\Phi_0 \cdot \frac{q}{\cos i}\right) + \operatorname{coséc} I\left(\cos\Phi_0' \cdot \frac{p'}{\cos i'} - \sin\Phi_0' \cdot \frac{q'}{\cos i'}\right),$$

$$\delta\Pi' = \cot I\left(\cos\Phi_0' \cdot \frac{p'}{\cos i'} - \sin\Phi_0' \cdot \frac{q'}{\cos i'}\right) - \operatorname{coséc} I\left(\cos\Phi_0 \cdot \frac{p}{\cos i} - \sin\Phi_0 \cdot \frac{q}{\cos i}\right),$$

qui deviennent

$$(3) \quad \begin{cases} \delta I = \dfrac{q_1}{\cos i} - \dfrac{q_1'}{\cos i'}, \\[2ex] \delta\Pi = \cot I \cdot \dfrac{p_1}{\cos i} - \operatorname{coséc} I \cdot \dfrac{p_1'}{\cos i'}, \\[2ex] \delta\Pi' = \operatorname{coséc} I \cdot \dfrac{p_1}{\cos i} - \cot I \cdot \dfrac{p_1'}{\cos i'}, \end{cases}$$

en posant

$$(3)^* \quad \begin{cases} p_1 = -p\cos\Phi_0 + q\sin\Phi_0, \\ q_1 = p\sin\Phi_0 + q\cos\Phi_0, \\ p_1' = -p'\cos\Phi_0' + q'\sin\Phi_0', \\ q_1' = p'\sin\Phi_0' + q'\cos\Phi_0'. \end{cases}$$

4.

Les quantités p_1, q_1 peuvent s'exprimer en fonction de u, et de $u_1 = \frac{du}{d\varepsilon}$. En effet, remplaçant z par t dans la valeur de u, art. 18, *Première partie*, cette valeur devient

$$u = q_1 \frac{r}{a} \sin(w + \Pi_0) + p_1 \frac{r}{a} \cos(w + \Pi_0) ;$$

par suite,

$$u_1 = \frac{q_1}{af} r [\cos(w + \Pi_0) + e \cos \Pi_0] - \frac{p_1}{af} r [\sin(w + \Pi_0) + e \sin \Pi_0] ,$$

d'où l'on tire

$$(4) \qquad \left\{ \begin{aligned} p_1 &= \frac{u}{f^2} [\cos(w + \Pi) + e \cos \Pi] - \frac{u_1}{f} \sin(w + \Pi) , \\ q_1 &= \frac{u}{f^2} [\sin(w + \Pi) + e \sin \Pi] + \frac{u_1}{f} \cos(w + \Pi) , \end{aligned} \right.$$

où l'on a remplacé Π_0 par Π, ce qui n'a pas ici d'influence sensible.

On aurait des expressions analogues pour p_1', q_1'.

5.

De la relation

$$\Omega = \frac{m'}{1 + m} \left(\frac{1}{\Delta} - \frac{rr'H}{r'^3} \right) ,$$

on tire

$$\delta'\Omega = \frac{m'}{1 + m} rr' \left(\frac{1}{\Delta^3} - \frac{1}{r'^3} \right) \delta'H ,$$

et de la valeur de H on déduit celle de $\delta'H$, qui, substituée dans la relation précédente, donne

$$\delta'\Omega = \frac{m'}{1 + m} \left(\frac{1}{\Delta^3} - \frac{1}{r'^3} \right) rr' \sin I \left\{ \begin{aligned} &- \cos(w + \Pi) \sin(w' + \Pi') \cdot \frac{p_1}{\cos i} \\ &- \sin(w + \Pi) \sin(w' + \Pi') \cdot \frac{q_1}{\cos i} \\ &+ \sin(w + \Pi) \cos(w' + \Pi') \cdot \frac{p_1'}{\cos i'} \\ &+ \sin(w + \Pi) \sin(w' + \Pi') \cdot \frac{q_1'}{\cos i'} \end{aligned} \right\} .$$

Or

$$\frac{\partial \Omega}{\partial Z} = -\frac{m'}{1+m}\left(\frac{1}{\Delta^3} - \frac{1}{r'^3}\right) r' \sin I \sin(w' + \Pi'),$$

et si de plus, par analogie et comme définition de $\frac{\partial \Omega}{\partial Z'}$, on pose

$$\frac{\partial \Omega}{\partial Z'} = -\frac{m'}{1+m}\left(\frac{1}{\Delta^3} - \frac{1}{r'^3}\right) r \sin I \sin(w + \Pi),$$

on aura

$$\delta'\Omega = r\cos(w + \Pi) \cdot \frac{\partial \Omega}{\partial Z} \frac{p_1}{\cos i} + r \sin(w + \Pi) \cdot \frac{\partial \Omega}{\partial Z} \frac{q_1}{\cos i}$$
$$+ r' \cos(w' + \Pi) \cdot \frac{\partial \Omega}{\partial Z'} \frac{p'_1}{\cos i'} + r' \sin(w' + \Pi') \cdot \frac{\partial \Omega}{\partial Z'} \frac{q'_1}{\cos i'};$$

comme, de plus,

$$(5) \qquad \begin{cases} au = q_1 r \sin(w + \Pi) + p_1 r \cos(w + \Pi), \\ a'u' = q'_1 r' \sin(w' + \Pi') + p'_1 r' \cos(w' + \Pi'), \end{cases}$$

il vient finalement

$$(6) \qquad \delta'\Omega = a \frac{\partial \Omega}{\partial Z} \frac{u}{\cos i} + a' \frac{\partial \Omega}{\partial Z'} \frac{u'}{\cos i'};$$

$\delta'\Omega$ se trouve ainsi exprimé en fonction des deux variables u, u', au lieu des trois I, Π, Π'.

6.

Différentiant cette expression de $\delta'\Omega$ successivement par rapport à r et à w, il vient

$$\frac{\partial \delta'\Omega}{\partial w} = a \frac{\partial^2 \Omega}{\partial Z \partial w} \frac{u}{\cos i} + a \frac{\partial \Omega}{\partial Z} \frac{\partial u}{\partial w} \frac{1}{\cos i} + a' \frac{\partial^2 \Omega}{\partial Z' \partial w} \frac{u'}{\cos i'},$$

$$r \frac{\partial \delta'\Omega}{\partial r} = ar \frac{\partial^2 \Omega}{\partial Z \partial r} \frac{u}{\cos i} + ar \frac{\partial \Omega}{\partial Z} \frac{\partial u}{\partial r} \frac{1}{\cos i} + a'r \frac{\partial^2 \Omega}{\partial Z' \partial r} \frac{u'}{\cos i'};$$

de la première des équations (5), on tire

$$r \frac{\partial u}{\partial r} = u,$$

$$a \frac{\partial u}{\partial w} = -\frac{re \sin w}{f^2} u + \frac{r}{f} u_1;$$

par suite,

$$(7)\begin{cases} \dfrac{\partial \delta'\Omega}{\partial w} = \left(a\dfrac{\partial^2\Omega}{\partial Z \partial w} - \dfrac{r e \sin w}{f^2}\dfrac{\partial\Omega}{\partial Z}\right)\dfrac{u}{\cos i} + \dfrac{r}{f}\dfrac{\partial\Omega}{\partial Z}\dfrac{u_1}{\cos i} + a'\dfrac{\partial^2\Omega}{\partial Z'\partial w}\dfrac{u'}{\cos i'}, \\ r\dfrac{\partial \delta'\Omega}{\partial r} = \left(ar\dfrac{\partial^2\Omega}{\partial Z\partial r} + a\dfrac{\partial\Omega}{\partial Z}\right)\dfrac{u}{\cos i} + a'r\dfrac{\partial^2\Omega}{\partial Z'\partial r}\dfrac{u'}{\cos i'}. \end{cases}$$

Les dérivées partielles $\dfrac{\partial\Omega}{\partial w}$, $\dfrac{\partial\Omega}{\partial r}$ entrant dans $\dfrac{dW}{dt}$, la variation de cette fonction introduit les termes en u, u_1, u', au lieu des termes en $\delta I, \delta\Pi, \delta\Pi'$.

7.

Pour calculer l'expression $\delta'\dfrac{\partial\Omega}{\partial Z}$, qui sera nécessaire plus tard, il faut prendre la variation de

$$\frac{\partial\Omega}{\partial Z} = -\frac{m'}{1+m}\left(\frac{1}{\Delta^3} - \frac{1}{r'^3}\right) r'\sin I \sin(w' + \Pi') ;$$

substituant dans le résultat, pour $\delta I, \delta\Pi, \delta\Pi'$, leurs valeurs, il vient

$$\begin{aligned} \delta'\frac{\partial\Omega}{\partial Z} = & -\frac{m'}{1+m}\left(\frac{1}{\Delta^3} - \frac{1}{r'^3}\right)\cos I \cdot r'\sin(w' + \Pi')\left(\frac{q_1}{\cos i} - \frac{q_1'}{\cos i'}\right) \\ & -\frac{m'}{1+m}\left(\frac{1}{\Delta^3} - \frac{1}{r'^3}\right)\sin I \cdot r'\cos(w' + \Pi')\left(\operatorname{cos\acute{e}c} I \cdot \frac{p_1}{\cos i} - \cot I \cdot \frac{p_1'}{\cos i'}\right) \\ & +\frac{m'}{1+m}\frac{3}{\Delta^5}\sin^2 I \cdot a r'^2 \sin^2(w' + \Pi') \cdot \frac{u}{\cos i} \\ & -\frac{m'}{1+m}\frac{3}{\Delta^5}\sin^2 I \cdot a' r r' \sin(w' + \Pi')\sin(w + \Pi) \cdot \frac{u'}{\cos i'}. \end{aligned}$$

Éliminant p_1, p_1', q_1, q_1', par les équations (4), et posant, comme définitions,

$$(8)\begin{cases} \dfrac{\partial^2\Omega}{\partial^2 Z} = \dfrac{m'}{1+m}\dfrac{3}{\Delta^5}\sin^2 I \cdot r'^2 \sin^2(w' + \Pi') - \dfrac{m'}{1+m}\dfrac{1}{\Delta^3}, \\ \dfrac{\partial^2\Omega}{\partial Z\partial Z'} = -\dfrac{m'}{1+m}\dfrac{1}{\Delta^5}\sin^2 I \cdot r r' \sin(w + \Pi)\sin(w' + \Pi') \\ \qquad + \dfrac{m'}{1+m}\left(\dfrac{1}{\Delta^3} - \dfrac{1}{r'^3}\right)\cos I, \end{cases}$$

on a finalement

$$(9)\quad \left\{\begin{aligned} \delta'\frac{\partial\Omega}{\partial Z}=\left(a\frac{\partial^2\Omega}{\partial Z^2}-\frac{a}{r}\frac{\partial\Omega}{\partial r}+\frac{e\sin w}{rf^2}\frac{\partial\Omega}{\partial w}\right)\frac{u}{\cos i}-\frac{1}{rf}\frac{\partial\Omega}{\partial w}\frac{u_1}{\cos i}\\ +a'\frac{\partial^2\Omega}{\partial Z\partial Z'}\frac{u'}{\cos i'}\,. \end{aligned}\right.$$

8.

L'inclinaison peut aussi s'exprimer en fonction de u, u_1. En effet, les équations (3)* donnent, en substituant les valeurs de p et de q dans les équations (17)*, *Première partie*,

$$\sin i\sin(\sigma-\theta_0)=-p_1\cos\Phi+q_1\sin\Phi\,,$$
$$\sin i\cos(\sigma-\theta_0)=\sin i_0+p_1\sin\Phi+q_1\cos\Phi\,,$$

d'où l'on tire

$$\cos^2 i=\cos^2 i_0-2p_1\sin\Phi\sin i_0-2q_1\cos\Phi\sin i_0-p_1^2-q_1^2\,,$$

ou, en négligeant les secondes puissances de p_1, q_1,

$$\cos^2 i=\cos^2 i_0-2p_1\sin\Phi\sin i_0-2q_1\cos\Phi\sin i_0\,;$$

extrayant la racine carrée avec la même approximation, il vient

$$\cos i=\cos i_0-p_1\sin\Phi\operatorname{tang} i_0-q\cos\Phi\operatorname{tang} i_0\,,$$

et, en remplaçant p_1, q_1 par leurs valeurs,

$$(10)\quad \left\{\begin{aligned} \cos i=\cos i_0-\frac{\sin i_0}{f}\left[\sin(w+\varpi_0-\theta_0)+e\sin(\varpi_0-\theta_0)\right]\frac{u}{\cos i_0}\\ -\frac{\sin i_0}{f}\cos(w+\varpi_0-\theta_0)\frac{u_1}{\cos i_0}\,. \end{aligned}\right.$$

Dans le cas des petites inclinaisons, les termes qui dépendent de u, u_1, u' dans les développements précédents, sont peu ou point sensibles. Lorsque les inclinaisons sont considérables, elles ne peuvent amener de termes bien grands dans les expressions qui précèdent, puisqu'elles renferment les rapports $\frac{u}{\cos i}$, $\frac{u_1}{\cos i}$, $\frac{u'}{\cos i}$, et que ces rapports ont comme facteur, soit $\sin I$, soit $\sin^2 I$. On peut même faire en sorte que les termes perturbateurs de l'équation (10) soient nuls;

il suffit pour cela de choisir le plan fondamental, qui est arbitraire dans la méthode de M. Hansen, de manière que $i_0 = 0$. La trigonométrie donne le moyen de passer ensuite à l'écliptique ou à l'équateur.

9.

Il résulte de l'art. 2 qu'on a

$$(11)\quad \left\{ \begin{aligned} \frac{d\delta W}{d\varepsilon} = A\frac{a}{r}n\delta z + B\nu + C\delta\frac{h}{h_0} + D\frac{u}{\cos i} + E\frac{u_1}{\cos i} \\ + Fn'\delta z' + G\nu' + H\frac{u'}{\cos i'}, \end{aligned} \right.$$

expression dont il faut déterminer les coefficients $A, B, \ldots$, et dans laquelle les seconds facteurs de la première ligne du second membre représentent les perturbations complètes du premier ordre de la planète troublée, tandis que les premiers facteurs s'étendent à toutes les planètes troublantes : chacune de celles-ci introduit trois termes analogues à ceux de la seconde ligne.

Calcul de A. — La fonction T, *Première partie*, renferme r et w, qui sont des fonctions de $n\delta z$, tandis que r_0 est simplement fonction de l'anomalie moyenne $g = n_0 t + c_0$; $n\delta z$ étant la variation de cette anomalie moyenne, on a

$$A\frac{a}{r} = r_0 \frac{\partial T''}{\partial \varepsilon}\frac{\partial \varepsilon}{\partial g},$$

après avoir posé

$$T = r_0 T'',$$

et en se rappelant que r_0 est ici constant ; il vient ensuite aisément

$$A = r_0\frac{\partial T'}{\partial \varepsilon}.$$

Différentiant la relation $T = r_0 T'$, il vient

$$\frac{\partial T}{\partial \varepsilon} = r_0\frac{\partial T'}{\partial \varepsilon} + T'\frac{\partial r_0}{\partial \varepsilon},$$

ou bien

$$\frac{\partial T}{\partial \varepsilon} = r_0\frac{\partial T'}{\partial \varepsilon} + T' a_0 e_0 \sin \varepsilon ;$$

par suite, en supprimant les indices qui deviennent inutiles,

(12) $$A = \frac{\partial T}{\partial \varepsilon} - \frac{T}{r} ae \sin \varepsilon \, .$$

Le premier terme de A s'obtient par une différentiation directe; pour obtenir le second, on pose

$$\beta = \operatorname{tang} \tfrac{1}{2} (\operatorname{arc} \sin e) \, ,$$

et l'on trouve

(13) $$\frac{a}{r} = \frac{1}{f} + \frac{2\beta}{f} \cos \varepsilon + \frac{2\beta^2}{f} \cos 2\varepsilon + \frac{2\beta^3}{f} \cos 3\varepsilon + \cdots ,$$

(14) $$\frac{ae \sin \varepsilon}{r} = 2\beta \sin \varepsilon + 2\beta^2 \sin 2\varepsilon + 2\beta^3 \sin 3e + \cdots$$

En multipliant T par cette dernière série, on a le second terme de A; enfin, en multipliant A par la série (13), on obtient le coefficient de $n\delta z$.

Calcul de B. — Ce coefficient est égal à $\frac{\partial T}{\partial v} = r \frac{\partial T}{\partial r}$. En différentiant T, fonction dans laquelle r_0 est constant, on a

$$\frac{\partial T}{\partial r} = \frac{r_0}{f_0} \left\{ 2 \frac{\rho}{r} \cos (\bar{w} - \omega) - 1 + \frac{2h^2}{a_0 h_0^2 f_0^2} \rho \left[\cos (\bar{w} - \omega) - 1 \right] \right\} \frac{\partial^2 \Omega}{\partial r \partial w}$$
$$+ \frac{2r_0}{f_0} \rho \sin (\bar{w} - \omega) \frac{\partial^2 \Omega}{\partial r^2} - \frac{2r_0}{f_0 r^2} \rho \cos (\bar{w} - \omega) \frac{\partial \Omega}{\partial w} ,$$

ou bien, en se bornant à la première approximation,

$$r \frac{\partial T}{\partial r} = \frac{1}{f} \left\{ 2\rho \cos (w - \omega) - r + \frac{2r\rho}{af^2} [\cos (w - \omega) - 1] \right\} r \frac{\partial^2 \Omega}{\partial r \partial w}$$
$$+ \frac{2}{f} \rho \sin (w - \omega) r^2 \frac{\partial^2 \Omega}{\partial r^2} - \frac{2}{f} \rho \cos (w - \omega) \frac{\partial \Omega}{\partial w} .$$

Mais, par un calcul semblable à celui qui donne la relation (60)*, *Première partie*, on trouve

(15) $$r \frac{\partial^2 \Omega}{\partial r \partial w} = \frac{r}{af} \frac{\partial . r \frac{\partial \Omega}{\partial r}}{\partial \varepsilon} - \left(r^2 \frac{\partial^2 \Omega}{\partial r^2} + r \frac{\partial \Omega}{\partial r} \right) \frac{e r \sin w}{af^2} ,$$

en sorte que, si l'on pose

$$V=\frac{1}{f}\left\{2\rho\cos(w-\omega)+\frac{2\rho r}{af^2}[\cos(w-\omega)-1]\right\}r\frac{\partial^2\Omega}{\partial r\partial w}$$
$$+\frac{2}{f}\rho\sin(w-\omega)\left(r^2\frac{\partial^2\Omega}{\partial r^2}+r\frac{\partial\Omega}{\partial r}\right),$$

$$X=-\frac{2}{f}\rho\cos(w-\omega)\frac{\partial\Omega}{\partial w}-\frac{2}{f}\rho\sin(w-\omega)r\frac{\partial\Omega}{\partial r},$$

on aura

$$(16)\qquad B=V+X.$$

En faisant usage des équations (60)', *Première partie*, et (15), on obtient

$$(17)\qquad V=M\frac{ar\frac{\partial\Omega}{\partial r}}{\partial\varepsilon}+N\left(ar^2\frac{\partial^2\Omega}{\partial r^2}+ar\frac{\partial\Omega}{\partial r}\right),$$

$$(18)\qquad X=M'a\frac{\partial\Omega}{\partial\varepsilon}+N'ar\frac{\partial\Omega}{\partial r},$$

où l'on a posé

$$M'=-\frac{2}{af^2}\rho r\cos(w-\omega),$$

$$N'=-\frac{2}{af^3}[\rho r\sin(w-\omega)-e\rho r\sin\omega].$$

Ces fonctions, M' et N', peuvent s'écrire

$$(19)\left\{\begin{aligned}M'&=\frac{1}{f^2}[-2e^2+2e\cos\varepsilon-e^2\cos(\eta+\varepsilon)+2e\cos\eta-(2-e^2)\cos(\eta-\varepsilon)],\\ N'&=\frac{1}{f^2}[2e\sin\varepsilon-e^2\sin(\eta+\varepsilon)+(2-e^2)\sin(\eta-\varepsilon)].\end{aligned}\right.$$

Calcul de C. — En différentiant par rapport à h l'expression rigoureuse de T, on a

$$\frac{\partial T}{\partial h}=\frac{h_0r_0}{a_0n_0}\frac{4h\rho}{h_0^2a_0f_0^2}[\cos(\overline{w}-\omega)-1]\frac{\partial\Omega}{\partial w},$$

ou bien, en se bornant à la première approximation,

$$C=\frac{4\rho r}{af^3}[\cos(w-\omega)-1].$$

Or, si l'on change τ en t dans l'expression rigoureuse de T, il vient

$$\overline{T} = \frac{r}{f}\frac{\partial\Omega}{\partial w};$$

par suite,

$$T + \overline{T} + X = 2C. \tag{20}$$

Calcul de D, E, H. — Désignant, comme précédemment, par δ' la variation d'une fonction lorsqu'on y fait varier I, Π, Π', il vient

$$\delta' T = \frac{1}{f}\left\{2\rho\cos(w-\omega) - r + \frac{2\rho r}{af^2}[\cos(w-\omega)-1]\right\}\delta'\frac{\partial\Omega}{\partial w} + \frac{2}{f}\rho\sin(w-\omega)\, r\,\delta'\frac{\partial\Omega}{\partial r};$$

substituant pour $\delta'\frac{\partial\Omega}{\partial w}$ et $\delta'\frac{\partial\Omega}{\partial r}$ leurs valeurs fournies par les équations (7), et posant

$$P = \frac{1}{f}\left\{2\rho\cos(w-\omega) - r + \frac{2\rho r}{af^2}[\cos(w-\omega)-1]\right\} a\frac{\partial^2\Omega}{\partial w\partial Z} + \frac{2}{f}\rho\sin(w-\omega)\, ar\frac{\partial^2\Omega}{\partial r\partial Z},$$

$$Q = \frac{1}{f}\left\{2\rho\sin(w-\omega) - \left[2\rho\cos(w-\omega) - r + \frac{2\rho r}{af^2}(\cos(w-\omega)-1)\right]\frac{er\sin w}{af^2}\right\} a\frac{\partial\Omega}{\partial Z},$$

on obtient

$$D = P + Q,$$

$$E = \frac{1}{f^2}\left\{2\rho r\cos(w-\omega) - r^2 + \frac{2\rho r^2}{af^2}[\cos(w-\omega)-1]\right\}\frac{\partial\Omega}{\partial Z},$$

$$H = \frac{1}{f}\left\{2\rho\cos(w-\omega) - r + \frac{2\rho r}{af^2}[\cos(w-\omega)-1]\right\} a'\frac{\partial^2\Omega}{\partial w\partial Z'} + \frac{2}{f}\rho\sin(w-\omega)\,.\,a'r\frac{\partial^2\Omega}{\partial r\partial Z'},$$

ou, en éliminant les dérivées de Ω par rapport à w,

$$\left\{\begin{aligned} D &= Ma^2\frac{\partial^2\Omega}{\partial\varepsilon\partial Z} + N\left(a^2\frac{\partial\Omega}{\partial Z} + a^2 r\frac{\partial^2\Omega}{\partial r\partial Z}\right),\\ E &= Ma^2\frac{\partial\Omega}{\partial Z},\\ H &= Maa'\frac{\partial^2\Omega}{\partial\varepsilon\partial Z'} + Naa'r\frac{\partial^2\Omega}{\partial r\partial Z'}.\end{aligned}\right. \tag{21}$$

Calcul de F, G. — En désignant par g' l'anomalie moyenne de la planète troublante, on a $g' = n't + c'$, et, T étant développé explicitement par rapport à g' ou à c', il en résulte par différentiation directe

$$(22) \qquad F = \frac{\partial T}{\partial c'}.$$

Le coefficient $G = r' \dfrac{\partial T}{\partial r'}$; mais T ne renferme r' que par les dérivées de Ω, qui sont ici homogènes et de degré -1 par rapport à r et à r', ce qui donne

$$r\frac{\partial T}{\partial r} + r'\frac{\partial T}{\partial r'} = -T,$$

où $\dfrac{\partial T}{\partial r}$ est la dérivée partielle prise en tant que r entre dans les dérivées de Ω. Ici $V = r\dfrac{\partial T}{\partial r}$; on a donc

$$(23) \qquad G = -T - V.$$

Après avoir effectué ces calculs, δW s'obtient par une intégration.

10.

Avant d'aborder les perturbations du second ordre en latitude, je vais développer une équation de condition servant à vérifier le calcul des perturbations du second ordre de la longitude et du rayon vecteur.

L'équation (38), *Première partie*, donne

$$d\frac{h_0}{h} = \frac{r_0}{f_0}\frac{\partial \Omega}{\partial w}\,d\varepsilon = \overline{T}\,d\varepsilon,$$

par suite

$$(24) \qquad \left\{ \begin{aligned} \frac{d\delta \dfrac{h_0}{h}}{d\varepsilon} &= A'\frac{a}{r}n\delta z + B'\nu + D'\frac{u}{\cos i} + E'\frac{u_1}{\cos i} \\ &\quad + F'n'\delta z' + G'\nu' + H'\frac{u'}{\cos i'}. \end{aligned} \right.$$

En raisonnant comme à l'art. 9, on trouve

$$(25)\qquad A' = \frac{\partial \overline{T}}{\partial \varepsilon} - \overline{T}\frac{ae\sin\varepsilon}{r};$$

le premier terme s'obtient par différentiation directe, et le second en changeant η en ε dans le second terme du second membre de la relation (12). De plus, on voit aisément que

$$(26)\qquad \begin{cases} B' = \overline{V}, & D' = \overline{D}, & E' = \overline{E}, \\ F' = \overline{F}, & G' = \overline{G}, & H' = \overline{H}. \end{cases}$$

Ensuite, on obtiendra $\delta\frac{h_0}{h}$ par une intégration.

L'équation (20), *Première partie*, donne

$$1 + \delta\frac{h_0}{h} = \left(1 + \frac{d\delta z}{dt}\right)(1+\nu)^2,$$

ou bien, en ne conservant pas les termes d'ordre supérieur au second par rapport aux masses,

$$(27)\qquad \delta\frac{h_0}{h} = \frac{d\delta z}{dt} + 2\delta\nu + 2\nu\frac{d\delta z}{dt} + \nu^2.$$

On n'a pas introduit dans cette équation la partie des perturbations qui dépend du premier ordre; dans les deux premiers termes du second membre, $\delta\nu$, $\frac{d\delta z}{dt}$ sont les perturbations du second ordre, et dans les deux derniers, ν et $\frac{d\delta z}{dt}$ sont les perturbations du premier ordre.

Le contrôle fourni par l'équation (27) peut aussi s'obtenir autrement. En effet, de l'équation (20), *Première partie*, on tire

$$\log\left(1 + \delta\frac{h_0}{h}\right) = \log\left(1 + \frac{d\delta z}{dt}\right) + 2\log(1+\nu),$$

ou, en négligeant les quantités d'ordre supérieur au second,

$$(28)\qquad \delta\frac{h_0}{h} = \frac{d\delta z}{dt} + 2\delta\nu - \tfrac{1}{2}\left(\frac{d\delta z}{dt}\right)^2 - \nu^2 + \tfrac{1}{2}\left(\delta\frac{h_0}{h}\right)^2,$$

relation dans laquelle se trouvent les carrés des perturbations du premier ordre, qu'on obtient plus aisément que leurs produits.

11.

L'équation (20), *Première partie*, indépendamment de ce contrôle, permet de calculer directement les perturbations en longitude. En effet, on peut l'écrire

$$1 + \delta\frac{dz}{dt} = \left(1 + \delta\frac{h_0}{h}\right)(1+\nu)^{-2},$$

d'où, en s'arrêtant aux termes du second ordre, et éliminant dt,

$$(29) \qquad n\delta z = \int\frac{r}{a}\left(\delta\frac{h_0}{h} - 2\delta\nu - 2\nu\delta\frac{h_0}{h} + 3\nu^2\right)d\varepsilon.$$

Dans le second membre, il faut substituer aux deux premiers termes les perturbations du second ordre; les facteurs des autres sont les perturbations du premier ordre.

12.

Pour calculer les perturbations en latitude, on a le développement

$$(30) \qquad \left\{ \begin{aligned} \frac{d\delta R}{d\varepsilon} = {} & A''\frac{a}{r}n\delta z + B''\nu + C''\delta\frac{h}{h_0} + D''\frac{u}{\cos i} + E''\frac{u_1}{\cos i} \\ & + F''n'\delta z' + G''\nu' + H''\frac{u'}{\cos i'}. \end{aligned} \right.$$

Calcul de A''. — Se rappelant ici que

$$\frac{dR}{d\varepsilon} = U = \frac{r^2\rho}{af}\sin(\omega - w)\cdot\frac{\partial\Omega}{\partial Z}\cos i = Qa^2\frac{\partial\Omega}{\partial Z}\cos i,$$

où l'on a fait

$$Q = \frac{r^2\rho}{a^3 f}\sin(\omega - w),$$

on obtient

$$(31) \qquad A'' = \frac{\partial U}{\partial\varepsilon} - U\frac{ae\sin\varepsilon}{r}.$$

Calcul de B''. — En raisonnant comme à l'art. 9, on trouve

$$B'' = r\frac{\partial U}{\partial r} = \frac{r^2\rho}{af}\sin(\omega - w)\cdot\frac{\partial\Omega}{\partial Z}\cos i + \frac{r^2\rho}{af}\sin(\omega - w).r\frac{\partial^2\Omega}{\partial r\partial Z}\cos i;$$

si donc on pose

$$Y = Q a^2 r \frac{\partial^2 \Omega}{\partial r \partial Z}, \tag{32}$$

il vient

$$B'' = U + Y. \tag{33}$$

Calcul de C''. — En différentiant la valeur rigoureuse de $\frac{dR}{d\varepsilon}$ par rapport à h, on trouve

$$C'' = U.$$

Calcul de D'', E'', H'. — En prenant les variations de U par rapport à la caractéristique δ', puis éliminant les dérivées par rapport à w, à l'aide de l'équation (60)*, *Première partie*, et posant

$$D'' = D''_1 + D''_2, \qquad E'' = E''_1 + E''_2,$$

il vient, en ayant aussi égard aux équations (9) et (10),

$$D''_1 = \frac{\rho r^2}{af}\sin(\omega - w).\left(a\frac{\partial^2\Omega}{\partial Z^2} + \frac{e\sin w}{af^3}\frac{\partial\Omega}{\partial\varepsilon} - \frac{1+e^2+2e\cos w}{af^4} r\frac{\partial\Omega}{\partial r}\right)\cos i,$$

$$E''_1 = -\frac{\rho r^2}{a^2 f^3}\sin(\omega - w).\left(\frac{\partial\Omega}{\partial\varepsilon} - \frac{e\sin w}{f} r\frac{\partial\Omega}{\partial r}\right)\cos i,$$

$$D''_2 = -\frac{\rho r^2}{af^3}\sin(\omega - w).[\sin(w + \varpi_0 - \theta_0) + e\sin(\varpi_0 - \theta_0)]\frac{\partial\Omega}{\partial Z}\sin i,$$

$$E''_2 = -\frac{\rho r^2}{af^2}\sin(\omega - w)\cos(w + \varpi_0 - \theta_0)\cdot\frac{\partial\Omega}{\partial Z}\sin i.$$

Ces différents coefficients peuvent s'exprimer en fonctions finies de l'anomalie excentrique. Si l'on pose, pour abréger,

$$P = \frac{\rho r}{a^2 f}\sin(\omega - w),$$

$$W = r a^2\frac{\partial^2\Omega}{\partial Z^2} + \frac{r e\sin w}{af^3}\frac{\partial\Omega}{\partial\varepsilon} - \frac{r(1+e^2+2e\cos w)}{af^4} r\frac{\partial\Omega}{\partial r},$$

$$W_1 = -\frac{r}{f^2}\frac{\partial\Omega}{\partial\varepsilon} + \frac{r e\sin w}{f^3} r\frac{\partial\Omega}{\partial r},$$

on a

$$D''_1 = PW\cos i, \qquad E''_1 = PW_1\cos i; \tag{34}$$

puis introduisant l'anomalie excentrique, il vient finalement

$$(35)\quad \begin{cases} P = e\sin\varepsilon - e\sin\eta + \sin(\eta-\varepsilon), \\ W = (1-e\cos\varepsilon)a^3\dfrac{\partial^2\Omega}{\partial Z^2} + \dfrac{e\sin\varepsilon}{f^2}a\dfrac{\partial\Omega}{\partial\varepsilon} - \dfrac{1+e\cos\varepsilon}{f^2}ar\dfrac{\partial\Omega}{\partial r}, \\ W_1 = -\dfrac{1-e\cos\varepsilon}{f^2}a\dfrac{\partial\Omega}{\partial\varepsilon} + \dfrac{e\sin\varepsilon}{f^2}ar\dfrac{\partial\Omega}{\partial r}. \end{cases}$$

On peut encore développer D_1'', E_1'', en se servant de la quantité Q déjà développée. En effet, on peut écrire

$$(36)\quad \begin{cases} D_1'' = Qa^3\dfrac{\partial^2\Omega}{\partial Z^2}\cos i + Q_1 a\dfrac{\partial\Omega}{\partial\varepsilon}\cos i + Q_2 ar\dfrac{\partial\Omega}{\partial r}\cos i, \\ E_1'' = -\dfrac{Q}{f^2}a\dfrac{\partial\Omega}{\partial\varepsilon}\cos i + Q_1 ar\dfrac{\partial\Omega}{\partial r}\cos i, \end{cases}$$

où Q est donné par l'équation (65), *Première partie*, et où l'on a

$$(37)\quad \begin{cases} Q_1 = \dfrac{1}{f^2}\big[\tfrac{1}{2}e^2 - \tfrac{1}{2}e^2\cos 2\varepsilon + \tfrac{1}{2}e^2\cos(\eta+\varepsilon) - \tfrac{1}{2}e\cos\eta - \tfrac{1}{2}e^2\cos(\eta-\varepsilon) \\ \qquad\qquad + \tfrac{1}{2}e\cos(\eta-2\varepsilon)\big], \\ Q_2 = \dfrac{1}{f^2}\big[-e\sin\varepsilon - \tfrac{1}{2}e^2\sin 2\varepsilon + \tfrac{1}{2}e^2\sin(\eta+\varepsilon) + \tfrac{1}{2}e\sin\eta \\ \qquad\qquad - (1-\tfrac{1}{2}e^2)\sin(\eta-\varepsilon) - \tfrac{1}{2}e\sin(\eta-2\varepsilon)\big]. \end{cases}$$

Pour le calcul de D_2'', E_2'', on pose

$$K_1 = \frac{\rho r^2\sin w}{af^3}\sin(\omega - w)\cdot\frac{\partial\Omega}{\partial Z},$$

$$K_2 = -\frac{\rho r^2\cos w}{af^3}\sin(\omega - w)\cdot\frac{\partial\Omega}{\partial Z},$$

ce qui donne

$$(38)\quad \begin{cases} D_2'' = -K_1\cos(\varpi-\theta)\sin i + K_2\sin(\varpi-\theta)\sin i - \dfrac{Ue\sin(\varpi-\theta)}{f^2\cos i}\sin i, \\ E_2'' = K_1 f\sin(\varpi-\theta)\sin i + K_2 f\cos(\varpi-\theta)\sin i. \end{cases}$$

On peut aussi développer ces formules de deux manières. Posant

$$(39)\quad W' = \frac{\sin\varepsilon}{f}a^2\frac{\partial\Omega}{\partial Z}, \qquad W_1' = -\frac{\cos\varepsilon - e}{f^2}a^2\frac{\partial\Omega}{\partial Z},$$

on a

$$(40)\quad K_1 = PW', \qquad K_2 = PW_1'.$$

Le second procédé consiste à développer le produit, au lieu de développer les deux facteurs. On a ainsi

$$(41)\qquad K_1 = \frac{f}{e} Q_1 a^2 \frac{\partial \Omega}{\partial Z}; \qquad K_2 = Q_3 a^2 \frac{\partial \Omega}{\partial Z},$$

où

$$(42)\qquad \left\{ \begin{aligned} Q_3 = \frac{1}{f^2} \Big[& e^2 \sin \varepsilon - \tfrac{1}{2} e \sin 2\varepsilon + \tfrac{1}{2} e \sin(\eta + \varepsilon) - \tfrac{1}{2}(1 + 2e^2) \sin \eta \\ & + \tfrac{3}{2} e \sin(\eta - \varepsilon) - \tfrac{1}{2} \sin(\eta - 2\varepsilon) \Big]. \end{aligned} \right.$$

Il faudrait que l'inclinaison fût considérable pour que tous ces termes fussent sensibles.

Calcul de F'', G''. — Le développement (30) montre qu'on a

$$(43)\qquad F'' = \frac{\partial U}{\partial c'};$$

de plus $G'' = r' \dfrac{\partial U}{\partial r'}$, et comme le seul facteur de U qui contienne r' est $\dfrac{\partial \Omega}{\partial Z}$, fonction homogène et de degré -2 par rapport à r et à r', on a

$$r \frac{\partial U}{\partial r} + r' \frac{\partial U}{\partial r'} = -2U;$$

mais

$$r \frac{\partial U}{\partial r} = V = Q a^2 r \frac{\partial \Omega}{\partial Z} \cos i,$$

par suite

$$(44)\qquad G'' = -2U - V.$$

Calcul de H''. — En comparant l'expression rigoureuse de U, (57), *Première partie*, avec la relation (9), on voit aisément que

$$(45)\qquad H'' = Q a^2 a' \frac{\partial^2 \Omega}{\partial Z \partial Z'} \cos i.$$

On obtient ensuite δR par intégration.

La substitution des résultats ainsi obtenus dans les équations (0) fournira les perturbations cherchées.

§ II.

Développement des quantités auxiliaires servant au calcul des perturbations dépendant du carré de la masse perturbatrice.

13.

A la variation de $\frac{dW}{d\varepsilon}$, telle qu'elle a été donnée art. 9, il faut ajouter deux corrections, provenant de la différence $(n) - n_0$; l'une est due au changement que cette différence amène dans les petits diviseurs, et l'on a montré, art. 32, *Première partie*, comment on peut en tenir compte; l'autre provient de la variation qu'éprouve la quantité $\lambda = \frac{1}{2}\frac{n'}{n}e$, pour la même cause, et qui ajoute au second membre de $\frac{d\delta W}{d\varepsilon}$ un terme $\frac{\partial T}{\partial \lambda}\partial\lambda$. Or, en prenant la variation de λ, on trouve

$$\delta\lambda = -\lambda\frac{\Delta n}{n};$$

de plus, si l'on désigne par F une fonction de la forme

$$F = A\,e^{(j\varepsilon - j'g')i},$$

où

$$g' = N(\varepsilon - e\sin\varepsilon) - Nc + c',$$

et qu'on élimine g' entre ces deux relations, il vient

$$F = B\,e^{[(j-j'N)\varepsilon - j'(c'-cN)]i},$$

et comme

$$e^{-j'g'i} = e^{-j'N\varepsilon i}\,e^{-j'(c'-cN)i}\,e^{j'\lambda(e^{\varepsilon i} - e^{-\varepsilon i})},$$

on a, pour déterminer B,

$$A\,e^{j'\lambda(e^{\varepsilon i} - e^{-\varepsilon i})} = B.$$

Puisque A n'est pas fonction de λ, on tire de cette dernière équation

$$\frac{\partial B}{\partial\lambda} = j'B(e^{\varepsilon i} - e^{-\varepsilon i}),$$

d'où

(46) $$\frac{\partial F}{\partial\lambda} = j'(B_{j+1} - B_{j-1})\,e^{[(j-j'N)\varepsilon - j'(c'-cN)]i}.$$

Les coefficients de $\frac{\partial F}{\partial \lambda}$ se déduiront donc de ceux de F, suivant une règle très simple, qu'il faudra appliquer aux trois sortes de termes contenus dans T.

14.

Développement du terme $A\frac{a}{r}n\delta z$. — De la valeur de $\frac{a}{r}$, art. 9, en posant

$$\frac{1-f}{f}=\alpha_0, \quad \frac{\varepsilon}{f}=\alpha_1, \quad \frac{\varepsilon^2}{f}=\alpha_2, \ldots,$$

on tire

$$\frac{a}{r}-1=\alpha_0+2\alpha_1\cos\varepsilon+2\alpha_2\cos 2\varepsilon+\cdots,$$

et comme

$$n\delta z=\mathfrak{A}e^{\varphi i},$$

il vient

$$(47) \qquad \left(\frac{a}{r}-1\right)n\delta z=\begin{bmatrix}\alpha_0\mathfrak{A}_j+\alpha_1\mathfrak{A}_{j-1}+\alpha_2\mathfrak{A}_{j-2}+\cdots\\ +\alpha_1\mathfrak{A}_{j+1}+\alpha_2\mathfrak{A}_{j+2}+\cdots\end{bmatrix}e^{\varphi i},$$

formule générale, puisque $n\delta z$ ne contient aucun terme constant.

On a vu, art. 26, *Première partie*, que, si l'on a $F=Ke^{\varphi i}$, il en résulte

$$\frac{\partial F}{\partial \varepsilon}=i[jK_j-\tfrac{1}{2}j'Ne(K_{j-1}+K_{j+1})]e^{\varphi i};$$

appliquant cette formule aux trois sortes de termes de T, on a

$$(48) \qquad \frac{\partial T}{\partial \varepsilon}=A_je^{\varphi i}+B_je^{(\varphi-\eta)i}+C_je^{(\varphi+\eta)i}.$$

Il y a une équation de condition servant à vérifier ces calculs. En effet, on démontre aisément que

$$(49) \qquad \frac{\partial \overline{T}}{\partial \varepsilon}+\frac{\partial \overline{T}}{\partial \eta}=\frac{\partial \overline{T}}{\partial \varepsilon};$$

ici

$$\frac{\partial \overline{T}}{\partial \varepsilon}=(A_j+B_{j+1}+C_{j-1})e^{\varphi i},$$

$$\frac{\partial \overline{T}}{\partial \eta}=(-G_{j+1}+H_{j-1})e^{\varphi i};$$

de plus, supposant que l'on ait

$$\frac{\partial T}{\partial \varepsilon} = D_j e^{\varphi i},$$

l'équation (49) donne

$$(50)\qquad \left\{ \begin{aligned} D_j = A_j + B_{j+1} + C_{j-1} \\ - G_{j+1} + H_{j-1} . \end{aligned} \right.$$

Pour obtenir $T\frac{ae\sin\varepsilon}{r}$, on multiplie T, art. 28, *Première partie*, par

$$\frac{ae\sin\varepsilon}{r} = -i\beta(e^{\varepsilon i} - e^{-\varepsilon i}) - i\beta^2(e^{2\varepsilon i} - e^{-2\varepsilon i}) - \cdots,$$

ce qui donne

$$(51)\quad \left\{ \begin{aligned} T\frac{ae\sin\varepsilon}{r} = & -i[\beta(F_{j-1} - F_{j+1}) + \beta^2(F_{j-2} - F_{j+2}) + \cdots]e^{\varphi i} \\ & - i[\beta(G_{j-1} - G_{j+1}) + \beta^2(G_{j-2} - G_{j+2}) + \cdots]e^{(\varphi-\eta)i} \\ & - i[\beta(H_{j-1} - H_{j+1}) + \beta^2(H_{j-2} - H_{j+2}) + \cdots]e^{(\varphi+\eta)i} . \end{aligned} \right.$$

15.

Développement de V. — On a obtenu

$$ar\frac{\partial \Omega}{\partial r} = Be^{\varphi i},$$

d'où

$$\frac{\partial . ar\frac{\partial \Omega}{\partial r}}{\partial \varepsilon} = i[jB_j - \tfrac{1}{2}j'Ne(B_{j-1} + B_{j+1})]e^{\varphi i};$$

posant de plus

$$ar^2\frac{\partial^2 \Omega}{\partial r^2} + ar\frac{\partial \Omega}{\partial r} = Qe^{\varphi i},$$

et faisant la somme des produits obtenus en multipliant cette équation par N et la précédente par M, on a V sous la forme obtenue pour T.

16.

Développement de X. — Sa forme est la même que celle de T et de V, mais les facteurs ont une autre valeur. On a

$$M'a\frac{\partial\Omega}{\partial\varepsilon}+N'ar\frac{\partial\Omega}{\partial r}=[-2e^2A_j+e(A_{j-1}+A_{j+1})-ie(B_{j-1}-B_{j+1})]\,e^{\varphi i}$$
$$+\{eA_j-\tfrac{1}{2}e^2A_{j+1}-\tfrac{1}{2}(2-e^2)A_{j+1}-i[-\tfrac{1}{2}e^2B_{j-1}+\tfrac{1}{2}(2-e^2)B_{j+1}]\}\,e^{(\varphi+\eta)i}$$
$$+\{eA_j-\tfrac{1}{2}e^2A_{j+1}-\tfrac{1}{2}(2-e^2)A_{j-1}-i[\tfrac{1}{2}e^2B_{j+1}-\tfrac{1}{2}(2-e^2)B_{j-1}]\}\,e^{(\varphi-\eta)i}.$$

Si l'on pose

$$(52)\quad\begin{cases}J_j=-2e^2A_j+e(A_{j-1}+A_{j+1})-ie(B_{j-1}-B_{j+2}),\\ K_j=eA_j-\tfrac{1}{2}e^2A_{j+1}-\tfrac{1}{2}(2-e^2)A_{j-1}-i\{[\tfrac{1}{2}e^2B_{j+1}-\tfrac{1}{2}(2-e^2)B_{j-1}]\},\\ L_j=eA_j-\tfrac{1}{2}e^2A_{j-1}-\tfrac{1}{2}(2-e^2)A_{j+1}-i\{[-\tfrac{1}{2}e^2B_{j-1}+\tfrac{1}{2}(2-e^2)B_{j+1}]\},\end{cases}$$

il vient

$$(53)\qquad X=Je^{\varphi i}+Ke^{(\varphi-\eta)i}+Le^{(\varphi+\eta)i}.$$

Des équations (52) on conclut les équations de condition

$$(54)\qquad J_{-j,-j'}=(J)_{j,j'},\qquad L_{-j,-j'}=(K)_{j,j'}.$$

Des équations

$$\overline{X}=-\frac{2r}{f}\frac{\partial\Omega}{\partial w},\qquad \overline{T}=\frac{r}{f}\frac{\partial\Omega}{\partial w},$$

on tire

$$\overline{X}+2\overline{T}=0,$$

et, par suite,

$$(55)\qquad J_j+K_{j+1}+L_{j-1}+2(F_j+G_{j+1}+H_{j-1})=0,$$

équation de condition qui servira à contrôler les calculs.

17.

Développement de D. — De l'expression de $\frac{\partial\Omega}{\partial Z}$, on déduit celle de $\frac{\partial^2\Omega}{\partial\varepsilon\partial Z}$, ce qui donne

$$a^2\frac{\partial^2\Omega}{\partial\varepsilon\partial Z}=Re^{\varphi i};$$

on forme ensuite

$$a^2 r \frac{\partial^2\Omega}{\partial r\partial Z} + a^2 \frac{\partial\Omega}{\partial Z} = S e^{\varphi i}.$$

Remplaçant maintenant, dans le second membre de l'équation (67), *Première partie*, A par R, B par S, on a D sous la forme

(56) $$D = (F) e^{\varphi i} + (G)^{(\varphi-\eta)i} + (H) e^{(\varphi+\eta)i}.$$

Développement de E. — Si l'on pose

$$a^2 \frac{\partial\Omega}{\partial Z} = Q e^{\varphi i},$$

et, si l'on remplace dans le second membre de l'équation (67), *Première partie*, A par Q, B par 0, on obtient E sous la forme

(57) $$E = F e^{\varphi i} + G e^{(\varphi-\eta)i} + H e^{(\varphi+\eta)i}.$$

18.

On peut calculer autrement la somme des deux derniers termes de la première ligne du second membre de l'équation (11). En effet, calculant immédiatement les produits

$$a^2 \frac{\partial^2\Omega}{\partial\varepsilon\partial Z}\frac{u}{\cos i}, \qquad \left(a^2 r \frac{\partial^2\Omega}{\partial r\partial Z} + a^2 \frac{\partial\Omega}{\partial Z}\right)\frac{u}{\cos i}, \qquad a^2 \frac{\partial\Omega}{\partial Z}\frac{u_1}{\cos i},$$

posant de plus

$$a^2 \frac{\partial^2\Omega}{\partial\varepsilon\partial Z}\frac{u}{\cos i} + a^2 \frac{\partial\Omega}{\partial Z}\frac{u_1}{\cos i} = U e^{\varphi i},$$

$$\left(a^2 r \frac{\partial^2\Omega}{\partial r\partial Z} + a^2 \frac{\partial\Omega}{\partial Z}\right)\frac{u}{\cos i} = (V) e^{\varphi i},$$

et, remplaçant dans le second membre de l'équation (67), *Première partie*, A par U, B par (V), on trouve, pour la somme en question, la forme

$$D \frac{u}{\cos i} + E \frac{u_1}{\cos i} = F e^{\varphi i} + G e^{(\varphi+\eta)i} + H e^{(\varphi-\eta)i}.$$

M. Hansen préfère le premier procédé.

19.

L'équation (24), qui sert à contrôler les résultats, doit avoir son second membre complété d'un terme

$$\frac{\partial \frac{d\frac{h_0}{h}}{d\varepsilon}}{\partial \lambda}\delta\lambda = \frac{\partial \overline{T}}{\partial \lambda}\delta\lambda,$$

qu'on obtient en raisonnant comme à l'art. 13. Les autres coefficients se déduisent, par les équations (25) et (26), de ceux qu'on vient de calculer pour le développement de $\frac{d\delta W}{d\varepsilon}$.

20.

Le second membre de l'équation (30) doit être aussi complété par un terme $\frac{\partial U}{\partial \lambda}$; on le calculera par la relation (46).

Dans A'', $\frac{\partial U}{\partial \varepsilon}$ s'obtient en appliquant l'équation (48), et $\frac{U a e \sin \varepsilon}{r}$ par la relation (51); il faudra remplacer dans ces équations les coefficients de T par ceux de U.

Dans $B'' = U + Y$, U se compose en $a^2\frac{\partial \Omega}{\partial Z}$ comme Y en $a^2 r\frac{\partial^2 \Omega}{\partial r \partial Z}$; on obtiendra donc cette deuxième quantité, en remplaçant dans les équations (75) et (76), *Première partie,* les coefficients D par ceux de $a^2 r\frac{\partial^2 \Omega}{\partial r \partial Z}$. On obtient ainsi $\frac{Y}{\cos i}$ sous la même forme que $\frac{U}{\cos i}$.

De plus $C'' = U$; il ne reste donc qu'à s'occuper de D'' et de E''. Négligeant les termes dépendant de D''_1 et de E''_1 et qui donnent lieu à une intégration directe, je rappelle qu'on a

$$\frac{1}{\cos i}D''_1 = PW, \quad \frac{1}{\cos i}E''_1 = PW_1:$$

soit de plus

$$a^3\frac{\partial^2 \Omega}{\partial Z^2} = (C)e^{\varphi i},$$

par suite

$$(1-e\cos\varepsilon)a^3\frac{\partial^2\Omega}{\partial Z^2}=\{(C)_j-\tfrac{1}{2}e[(C)_{j-1}+(C)_{j+1}]\}e^{\varphi i};$$

soit encore, comme précédemment,

$$a\frac{\partial\Omega}{\partial\varepsilon}=A_j e^{\varphi i},$$

par suite

$$\frac{ae}{f^2}\sin\varepsilon\cdot\frac{\partial\Omega}{\partial\varepsilon}=-\frac{ie}{2f^2}(A_{j-1}-A_{j+1})e^{\varphi i};$$

$$\frac{a(1-e\cos\varepsilon)}{f^2}\frac{\partial\Omega}{\partial\varepsilon}=\frac{1}{f^2}[A_j-\tfrac{1}{2}e(A_{j-1}+A_{j+1})]e^{\varphi i};$$

soit enfin

$$ar\frac{\partial\Omega}{\partial r}=(B)_j e^{\varphi i},$$

par suite

$$\frac{1+e\cos\varepsilon}{f^2}ar\frac{\partial\Omega}{\partial r}=\frac{1}{f^2}\{(B)_j+\tfrac{1}{2}e[(B)_{j-1}+(B)_{j+1}]\}e^{\varphi i},$$

$$\frac{e\sin\varepsilon}{f^2}ar\frac{\partial\Omega}{\partial r}=-\frac{ie}{2f^2}[(B)_{j-1}-(B)_{j+1}]e^{\varphi i}.$$

Les valeurs de W, W_1, art. 12, deviennent alors

$$W=\left\{\begin{matrix}(C)_j-\tfrac{1}{2}e[(C)_{j-1}+(C)_{j+1}]+\frac{ie}{2f^2}(A_{j+1}-A_{j-1})\\ -\frac{1}{f^2}\{(B)_j+\tfrac{1}{2}e[(B)_{j-1}+(B)_{j+1}]\}\end{matrix}\right\}e^{\varphi i},$$

$$W_1=\frac{1}{f^2}\{-A_j+\tfrac{1}{2}e(A_{j-1}+A_{j+1})-\tfrac{1}{2}ei[(B)_{j-1}-(B)_{j+1}]\}e^{\varphi i};$$

on a donc, pour W et W_1, des expressions de la forme

(58) $$W=(\mathfrak{B})e^{\varphi i},\qquad W_1=\mathfrak{B}_1e^{\varphi i}.$$

Multipliant ces expressions par P, il vient

(59) $$\left\{\begin{aligned}\frac{D''}{\cos i}&=Fe^{\varphi i}+Ge^{(\varphi-\eta)i}+He^{(\varphi+\eta)i},\\ \frac{F''}{\cos i}&=(F)_1e^{\varphi i}+(G)_1e^{(\varphi-\eta)i}+(H)_1e^{(\varphi+\eta)i}.\end{aligned}\right.$$

Entre les coefficients on a les relations

$$(60)\qquad \begin{cases} F_j = -\frac{1}{2}ei\,[(\mathfrak{B})_{j-1} - (\mathfrak{B})_{j+1}]\,, \\ G_j = -\frac{1}{2}i\,[e(\mathfrak{B})_j - (\mathfrak{B})_{j-1}]\,, \\ H_j = \frac{1}{2}i\,[e(\mathfrak{B})_j - (\mathfrak{B})_{j+1}]\,. \end{cases}$$

On conclut de là

$$(61)\qquad F_j + G_{j-1} + H_{j+1} = 0\,.$$

21.

On a vu, dans le calcul des perturbations de la latitude, s'introduire la somme des quantités

$$Pe^{\varphi i}\,, \qquad Qe^{(\varphi-\eta)i}\,, \qquad Re^{(\varphi+\eta)i}\,,$$

les indices j, j' prenant respectivement les mêmes valeurs dans ces trois termes à la fois. Cette somme peut s'écrire, à un facteur constant près,

$$P\cos\varphi + Q\cos(\varphi-\eta) + R\cos(\varphi+\eta)\,,$$

ou bien,

$$\cos\varphi(P + Q\cos\eta + R\cos\eta) + \sin\varphi(Q\sin\eta - R\sin\eta)\,,$$

et comme, d'après (41)*, *Première partie*, la forme générale de cette expression est

$$M\sin\varphi\sin\eta + N\cos\varphi(\cos\eta - e)\,,$$

il vient

$$N\cos\eta - Ne = R + (Q+R)\cos\eta\,;$$

d'où l'on tire

$$P = -Ne\,, \qquad N = Q + R\,;$$

par suite

$$(62)\qquad P + e(Q+R) = 0\,,$$

équation de condition qu'on pourra employer au contrôle des calculs.

22.

Pour exécuter, avec plus de facilité, les produits indiqués dans ce qui précède, il faut remarquer que

$$(A+iB)e^{\varphi i}\times[(P+iQ)e^{\psi i}+(P-iQ)e^{-\psi i}]$$
$$=[AP-BQ+i(AQ+BP)]e^{(\varphi+\psi)i}+[AP+BQ+i(-AQ+BP)]e^{(\varphi-\psi)i};$$

il s'agit donc d'obtenir les produits deux à deux des coefficients, but qu'on atteindra sans difficulté, en écrivant les coefficients P, Q, dans l'ordre et avec les signes qui suivent, sur le bord inférieur d'une bande de papier,

$$P, \quad -Q, \quad Q, \quad P,$$

puis, on fait glisser la bande de manière que les quatre termes passent successivement au-dessus des coefficients A, B, qu'on a préalablement disposés sur une même ligne horizontale, dans deux colonnes verticales contiguës. La somme algébrique des deux premiers produits donne le coefficient de la partie réelle, tandis qu'en effectuant la somme des deux derniers, on obtiendra celui de la partie imaginaire de la quantité complexe ayant pour argument la somme des arguments des facteurs. Changeant ensuite les signes du second et du troisième produit, puis opérant comme avant ce changement, on obtient les coefficients d'une quantité complexe qui a pour argument la différence entre l'argument du multiplicande et celui du multiplicateur. On pourra disposer ces calculs comme il suit :

	AP	AQ		AP	$-AQ$
$\varphi+\psi$	$-BQ$	BP	$\varphi-\psi$	BQ	BP
	$AP-BQ$	$AQ+BP$		$AP+BQ$	$-AQ+BP$

Dans la première colonne de ces deux tableaux, se trouvent les arguments des termes du produit; dans la seconde, les coefficients de la partie réelle, et dans la troisième, ceux de la partie imaginaire des produits. On pourra utiliser la place dont on dispose, pour que les arguments de même ordre soient dans une même colonne verticale.

Dans les calculs qu'on doit effectuer ici, l'argument du multiplicande a presque toujours la forme $\varphi+l\eta$, où l'on doit remplacer l successivement par $-1, 0, 1$, et faire la somme des termes qui en résultent, φ étant lui-même de la forme

$$(j-j'N)\varepsilon-j'(c'-cN);$$

on a aussi pour ψ une expression de même forme

$$(k-k'N)\varepsilon-k'(c'-cN).$$

Le multiplicande étant donc $(A+iB)\,e^{(l\eta+\varphi)i}$, et le multiplicateur $(P+iQ)e^{\psi i}$, on a

$$l,\varphi+\psi\left|\begin{array}{c|c} AP & AQ \\ -BQ & BP \\ \hline AP-BQ & AQ+BP \end{array}\right|, \qquad l,\varphi-\psi\left|\begin{array}{c|c} AP & AQ \\ -BQ & BP \\ \hline AP+BQ & -AQ+BP \end{array}\right|.$$

Si deux facteurs sont tels que $\varphi=\psi$, le produit aura l'un de ses deux termes qui dépendra seulement de l.

Lorsque la différence des arguments amène ponr coefficient de ε une quantité négative, dans l'argument du produit, en sorte qu'on ait $(P+iQ)e^{(-p\varepsilon+q)i}$, on change le signe de i, ce qui donne $(P-iQ)\,e^{(p\varepsilon-q)i}$, et n'altère en rien les résultats.

23.

Il faut avoir soin de calculer avec plus d'exactitude que les autres les termes qui se rapportent aux petits diviseurs introduits par l'intégration. La même précaution doit être prise pour ceux qui renferment t en facteur en dehors des exponentielles, et qui fournissent les inégalités non périodiques, désignées sous le nom de variations *séculaires*. Les développements, § 5, *Première partie*, montrent qu'elles proviennent des termes ayant pour arguments $-\eta+\varepsilon$ et η, ainsi que des termes des facteurs $\dfrac{an\delta z}{r}$, ν, ..., qui, dans la première approximation, sont multipliés par ε. Les termes ayant pour arguments

$$-\eta+(j-j'N)\varepsilon-U,\quad (j-j'N)\varepsilon-U,\quad -\eta+(j+1-j'N)\varepsilon-U,$$
$$\eta+(j-1-j'N)\varepsilon-U,\quad \eta+(j-j'N)\varepsilon-U,$$

sont ceux par lesquels s'introduit le petit diviseur; le second l'introduit au carré, et les autres à la première puissance.

Les termes ayant pour arguments

$$(j-1-j'N)\varepsilon-U, \quad \eta+(j-2-j'N)\varepsilon-U,$$
$$(j+1-j'N)\varepsilon-U, \quad -\eta+(j+2-j'N)\varepsilon-U,$$

introduisent aussi le petit diviseur à la première puissance; mais en même temps, ces termes sont multipliés par $\frac{1}{2}e$, ce qui atténue l'influence de ce petit diviseur.

21.

Le petit diviseur est aussi introduit dans la recherche de Γ. En effet, en remplaçant h par $\frac{an}{f}$, s par $\frac{a}{r}u$, dans l'art. 9, *Première partie*, on a

$$\cos i\frac{d\Gamma}{d\varepsilon}=\frac{r}{a}\frac{u}{\cos i}\frac{1}{2f}a^2\frac{\partial\Omega}{\partial Z};$$

de sorte qu'en posant

$$\frac{u}{\cos i}\frac{a^2}{2f}\frac{\partial\Omega}{\partial Z}=Ze^{j\varepsilon i},$$

et multipliant les deux membres de cette relation par $\frac{r}{a}=1-e\cos\varepsilon$, on obtient

$$\cos i\frac{d\Gamma}{d\varepsilon}=[Z_j-\tfrac{1}{2}e(Z_{j+1}+Z_{j-1})]e^{j\varepsilon i}.$$

Il suffira, dans la plupart des cas, de conserver les termes recevant le petit diviseur par l'intégration et ceux qui amènent des inégalités non périodiques.

§ III.

Variation séculaire de la longitude moyenne.

25.

Avant de passer à l'intégration des différentielles développées dans ce qui précède, je vais démontrer quelques propositions importantes, relatives aux variations à très longue période.

La variation séculaire de la longitude moyenne se compose des termes de nz proportionnels à t^2 et aux puissances supérieures de t. Les développements de la première approximation nous ont montré que de pareils termes ne peuvent provenir que de la seconde, en sorte qu'en négligeant les termes renfermant t^3 et les puissances supérieures de t, la variation séculaire de la longitude moyenne se réduit aux termes de nz proportionnels à t^2, lorsqu'on ne tient pas compte des puissances de la force perturbatrice supérieures à la seconde. Le théorème de l'invariabilité des grands axes amène forcément la destruction de certains termes qu'il est nécessaire de connaître à l'avance, parce que l'incertitude des dernières décimales et la petitesse des nombres sur lesquels on opère, ne permettent pas de se confier au calcul numérique pour en amener la disparition.

26.

Si l'on fait

$$T_1 = \frac{an}{r}T, \quad A_1 = \frac{\partial T_1}{\partial g}, \quad B_1 = \frac{an}{r}B, \quad C_1 = \frac{an}{r}C,$$

$$D_1 = \frac{an}{r}D, \quad E_1 = \frac{an}{r}E,$$

et qu'on ne tienne compte, pour le moment, que des termes dépendants du carré de la force perturbatrice, il vient

$$\frac{d\delta W}{dt} = A_1 n\delta z + B_1 \nu + C_1 \delta\frac{h}{h_0} + D_1\frac{u}{\cos i} + E_1\frac{u_1}{\cos i}. \tag{63}$$

27.

Première proposition. — Si l'on néglige les constantes arbitraires introduites par l'intégration dans la première approximation, le développement de $\frac{d\delta W}{dt}$, suivant les puissances de e^{gt}, n'a pas de terme indépendant.

Chacune des quantités T_1, A_1, B_1, etc., peut se mettre sous la forme

$$\Xi_1 + \Upsilon\cos\eta + \Psi\sin\eta,$$

et comme on a

$$\cos\eta + \tfrac{1}{2}e = \Sigma_1^\infty a_j \cos j\gamma,$$
$$\sin\eta = \Sigma_1^\infty b_j \sin j\gamma,$$

où a_j, b_j sont des fonctions de e, et où γ joue, vis-à-vis de η, le même rôle que g vis-à-vis de ε, l'expression ci-dessus peut s'écrire

$$\Xi + \Upsilon(\cos\eta + \tfrac{1}{2}e) + \Psi\sin\eta.$$

Les facteurs de Υ et de Ψ, dans cette expression, renfermant à chaque terme les puissances de e^{gt} en facteur, il n'y a donc que Ξ qui puisse posséder un terme constant. Il faut remarquer aussi que dans les seconds facteurs des termes de $\frac{d\delta W}{dt}$, il suffit de tenir compte des termes du premier ordre par rapport aux masses perturbatrices.

De l'expression (61), *Première partie*, on déduit

$$T_1 = M_1 a \frac{\partial\Omega}{\partial\varepsilon} + N_1 a r \frac{\partial\Omega}{\partial r},$$

où

$$M_1 = \frac{an}{r} M, \qquad N_1 = \frac{an}{r} N;$$

or, on peut écrire

$$M_1 = -\frac{3an}{r} - (\cos\eta + \tfrac{1}{2}e)\frac{an}{rf^2}(3e - 4\cos\varepsilon + e\cos 2\varepsilon)$$
$$+ \sin\eta \cdot \frac{an}{rf^2}[(4 - 2e^2)\sin\varepsilon - e\sin 2\varepsilon],$$

$$N_1 = (\cos\eta + \tfrac{1}{2}e)\cdot\frac{an}{rf^2}\cdot(2\sin\varepsilon - e\sin 2\varepsilon)$$
$$- \sin\eta \cdot \frac{an}{rf^2}[e + 2(1 - e^2)\cos\varepsilon - e\cos 2\varepsilon],$$

et par suite,

$$T_1 = -\frac{3a^2 n}{r}\frac{\partial\Omega}{\partial\varepsilon} - (\cos\eta + \tfrac{1}{2}e)\frac{a^2 n}{rf^2}\Big[(3e - 4\cos\varepsilon + e\cos 2\varepsilon)\frac{\partial\Omega}{\partial\varepsilon} - (2\sin\varepsilon - e\sin 2\varepsilon)r\frac{\partial\Omega}{\partial r}\Big]$$
$$+ \sin\eta\cdot\frac{a^2 n}{rf^2}\Big\{[(4-2e)\sin\varepsilon - e\sin 2\varepsilon]\frac{\partial\Omega}{\partial\varepsilon} - (e + 2f^2\cos\varepsilon - e\cos 2\varepsilon)r\frac{\partial\Omega}{\partial r}\Big\};$$

de plus,

$$(66)\quad \left\{\begin{aligned} &\frac{\partial\Omega}{\partial\varepsilon} = \frac{r}{a}\frac{\partial\Omega}{\partial g},\\ &\frac{r}{a}\frac{\partial\Omega}{\partial g} = \frac{af}{r}\frac{\partial\Omega}{\partial w} + ae\sin\varepsilon\cdot\frac{\partial\Omega}{\partial r},\\ &\frac{r}{a}\frac{\partial\Omega}{\partial e} = \frac{a}{rf}(2 - e^2 - e\cos\varepsilon)\sin\varepsilon\cdot\frac{\partial\Omega}{\partial w} - a(\cos\varepsilon - e)\frac{\partial\Omega}{\partial r};\end{aligned}\right.$$

alors on a, par substitution,

$$T_1 = -3an\frac{\partial\Omega}{\partial g} - (\cos\eta + \tfrac{1}{2}e)\frac{a^2 n}{rf^2}\Big\{\frac{r}{a}\Big[3e - 4\cos\varepsilon + e\cos 2\varepsilon - \frac{2r}{ae}(1 - e\cos\varepsilon)\Big]\frac{\partial\Omega}{\partial g} + \frac{2f}{e}(1 - e\cos\varepsilon)\frac{\partial\Omega}{\partial w}\Big\}$$
$$+ \sin\eta\cdot\frac{a^2 n}{rf^2}\Big\{[(4-2e)\sin\varepsilon - e\sin 2e]\frac{\partial\Omega}{\partial\varepsilon} - (e + 2f^2\cos\varepsilon - e\cos 2\varepsilon)r\frac{\partial\Omega}{\partial r}\Big\}.$$

En éliminant $\frac{\partial\Omega}{\partial w}$, de la valeur de $\frac{\partial\Omega}{\partial e}$, on obtient

$$(67)\quad \frac{2f^2}{a}\frac{\partial\Omega}{\partial e} = \frac{1}{r}[(4 - 2e^2)\sin\varepsilon - e\sin 2\varepsilon]\frac{\partial\Omega}{\partial\varepsilon} - (e + 2f^2\cos\varepsilon - e\cos 2\varepsilon)\frac{\partial\Omega}{\partial r},$$

et la valeur de T_1 devient

$$(68)\quad T_1 = -3an\frac{\partial\Omega}{\partial g} + \frac{2an}{e}\Big(\frac{\partial\Omega}{\partial g} - \frac{1}{f}\frac{\partial\Omega}{\partial w}\Big)(\cos\eta + \tfrac{1}{2}e) + 2an\frac{\partial\Omega}{\partial e}\sin\eta,$$

de sorte qu'en laissant de côté, ici et dans la suite, tous les termes qui dépendent de γ, j'ai

$$T_1 = -3an\frac{\partial^2\Omega}{\partial g^2}.$$

28.

En posant aussi $V_1 = \frac{an}{r} V$, on a

$$V_1 = M_1 \frac{\partial . ar \frac{\partial \Omega}{\partial r}}{\partial \varepsilon},$$

ou bien,

$$V_1 = -3anr \frac{\partial^2 \Omega}{\partial r \partial g} - \frac{3a^3 ne}{r} \sin \varepsilon . \frac{\partial \Omega}{\partial r} .$$

De plus, si l'on fait

$$X_1 = \frac{an}{r} X,$$

il vient

$$X_1 = \frac{3a^2 ne}{rf^2} \left[(\cos \varepsilon - e) \frac{\partial \Omega}{\partial \varepsilon} + \sin \varepsilon . r \frac{\partial \Omega}{\partial r} \right],$$

ou, en éliminant $\frac{\partial \Omega}{\partial \varepsilon}$ par l'équation (60), *Première partie*,

$$X_1 = \frac{3a^3 (\cos \varepsilon - e)}{r^2 f} ne \frac{\partial \Omega}{\partial w} + \frac{3a^3 ne}{r} \sin \varepsilon . \frac{\partial \Omega}{\partial r},$$

et par suite,

$$B_1 = V_1 + X_1 = -3anr \frac{\partial^2 \Omega}{\partial r \partial g} + \frac{3a^3 ne (\cos \varepsilon - e)}{r^2 f} \frac{\partial \Omega}{\partial w} .$$

On trouve de plus

$$\overline{T}_1 = \frac{an}{f} \frac{\partial \Omega}{\partial w},$$

$$C_1 = 2(T_1 + X_1 + \overline{T}_1),$$

d'où

$$C_1 = \frac{2an}{f} \left(1 - \frac{3a}{r}\right) \frac{\partial \Omega}{\partial w} .$$

Il résulte des équations (21), puisqu'il est inutile de tenir compte de N_1,

$$D_1 = -3a^2 n \frac{\partial^2 \Omega}{\partial Z \partial g},$$

$$E_1 = -\frac{3a^3 n}{r} \frac{\partial \Omega}{\partial Z} .$$

L'expression (63) devient alors

$$(69)\quad \left\{\begin{aligned} \frac{d\delta W}{dt} &= -3an\frac{\partial^2\Omega}{\partial g^2}n\delta z - 3an\left[r\frac{\partial^2\Omega}{\partial r\partial g} - \frac{a^2e(\cos\varepsilon - e)}{r^2f}\frac{\partial\Omega}{\partial w}\right]\nu \\ &+ \frac{2an}{f}\left(1-\frac{2a}{r}\right)\frac{\partial\Omega}{\partial w}\delta\frac{h}{h_0} - 3a^2n\frac{\partial^2\Omega}{\partial Z\partial g}\frac{u}{\cos i} - 3a^2\frac{\partial\Omega}{\partial Z}\frac{\frac{du}{dt}}{\cos i}, \end{aligned}\right.$$

où il faut remplacer les seconds facteurs $n\delta z$, ν, $\delta\frac{h}{h_0}$, u, $\frac{du}{dt}$, par leurs expressions analytiques.

29.

On a trouvé $n\delta z = n\int \overline{W}dt$, et comme

$$T_1 = \frac{an}{r}\frac{\partial W}{\partial\varepsilon} = \frac{dW}{dt},$$

il en résulte

$$W = \int T_1 dt,$$

et par suite

$$\overline{W} = \overline{\int T_1 dt},$$

$$(70)\qquad n\delta z = n\int\left(\overline{\int T_1 dt}\right)dt,$$

Des relations $\overline{T}_1 = \frac{an}{f}\frac{\partial\Omega}{\partial w}$ et $\delta\frac{h}{h_0} = -\int\frac{an}{f}\frac{\partial\Omega}{\partial w}dt$, on tire

$$\delta\frac{h}{h_0} = -\int\overline{T}_1 dt.$$

En différentiant l'équation (70), il vient

$$\frac{d\delta z}{dt} = -3an\int\frac{\partial\Omega}{\partial g}dt + \frac{2an}{e}(\cos\varepsilon + \tfrac{1}{2}e)\int\left(\frac{\partial\Omega}{\partial g} - \frac{1}{f}\frac{\partial\Omega}{\partial w}\right)dt$$
$$+ 2an\sin\varepsilon\int\frac{\partial\Omega}{\partial e}dt.$$

Multipliant le premier membre de celle-ci par ndt, le second par $(1 - e\cos\varepsilon)d\varepsilon$, et intégrant, il vient

$$n\delta z = -3an^2\iint\frac{\partial\Omega}{\partial g}dt^2 + \frac{an}{e}\int(2\cos\varepsilon + e)(1 - e\cos\varepsilon)\left[\int\left(\frac{\partial\Omega}{\partial g} - \frac{1}{f}\frac{\partial\Omega}{\partial w}\right)dt\right]d\varepsilon$$
$$+ 2an\int\sin\varepsilon(1 - e\cos\varepsilon)\left(\int\frac{\partial\Omega}{\partial e}dt\right)d\varepsilon;$$

intégrant par parties, on a

$$n\delta z = -3an^2\iint\frac{\partial\Omega}{\partial g}dt^2 + \frac{an}{e}[(2-e^2)\sin\varepsilon - \tfrac{1}{2}e\sin 2\varepsilon]\int\left(\frac{\partial\Omega}{\partial g} - \frac{1}{f}\frac{\partial\Omega}{\partial w}\right)dt$$
$$-\frac{an}{e}\int[(2-e^2)\sin\varepsilon - \tfrac{1}{2}e\sin 2\varepsilon]\left(\frac{\partial\Omega}{\partial g} - \frac{1}{f}\frac{\partial\Omega}{\partial w}\right)dt$$
$$-an(2\cos\varepsilon - \tfrac{1}{2}e\cos 2\varepsilon)\int\frac{\partial\Omega}{\partial e}dt$$
$$+\frac{an}{e}\int(2e\cos\varepsilon - \tfrac{1}{2}e^2\cos 2\varepsilon)\frac{\partial\Omega}{\partial e}dt.$$

Mais, à cause de la seconde des équations (66), l'équation (67) peut s'écrire

$$[(2-e^2)\sin\varepsilon - e\sin\varepsilon\cos\varepsilon]\frac{\partial\Omega}{\partial g} = a(e + f^2\cos\varepsilon - e\cos^2\varepsilon)\frac{\partial\Omega}{\partial r} + f^2\frac{\partial\Omega}{\partial e}:$$

la troisième des équations (66) donne

$$\frac{1}{f}[(2-e^2)\sin\varepsilon - e\sin\varepsilon\cos\varepsilon]\frac{\partial\Omega}{\partial w} = \frac{r^2}{a^2}\frac{\partial\Omega}{\partial e} + r(\cos\varepsilon - e)\frac{\partial\Omega}{\partial r},$$

et, si on la retranche de la précédente, il vient

$$[(2-e^2)\sin\varepsilon - e\sin\varepsilon\cos\varepsilon]\left(\frac{\partial\Omega}{\partial g} - \frac{1}{f}\frac{\partial\Omega}{\partial w}\right)$$
$$= (-e^2\cos^2\varepsilon - e^2 + 2e\cos\varepsilon)\frac{\partial\Omega}{\partial e} + 2er\frac{\partial\Omega}{\partial r},$$

que je substitue dans $n\delta z$, ce qui donne

$$n\delta z = -3an^2\iint\frac{\partial\Omega}{\partial g}dt^2 - 2an\int r\frac{\partial\Omega}{\partial r}dt$$
$$+\frac{an}{e}(2-e^2-e\cos\varepsilon)\sin\varepsilon\int\left(\frac{\partial\Omega}{\partial g} - \frac{1}{f}\frac{\partial\Omega}{\partial w}\right)dt$$
$$+an(e - 2\cos\varepsilon + e\cos^2\varepsilon)\int\frac{\partial\Omega}{\partial e}dt.$$

30.

On a encore

$$\nu = -\tfrac{1}{2}\frac{d\delta z}{dt} - \tfrac{1}{2}\delta\frac{h}{h_0},$$

$$\delta\frac{h}{h_0} = -\frac{an}{f}\int\frac{\partial\Omega}{\partial w}dt,$$

par suite,

$$\nu = \tfrac{3}{2}an\int\frac{\partial\Omega}{\partial g}dt + \frac{an}{2f}\int\frac{\partial\Omega}{\partial w}dt$$
$$-\frac{an}{e}(\cos\varepsilon + \tfrac{1}{2}e)\int\left(\frac{\partial\Omega}{\partial g} - \frac{1}{f}\frac{\partial\Omega}{\partial w}\right)dt - an\sin\varepsilon.\int\frac{\partial\Omega}{\partial e}dt.$$

31.

Pour obtenir u, je remarque qu'on a $u = \overline{\int U_1 dt}$, et que

$$U_1 = \frac{an}{r}U = \frac{n}{f}\cos i(\rho\sin\omega.r\cos w - \rho\cos\omega.r\sin w)\frac{\partial\Omega}{\partial Z},$$

d'où

$$\int U_1 dt = \frac{n}{f}\cos i\left[\rho\sin\omega.\int r\cos w\cdot\frac{\partial\Omega}{\partial Z}dt - \rho\cos\omega.\int r\sin w\cdot\frac{\partial\Omega}{\partial Z}dt\right],$$

et enfin

$$\frac{u}{\cos i} = \frac{nr\sin w}{f}\int r\cos w\cdot\frac{\partial\Omega}{\partial Z}dt - \frac{nr\cos w}{f}\int r\sin w\cdot\frac{\partial\Omega}{\partial Z}dt.$$

En différentiant, on a de plus

$$\frac{1}{\cos i}\frac{du}{dt} = \frac{n^2}{f}\frac{\partial.r\sin w}{\partial g}\int r\cos w\cdot\frac{\partial\Omega}{\partial Z}dt - \frac{n^2}{f}\frac{\partial.r\cos w}{\partial g}\int r\sin w\cdot\frac{\partial\Omega}{\partial Z}dt.$$

32.

Substituant les résultats précédents dans la relation (69), on a

$$\frac{d\delta W}{dt} = 9a^2n^3\frac{\partial^2\Omega}{\partial g^2}\iint\frac{\partial\Omega}{\partial g}dt^2 + 6a^2n^2\frac{\partial^2\Omega}{\partial g^2}\int r\frac{\partial\Omega}{\partial r}dt$$
$$+\frac{3a^2n^2}{e}A\int\frac{\partial\Omega}{\partial g}dt + \frac{3a^2n^2}{ef}B\int\frac{\partial\Omega}{\partial w}dt + 3a^2n^2C\int\frac{\partial\Omega}{\partial e}dt$$
$$-\frac{3a^2n^2}{f}D\int r\cos w\cdot\frac{\partial\Omega}{\partial Z}dt + \frac{3a^2n^2}{f}E\int r\sin w\cdot\frac{\partial\Omega}{\partial Z}dt,$$

en posant

$$A = -(2 - e^2 - e\cos\varepsilon)\sin\varepsilon\cdot\frac{\partial^2\Omega}{\partial g^2} + (\cos\varepsilon - e)r\frac{\partial^2\Omega}{\partial r\partial g}$$
$$-\frac{a^2(e^3 - 2e^2\cos\varepsilon + e\cos^2\varepsilon)}{r^2f}\frac{\partial\Omega}{\partial w},$$

$$B=(2-e^2-e\cos\varepsilon)\sin\varepsilon\cdot\frac{\partial^2\Omega}{\partial g^2}-(\cos\varepsilon+e)r\frac{\partial^2\Omega}{\partial r\partial g}$$
$$+\frac{a^2}{3r^2f}[4e-3e^3-2e^2\cos\varepsilon+(3e-2e^3)\cos^2\varepsilon]\frac{\partial\Omega}{\partial w},$$

$$C=-(e-2\cos\varepsilon+e\cos^2 e)\frac{\partial^2\Omega}{\partial g^2}+\sin\varepsilon.r\frac{\partial^2\Omega}{\partial r\partial g}$$
$$-\frac{ae}{r^2f}(\cos\varepsilon-e)\sin\varepsilon\cdot\frac{\partial\Omega}{\partial w},$$

$$D=r\sin w\cdot\frac{\partial^2\Omega}{\partial Z\partial g}+\frac{\partial.r\sin w}{\partial g}\frac{\partial\Omega}{\partial Z},$$

$$E=r\cos w\cdot\frac{\partial^2\Omega}{\partial Z\partial g}+\frac{\partial.r\cos w}{\partial g}\frac{\partial\Omega}{\partial Z}.$$

Ces quantités sont susceptibles de transformations que je vais effectuer. Éliminant $\frac{\partial\Omega}{\partial w}$, entre la seconde et la troisième des équations (66), il vient

$$(2-e^2-e\cos\varepsilon)\sin\varepsilon\cdot\frac{\partial\Omega}{\partial g}-f^2\frac{\partial\Omega}{\partial e}-(e+\cos\varepsilon)r\frac{\partial\Omega}{\partial r}=0;$$

différentiant par rapport à g, on a

$$(71)\left\{\begin{aligned}0=&(2-e^2-e\cos\varepsilon)\sin\varepsilon\cdot\frac{\partial^2\Omega}{\partial g^2}-f^2\frac{\partial^2\Omega}{\partial e\partial g}-(e+\cos\varepsilon)r\frac{\partial^2\Omega}{\partial r\partial g}+(2\cos\varepsilon+e)\frac{\partial\Omega}{\partial g}\\&+\frac{a^2}{r}\sin\varepsilon(1-2e\cos\varepsilon-e^2)\frac{\partial\Omega}{\partial r}.\end{aligned}\right.$$

Les équations (66) donnent

$$(72)\qquad 0=\frac{\partial\Omega}{\partial g}-\frac{af}{r^2}\frac{\partial\Omega}{\partial w}-\frac{a^2e\sin\varepsilon}{r}\frac{\partial\Omega}{\partial r}=0,$$

$$(73)\qquad 0=\frac{\partial\Omega}{\partial e}-\frac{a^2}{r^2f}(2-e^2-e\cos\varepsilon)\sin\varepsilon\cdot\frac{\partial\Omega}{\partial w}+\frac{a^2}{r}(\cos\varepsilon-e)\frac{\partial\Omega}{\partial r}.$$

Multipliant les deux membres de l'équation (72) par $\frac{1}{e}(1+e^2-2e\cos\varepsilon)$, ajoutant le produit aux deux membres de l'équation (71), puis le résultat à la valeur de A, il vient,

$$A=-f^2\frac{\partial^2\Omega}{\partial e\partial g}+\frac{1+2e^2}{e}\frac{\partial\Omega}{\partial g}-2e\frac{\partial.r\frac{\partial\Omega}{\partial r}}{\partial g}-\frac{1}{ef}\frac{\partial\Omega}{\partial w},$$

en observant que

$$\frac{a^2e\sin\varepsilon}{r}\frac{\partial\Omega}{\partial r}=\frac{\partial.r\frac{\partial\Omega}{\partial r}}{\partial g}-r\frac{\partial^2\Omega}{\partial r\partial g}.$$

Multipliant maintenant les deux membres de l'équation (72) par $\frac{1}{e}(1-e^2-2e\cos\varepsilon)$, ajoutant le produit aux deux membres de l'équation (71), et retranchant le résultat de la valeur de B, il vient encore

$$B=\frac{1}{3ef}(3-2e^2)\frac{\partial\Omega}{\partial w}-f^2\frac{\partial^2\Omega}{\partial e\partial g}-\frac{1}{e}\frac{\partial\Omega}{\partial g}.$$

Si l'on multiplie les deux membres de l'équation (72) par $\frac{r^2}{a^2e}$ et qu'on différentie le résultat par rapport à g, on a

$$(74)\quad \left\{\begin{aligned}0=\frac{r^2}{a^2e}\frac{\partial^2\Omega}{\partial g^2}-\frac{f}{e}\frac{\partial^2\Omega}{\partial w\partial g}-r\sin\varepsilon\cdot\frac{\partial^2\Omega}{\partial r\partial g}+2\sin\varepsilon\cdot\frac{\partial\Omega}{\partial g}\\ -\frac{a^2}{r}(e+\cos\varepsilon-2e\cos^2\varepsilon)\frac{\partial\Omega}{\partial r};\end{aligned}\right.$$

ajoutant membre à membre les équations (74), (73) et (72), après avoir multiplié cette dernière par $-2\sin\varepsilon$, puis ajoutant le résultat à la valeur de C, il vient

$$C=\frac{f^2}{e}\frac{\partial^2\Omega}{\partial g^2}-\frac{f}{e}\frac{\partial^2\Omega}{\partial w\partial g}+\frac{\partial\Omega}{\partial e}.$$

Posant, de plus,

$$P=r\cos w\cdot\frac{\partial\Omega}{\partial Z},\qquad Q=r\sin w\cdot\frac{\partial\Omega}{\partial Z},$$

on a

$$D=\frac{\partial Q}{\partial g},\qquad E=\frac{\partial P}{\partial g}.$$

En tenant compte de ces divers résultats, on trouve

$$\begin{aligned}\frac{d\delta W}{dt}&=9a^2n^3\frac{\partial^2\Omega}{\partial g^2}\iint\frac{\partial\Omega}{\partial g}dt^2+3a^2n^2\frac{1+2e^2}{e^2}\frac{\partial\Omega}{\partial g}\int\frac{\partial\Omega}{\partial g}dt\\ &+a^2n^2\frac{3-2e^2}{e^2f^2}\frac{\partial\Omega}{\partial w}\int\frac{\partial\Omega}{\partial w}dt+3a^2n^2\frac{\partial\Omega}{\partial e}\int\frac{\partial\Omega}{\partial e}dt\\ &-\frac{3a^2n^2}{e^2f}\left(\frac{\partial\Omega}{\partial w}\int\frac{\partial\Omega}{\partial g}dt+\frac{\partial\Omega}{\partial g}\int\frac{\partial\Omega}{\partial w}dt\right)\\ &+6a^2n^2\left(\frac{\partial^2\Omega}{\partial g^2}\int r\frac{\partial\Omega}{\partial r}dt-\frac{\partial . r\frac{\partial\Omega}{\partial r}}{\partial g}\int\frac{\partial\Omega}{\partial g}dt\right)\\ &+\frac{3a^2n^2f}{e}\left(\frac{\partial^2\Omega}{\partial e\partial g}\int\frac{\partial\Omega}{\partial w}dt-\frac{\partial^2\Omega}{\partial w\partial g}\int\frac{\partial\Omega}{\partial e}dt\right)\end{aligned}$$

$$+\frac{3a^2n^2f^2}{e}\left(\frac{\partial^2\Omega}{\partial g^2}\int\frac{\partial\Omega}{\partial e}dt-\frac{\partial^2\Omega}{\partial e\partial g}\int\frac{\partial\Omega}{\partial g}dt\right)$$

$$+\frac{3a^2n^2}{f}\left(\frac{\partial P}{\partial g}\int Q\,dt-\frac{\partial Q}{\partial g}\int P\,dt\right).$$

33.

La fonction Ω peut être mise sous la forme

$$\Omega = k\cos(jg + j'g' + K),$$

par suite,

$$\frac{\partial\Omega}{\partial g} = -jk\sin(jg + j'g' + K),$$

$$\frac{\partial^2\Omega}{\partial g^2} = -j^2k\cos(jg + j'g' + K),$$

$$\int\frac{\partial\Omega}{\partial g}dt = \frac{jk}{jn + j'n'}\cos(jg + j'g' + K),$$

$$\iint\frac{\partial\Omega}{\partial g}dt^2 = -\frac{jk}{(jn + j'n')^2}\sin(jg + j'g' + K).$$

Le produit

$$\frac{\partial^2\Omega}{\partial g^2}\iint\frac{\partial\Omega}{\partial g}dt^2$$

donne des termes de la forme

$$2\sin p\cos p' = \sin(p + p') - \sin(p - p'),$$

ce qui ne peut donner aucun terme d'argument 0; il en est de même du produit $\frac{d\Omega}{dg}\int\frac{d\Omega}{dg}dt$. La seconde ligne de $\frac{d\delta W}{dt}$, ayant des termes de même forme, conduit au même résultat.

On a vu que

$$\frac{\partial\Omega}{\partial w} = f\frac{\partial\Omega}{\partial g},$$

ainsi

$$\frac{\partial\Omega}{\partial w} = -l\sin(jg + j'g' + L),$$

$$\int\frac{\partial\Omega}{\partial w}dt = \frac{l}{jn + j'n'}\cos(jg + j'g' + L).$$

et, si l'on ne considère que les termes pouvant donner un produit constant, on a

$$\frac{\partial\Omega}{\partial w}\int\frac{\partial\Omega}{\partial g}dt=\frac{jkl}{jn+j'n'}\sin(L-K),$$

$$\frac{\partial\Omega}{\partial g}\int\frac{\partial\Omega}{\partial w}dt=\frac{jkl}{jn+j'n'}\sin(K-L),$$

dont la somme est nulle. La troisième ligne ne renferme donc pas de terme constant.

Les autres lignes ayant toutes la même forme, il suffit d'en considérer une, la dernière par exemple : on a

$$P=k'\cos(jg+j'g'+K'),$$

$$Q=l'\sin(jg+j'g'+L'),$$

$$\int Pdt=\frac{k'}{jn+j'n'}\sin(jg+j'g'+K'),$$

$$\int Qdt=-\frac{l'}{jn+j'n'}\cos(jg+j'g'+L'),$$

$$\frac{dQ}{dg}=jl'\cos(jg+j'g'+L'),$$

$$\frac{dP}{dg}=-jk'\sin(jg+j'g'+K');$$

en se bornant encore aux termes qui peuvent donner des produits constants, il vient

$$\frac{dP}{dg}\int Qdt=\frac{jk'l'}{jn+j'n'}\sin(K'-L'),$$

$$\frac{dQ}{dg}\int Pdt=\frac{jk'l'}{jn+j'n'}\sin(K'-L'),$$

dont la différence est nulle.

34.

Pour étendre cette démonstration aux produits des masses perturbatrices, il y a trois sortes de termes à considérer :

1° Ceux que peut amener une seconde planète perturbatrice. Celle-ci introduit dans Ω des termes ayant en facteur

$$\frac{\cos}{\sin}\left(jg+j''g''+K''\right),$$

par lesquels il faudra multiplier des termes ayant en facteur

$$\frac{\cos}{\sin}\left(jg + j'g' + K\right),$$

combinaison qui ne peut introduire des termes constants que si l'on a, à la fois, $j'=0$, $j''=0$; le cas de $j'=0$ étant contenu dans la démonstration précédente, on n'introduit pas ainsi de terme constant.

2° Ceux qui proviennent des perturbations que la planète troublante éprouve de la part de la planète troublée. Ils dépendent des mêmes arguments que ceux qui ont été examinés dans les articles précédents, mais les coefficients étant différents, il y a lieu de procéder à une nouvelle démonstration.

3° Ceux qui proviennent d'une planète troublant la planète perturbatrice et qui renferment en facteur

$$\frac{\cos}{\sin}\left(j'g' + j''g'' + K_1\right).$$

Ils ne peuvent amener de terme constant dans $\frac{d\delta W}{dt}$, que si $j=0$, $j''=0$, ce qui permet de démontrer avec facilité qu'ils n'en introduisent pas.

35.

Les termes introduits, par la considération du second cas, sont renfermés dans l'expression

$$\frac{d\delta W}{dt} = F_1 n'\delta z' + G_1 \nu' + H_1 \frac{u'}{\cos i'},$$

où

$$F_1 = \frac{an}{r} F, \quad G_1 = \frac{an}{r} G, \quad H_1 = \frac{an}{r} H.$$

On a évidemment

$$F_1 = \frac{\partial T_1}{\partial g'}, \quad G_1 = -V_1 - T_1,$$

et, en ne considérant que les termes de $\frac{d\delta W}{dt}$ indépendants de $\cos \eta + \frac{1}{2}e$ et de $\sin \eta$, on a

$$F_1 = -3an \frac{\partial^2 \Omega}{\partial g \partial g'}, \quad T_1 = -3an \frac{\partial \Omega}{\partial g}, \quad G_1 = 3an \frac{\partial . r \frac{\partial \Omega}{\partial g}}{\partial r}.$$

Le théorème des fonctions homogènes donne

$$r\frac{\partial\frac{\partial\Omega}{\partial g}}{\partial r}+r'\frac{\partial\frac{\partial\Omega}{\partial g}}{\partial r'}=-\frac{\partial\Omega}{\partial g},$$

d'où

$$r\frac{\partial\frac{\partial\Omega}{\partial g}}{\partial r}+\frac{\partial\Omega}{\partial g}=\frac{\partial . r\frac{\partial\Omega}{\partial g}}{\partial r}=-r'\frac{\partial\frac{\partial\Omega}{\partial g}}{\partial r'},$$

et

$$G_1=-3anr'\frac{\partial^2\Omega}{\partial g\partial r'}.$$

On a de même

$$H_1=M_1aa'\frac{r}{a}\frac{\partial\frac{\partial\Omega}{\partial Z'}}{\partial g}=M_1a'r\frac{\partial^2\Omega}{\partial g\partial Z'}=-3aa'n\frac{\partial^2\Omega}{\partial g\partial Z'}.$$

Finalement il vient

$$(75)\quad \frac{d\delta W}{dt}=-3an\frac{\partial^2\Omega}{\partial g\partial g'}n'\delta z'-3anr'\frac{\partial^2\Omega}{\partial r'\partial g}\nu'-3aa'n\frac{\partial^2\Omega}{\partial g\partial Z'}\frac{u'}{\cos i'}.$$

36.

Désignant par Ω' la partie de la fonction perturbatrice d'où proviennent les actions exercées par m, on a

$$\Omega'=\frac{m}{\mu}\left(\frac{1}{\Delta}-\frac{xx'+yy'+zz'}{r^3}\right),$$

et comme

$$\Omega=\frac{m'}{\mu}\left(\frac{1}{\Delta}-\frac{xx'+yy'+zz'}{r'^3}\right),$$

il vient

$$\Omega'=\frac{m}{m'}\Omega+\frac{m}{\mu}(xx'+yy'+zz')\left(\frac{1}{r'^3}-\frac{1}{r^3}\right).$$

En faisant dans l'équation (75) des substitutions analogues à celles qu'on a faites dans l'art. 32, on a

$$\begin{aligned}\frac{d\delta W}{dt}=&\,9ana'n'^2\frac{\partial^2\Omega}{\partial g\partial g'}\iint\frac{\partial\Omega'}{\partial g'}dt^2+6ana'n'\frac{\partial^2\Omega}{\partial g\partial g'}\int r'\frac{\partial\Omega'}{\partial r'}dt\\&+\frac{3ana'n'}{e'}A'\int\frac{\partial\Omega'}{\partial g'}dt+\frac{3ana'n'}{e'f'}B'\int\frac{\partial\Omega'}{\partial w'}dt+3ana'n'C'\int\frac{\partial\Omega'}{\partial e'}dt\\&-\frac{3ana'n'}{f'}D'\int r'\cos w'\cdot\frac{\partial\Omega'}{\partial Z'}dt-\frac{3ana'n'}{f'}E'\int r'\sin w'\cdot\frac{\partial\Omega'}{\partial Z'}dt,\end{aligned}$$

où l'on a posé, pour abréger,

$$A' = -(2-e'^2-e'\cos\varepsilon')\sin\varepsilon'\cdot\frac{\partial^2\Omega}{\partial g\partial g'}+(\cos\varepsilon'-e')r'\frac{\partial^2\Omega}{\partial r'\partial g},$$

$$B' = (2-e'^2-e'\cos\varepsilon')\sin\varepsilon'\cdot\frac{\partial^2\Omega}{\partial g\partial g'}-(\cos\varepsilon'+e')r'\frac{\partial^2\Omega}{\partial r'\partial g},$$

$$C' = -(e'-2\cos\varepsilon'+e'\cos^2\varepsilon')\frac{\partial^2\Omega}{\partial g\partial g'}+\sin\varepsilon'.r'\frac{\partial^2\Omega}{\partial r'\partial g},$$

$$D' = r'\sin w'\cdot\frac{\partial^2\Omega}{\partial Z'\partial g},$$

$$E' = r'\cos w'\cdot\frac{\partial^2\Omega}{\partial Z'\partial g}.$$

En opérant comme on l'a fait à l'art. 32, on trouve

$$A' = -f'^2\frac{\partial^2\Omega}{\partial e'\partial g}-2e'r'\frac{\partial^2\Omega}{\partial r'\partial g},$$

$$B' = f'^2\frac{\partial^2\Omega}{\partial e'\partial g},$$

$$C' = \frac{f'^2}{e'}\frac{\partial^2\Omega}{\partial g\partial g'}-\frac{f'}{e'}\frac{\partial^2\Omega}{\partial g\partial w'};$$

de là résulte finalement

$$\begin{aligned}\frac{d\delta W}{dt} &= 9ana'n'^2\frac{\partial^2\Omega}{\partial g\partial g'}\iint\frac{\partial\Omega'}{\partial g'}dt^2\\
&+6ana'n'\left(\frac{\partial^2\Omega}{\partial g\partial g'}\int r'\frac{\partial\Omega'}{\partial r'}dt-r'\frac{\partial^2\Omega}{\partial r'\partial g}\int\frac{\partial\Omega'}{\partial g'}dt\right)\\
&+\frac{3ana'n'f'}{e'}\left(\frac{\partial^2\Omega}{\partial e'\partial g}\int\frac{\partial\Omega'}{\partial w'}dt-\frac{\partial^2\Omega}{\partial w'\partial g}\int\frac{\partial\Omega'}{\partial e'}dt\right)\\
&+\frac{3ana'n'f'^2}{e'}\left(\frac{\partial^2\Omega}{\partial g'\partial g}\int\frac{\partial\Omega'}{\partial e'}dt-\frac{\partial^2\Omega}{\partial e'\partial g}\int\frac{\partial\Omega'}{\partial g'}dt\right)\\
&+\frac{3ana'n'}{f'}r'\cos w'\cdot\frac{\partial^2\Omega}{\partial Z'\partial g}\int r'\sin w'\cdot\frac{\partial\Omega'}{\partial Z'}dt\\
&-\frac{3ana'n'}{f'}r'\sin w'\cdot\frac{\partial^2\Omega}{\partial Z'\partial g}\int r'\cos w'\cdot\frac{\partial\Omega'}{\partial Z'}dt.\end{aligned}$$

La forme de Ω' montre que notre but sera atteint, si, remplaçant cette fonction par $\frac{m}{\mu}(xx'+yy'+zz')\left(\frac{1}{r'^3}-\frac{1}{r^3}\right)$ dans l'expression précédente, on fait voir que celle-ci ne renferme pas de terme constant.

37.

Ainsi qu'on l'a déjà remarqué, il suffit, dans les facteurs du second membre de $\frac{d\delta W}{dt}$, de tenir compte seulement de la première puissance de la force perturbatrice. Or, en supposant la planète troublante intérieure, ce que je fais ici pour simplifier l'écriture par la suppression de certains accents, on a

$$\Delta = r\left(1 - \frac{2r'}{r}H + \frac{r'^2}{r^2}\right)^{\frac{1}{2}},$$

d'où

$$\Delta^{-1} = \frac{1}{r} + \frac{r'}{r^2}H + \frac{r'^2}{r^3}D_2 + \frac{r'^3}{r^4}D_3 + \cdots;$$

ici, comme précédemment, $H = \frac{xx' + yy' + zz'}{rr'}$; de plus, D_2, D_3, ... sont des quantités qui dépendent des puissances supérieures de la force perturbatrice. En désignant par $\frac{\mu}{m'}\Omega_1$ l'ensemble des termes qui suivent le second dans le développement de Δ^{-1}, on a

$$\Omega = \frac{m'}{\mu}\left[\frac{1}{r} + \left(\frac{r'}{r^2} - \frac{r}{r'^2}\right)H\right] + \Omega_1,$$

et, pour une première approximation,

$$\Omega = \frac{m'}{\mu}\left[\frac{1}{r} + \left(\frac{1}{r^3} - \frac{1}{r'^3}\right)(xx' + yy' + zz')\right].$$

Je rappelle ici, qu'après les différentiations, il faudra remplacer x, y, z, par X, Y, Z, et faire $Z = 0$.

38.

Pour le but que je me propose, je vais donner une forme différente aux équations du mouvement. Différentiant deux fois l'équation

$$1 + \nu = \frac{r}{\bar{r}},$$

éliminant ensuite les différentielles de $\bar{r}$ du résultat, en se servant de l'équation

$$\frac{1}{\bar{r}} = \frac{h_0^2}{\mu} + \frac{h_0^2 e_0 \cos \overline{\varpi}}{\mu},$$

il vient

$$d^2\nu = \frac{1}{\bar{r}}(d^2r - r\,dv^2) - \frac{h_0^2 e_0}{\mu r}\sin\overline{\varpi}.d.r^2dv + \frac{h_0^2}{\mu} r\,dv^2.$$

Or

$$\frac{d.r^2dv}{dt^2} = \mu\frac{\partial\Omega}{\partial v}, \quad \frac{d^2r}{dt^2} - r\frac{dv^2}{dt^2} = \mu\frac{\partial\Omega}{\partial r} - \frac{\mu}{r^2},$$

ce qui donne, en intégrant la première,

$$r^2\frac{dv}{dt} = \text{const.} + \mu\int\frac{\partial\Omega}{\partial v}dt,$$

et comme

$$\frac{dv}{dt} = \frac{\mu}{h_0}\frac{1}{r^2},$$

on a

$$\left(\frac{dv}{dt}\right)_{t=0} = \frac{\mu}{h_0}\left(\frac{1}{r^2}\right)_{t=0},$$

et

$$\left(r^2\frac{dv}{dt}\right)_{t=0} = \frac{\mu}{h_0} = \text{const.}$$

On conclut de là

$$r^2\frac{dv}{dt} = \frac{\mu}{h_0} + \mu\int\frac{\partial\Omega}{\partial v}dt.$$

Substituant dans la valeur de $d^2\nu$, et posant

$$V_1 = \frac{\mu}{r}\frac{\partial\Omega}{\partial r} - \frac{h^2 e_0 \sin\overline{\varpi}}{r^2}\frac{\partial\Omega}{\partial v},$$

$$S = h_0\int\frac{\partial\Omega}{\partial v}dt,$$

il vient

$$\frac{d^2\nu}{dt^2} = -\frac{\mu}{r^3}\nu + V_1 + 2\frac{\mu}{r^3}S + \frac{\mu}{r^3}S^2.$$

Négligeant les termes du second ordre par rapport à la force perturbatrice, on a

(76) $$\frac{d^2\nu}{dt^2} = -\frac{\mu}{r^3}\nu + V,$$

avec

$$V=\frac{2\mu}{r^3}h\int\frac{\partial\Omega}{\partial v}dt-\frac{h^2 e\sin w}{r}\frac{\partial\Omega}{\partial v}+\frac{\mu}{r}\frac{\partial\Omega}{\partial r}.$$

39.

Cela posé, si l'on fait $\varpi=\frac{m'}{\mu}$, on obtient

$$\frac{\partial\Omega}{\partial X}=\varpi\left[-\frac{X}{r^3}-2\frac{X}{r^5}(Xx'+Yy')+\left(\frac{1}{r^3}-\frac{1}{r'^3}\right)x'\right],$$

$$\frac{\partial\Omega}{\partial Y}=\varpi\left[-\frac{Y}{r^3}-3\frac{Y}{r^5}(Xx'+Yy')+\left(\frac{1}{r^3}-\frac{1}{r'^3}\right)y'\right],$$

$$\frac{\partial\Omega}{\partial Z}=\varpi\left(\frac{1}{r^3}-\frac{1}{r'^3}\right)z',$$

$$\frac{\partial\Omega}{\partial w}=X\frac{\partial\Omega}{\partial Y}-Y\frac{\partial\Omega}{\partial X}=\varpi\left(\frac{Xy'-Yx'}{r^3}-\frac{Xy'-Yx'}{r'^3}\right);$$

substituant dans cette dernière les valeurs elliptiques des coordonnées X, Y, x', y' z', il vient

$$\frac{\partial\Omega}{\partial w}=\varpi\frac{x'd^2Y-y'd^2X+Xd^2y'-Yd^2x'}{\mu dt^2};$$

désignant par $\frac{6}{h}$ une constante arbitraire, on trouve

$$\int\frac{\partial\Omega}{\partial w}dt=\frac{6}{h}+\varpi\frac{x'dY-y'dX+Xdy'-Ydx'}{\mu dt}.$$

On a aussi

$$r\frac{\partial\Omega}{\partial r}=X\frac{\partial\Omega}{\partial X}+Y\frac{\partial\Omega}{\partial Y}=-\frac{\varpi}{r}-\varpi\left(2\frac{Xx'+Yy'}{r^3}+\frac{Xx'+Yy'}{r'^3}\right),$$

et comme

$$1=\frac{h}{\mu dt}(XdY-YdX),$$

il vient

$$r\frac{\partial\Omega}{\partial r}=-\frac{\varpi}{r}+\frac{2\varpi h}{\mu r^3 dt}(x'XYdX-x'X^2dY+y'Y^2dX-y'XYdY)$$

$$+\frac{\varpi h}{\mu r'^3 dt}(x'XYdX-x'X^2dY+y'Y^2dX-y'XYdY):$$

de plus,

$$he\sin w = \frac{dr}{dt}, \qquad rdr = XdX + YdY;$$

d'où

$$\frac{h^2 e \sin w}{r} = h\frac{X}{r}\frac{dX}{dt} + h\frac{Y}{r}\frac{dY}{dt};$$

substituant plus haut, on trouve

$$V = (2\theta - \varpi)\frac{\mu}{r^3} + \frac{3\varpi h}{r^5 dt}(XdY + YdX)(Yx' - Xy') + \frac{2\varpi h}{r^3 dt}(Xdy' - Ydx')$$
$$+ \frac{\varpi h}{r'^3 dt}(y'dX - x'dY).$$

Multipliant par X, et éliminant r^3 et r'^3 par les équations du mouvement elliptique, on a

$$VX = (\varpi - 2\theta)\frac{d^2X}{dt^2} + \frac{3\varpi h}{r^5 dt}(XdY + YdX)(Yx' - Xy')X$$
$$- \frac{2\varpi h}{\mu dt^3}(d^2Xdy' - d^2Ydx')X - \frac{h\varpi}{\mu dt^3}(d^2y'dX - d^2x'dY)X.$$

Le second terme de cette expression peut s'écrire

$$-\varpi h(Yx' - Xy')X\frac{d.r^{-3}}{dt};$$

par suite,

$$-\int \varpi h(Yx' - Xy')X\frac{d.r^{-3}dt}{dt}dt = -\frac{\varpi h}{r^3}(Yx' - Xy')X$$
$$-\frac{\varpi h}{\mu}\int\frac{(x'dY - y'dX)d^2X}{dt^2} - \frac{\varpi h}{\mu}\int\frac{(d^2Ydx' - d^2Xdy')X}{dt^2}$$
$$+\frac{\varpi h}{\mu}\int\frac{(y'd^2X - x'd^2Y)dX}{dt^2}.$$

On conclut de là

$$\int VXdt = c + (\varpi - 2\theta)\frac{dX}{dt} + \frac{\varpi h}{r^3}(Xy' - Yx')X + \frac{\varpi h}{\mu}\frac{dX}{dt}\frac{y'dX - x'dY}{dt}$$
$$+\frac{\varpi h}{\mu}X\frac{dYdx' - dXdy'}{dt^2}.$$

On aurait de même

$$\int VYdt = c' + (\varpi - 2\theta)\frac{dY}{dt} + \frac{\varpi h}{r^3}(Xy' - Yx')Y + \frac{\varpi h}{\mu}\frac{dY}{dt}\frac{y'dX - x'dY}{dt}$$
$$+\frac{\varpi h}{\mu}Y\frac{dYdx' - dXdy'}{dt^2}.$$

Dans ces relations c et c' sont des constantes arbitraires.

40.

Multipliant maintenant les deux membres de l'équation (76) successivement par Xdt, Ydt, et intégrant, il vient

$$\frac{Xd\nu-\nu dX}{dt}=\int VXdt,$$

$$\frac{Yd\nu-\nu dY}{dt}=\int VYdt:$$

éliminant $d\nu$ entre ces deux équations, et tenant compte de la relation $X\frac{dY}{dt}-Y\frac{dX}{dt}=\frac{\mu}{h}$, on obtient

$$\nu=\frac{h}{\mu}Y\int VXdt-\frac{h}{\mu}X\int VYdt.$$

On a aussi

$$\frac{d\delta z}{dt}=h\int\frac{\partial\Omega}{\partial w}dt-2\nu$$

$$=2\varpi-3\beta+h\varpi\frac{x'dY-y'dX+Xdy'-Ydx'}{\mu dt}-\frac{2ch}{\mu}Y+\frac{2c'h}{\mu}X,$$

et, en désignant par c'' une constante arbitraire,

$$\delta z=c''+(2\varpi-3\beta)t-2\frac{ch}{\mu}\int Ydt+2\frac{c'h}{\mu}\int Xdt+\frac{h\varpi}{\mu}(Xy'-Yx').$$

Comme on a vu, art. 41, *Première partie*, que $\nu=0, \frac{d\nu}{dt}=0$, pour $t=0$, il résulte des deux premières équations de cet article que

$$\left(\int VXdt\right)_{t=0}=0, \quad \left(\int VYdt\right)_{t=0}=0:$$

alors $c=0, c'=0$. Mais $n\delta z$ ne renferme pas de terme proportionnel au temps dans la première approximation, et de plus, pour $t=0$, $\delta z=0$; donc encore

$$c''=0, \quad 2\varpi-3\beta=0.$$

On a donc

$$n\delta z=n\frac{h\varpi}{\mu}(Xy'-Yx'),$$

$$\nu=\tfrac{1}{3}\varpi+\frac{\varpi h}{\mu}\frac{x'dY-y'dX}{dt}=\tfrac{1}{3}\varpi-\frac{d.n\delta z}{dg}.$$

41.

Si l'on pose

$$\xi = r\cos(v - \theta_0), \qquad \eta = r\sin(v - \theta_0),$$

l'équation

$$au = rq\sin(v - \theta_0) - rp\cos(v - \theta_0)$$

peut s'écrire

$$au = q\eta - p\xi;$$

différentiant, et remarquant que u est une coordonnée idéale, il vient

$$a\frac{du}{dt} = q\frac{d\eta}{dt} - p\frac{d\xi}{dt},$$

$$a\frac{d^2u}{dt^2} = q\frac{d^2\eta}{dt^2} - p\frac{d^2\xi}{dt^2} + \frac{dq}{dt}\frac{d\eta}{dt} - \frac{dp}{dt}\frac{d\xi}{dt}.$$

De plus,

$$\xi = X\cos\theta_0 + Y\sin\theta_0, \qquad \eta = -X\sin\theta_0 + Y\cos\theta_0,$$

d'où l'on tire

$$\frac{d^2X}{dt^2} = \cos\theta_0 \cdot \frac{d^2\xi}{dt^2} - \sin\theta_0 \cdot \frac{d^2\eta}{dt^2},$$

$$\frac{d^2Y}{dt^2} = \sin\theta_0 \cdot \frac{d^2\xi}{dt^2} + \cos\theta_0 \cdot \frac{d^2\eta}{dt^2};$$

on a encore

$$\frac{\partial\Omega}{\partial X} = \cos\theta_0 \cdot \frac{\partial\Omega}{\partial\xi} - \sin\theta_0 \cdot \frac{\partial\Omega}{\partial\eta},$$

$$\frac{\partial\Omega}{\partial Y} = \sin\theta_0 \cdot \frac{\partial\Omega}{\partial\xi} + \cos\theta_0 \cdot \frac{\partial\Omega}{\partial\eta}.$$

La substitution de ces résultats, dans les équations (11), *Première partie*, et dans la valeur de h, art. 4, *Première partie*, donne

$$\frac{d^2\xi}{dt^2} + \mu\frac{\xi}{r^3} = \mu\frac{\partial\Omega}{\partial\xi},$$

$$\frac{d^2\eta}{dt^2} + \mu\frac{\eta}{r^3} = \mu\frac{\partial\Omega}{\partial\eta},$$

$$h = \frac{\mu}{\xi\frac{d\eta}{dt} - \eta\frac{d\xi}{dt}}.$$

Les valeurs précédentes de u et de $\frac{du}{dt}$ donnent

$$p = \frac{h}{\mu}\left(\eta \frac{du}{dt} - u \frac{d\eta}{dt}\right),$$

$$q = \frac{h}{\mu}\left(\xi \frac{du}{dt} - u \frac{d\xi}{dt}\right),$$

d'où

$$a\frac{d^2u}{dt^2} = -\mu a \frac{u}{r^3} + \mu \frac{\partial\Omega}{\partial Z}\cos i + hu\left(\frac{\partial\Omega}{\partial\xi}\frac{d\eta}{dt} - \frac{\partial\Omega}{\partial\eta}\frac{d\xi}{dt}\right) + h\left(\xi\frac{\partial\Omega}{\partial\eta} - \eta\frac{\partial\Omega}{\partial\xi}\right)\frac{du}{dt},$$

et enfin, en négligeant les quantités du second ordre,

$$a\frac{d^2u}{dt^2} = -\mu a \frac{u}{r^3} + \mu \frac{\partial\Omega}{\partial Z}\cos i,$$

qu'on peut écrire

$$a\frac{d^2u}{dt^2} + \mu a \frac{u}{r^3} = \varpi \mu z' \left(\frac{1}{r^3} - \frac{1}{r'^3}\right)\cos i.$$

Multipliant tous les termes par $\frac{X}{r^3}$, ou son égal $-\frac{d^2X}{\mu\, dt^2}$, de manière à éliminer r^3 du premier membre, il vient

$$\frac{a(X d^2u - u\, d^2X)}{dt^2} = \varpi \mu X z' \left(\frac{1}{r^3} - \frac{1}{r'^3}\right)\cos i,$$

et, en éliminant r^3 et r'^3 du second membre,

$$\frac{a(X d^2u - u\, d^2X)}{dt^2} = \varpi \cos i . \frac{X d^2z' - z'\, d^2X}{dt^2},$$

l'intégration donne

$$\frac{a(X du - u\, dX)}{dt} = \varpi \cos i . \frac{X dz' - z'\, dX}{dt};$$

on aurait semblablement

$$\frac{a(Y du - u\, dY)}{dt} = \varpi \cos i . \frac{Y dz' - z'\, dY}{dt}.$$

Éliminant du entre ces deux équations, on a

$$au = \varpi \cos i . z',$$

et comme u est nul en même temps que z', il n'y a pas de constante à ajouter.

42.

Si l'on tenait compte seulement du premier terme $\varpi \frac{1}{r}$ de Ω, on aurait

$$\frac{\partial\Omega}{\partial v}=0\,,\quad r\frac{\partial\Omega}{\partial r}=-\frac{\mu}{r}\,,\quad \frac{\partial\Omega}{\partial Z}=0\,,\quad h\int\frac{\partial\Omega}{\partial v}\,dt=\text{б}\,,$$

$$\frac{d^2\nu}{dt^2}+\frac{\mu}{r^3}\nu=(2\text{б}-\varpi)\frac{\mu}{r^3}\,.$$

Les intégrales déjà calculées deviennent, avec cette restriction,

$$\delta z=0\,,\quad \nu=\tfrac{1}{3}\varpi\,,\quad u=0\,,$$

de telle sorte que, en conservant seulement la partie de Ω désignée par

$$\varpi\left(\frac{1}{r^3}-\frac{1}{r'^3}\right)(xx'+yy'+zz')\,,$$

il vient

$$n\delta z=n\frac{\varpi h}{\mu}(Xy'-Yx')\,,$$

$$\nu=\frac{\varpi h}{\mu}\left(\frac{x'dY-y'dX}{dt}\right)\,,$$

$$au=\varpi\cos i.z'\,.$$

Lorsque la planète m' est intérieure, on peut aussi lui appliquer ces formules; elles deviennent dans ce cas

$$n'\delta z'=n'\frac{h'}{\mu}\frac{m}{\mu}(X'y-Y'x)\,,$$

$$\nu'=\frac{h'}{\mu}\frac{m}{\mu}\left(\frac{xdY'-ydX'}{dt}\right)\,,$$

$$\frac{a'u'}{\cos i}=\frac{m}{\mu}z\,,$$

où

$$z=r\sin I\sin(w+\Pi)\,,$$

les coordonnées étant rapportées au plan idéal de l'orbite de la planète troublante. L'expression déjà donnée

$$\frac{\partial\Omega}{\partial Z'}=\frac{m'}{\mu}\left(\frac{1}{\Delta^3}-\frac{1}{r'^3}\right)r\sin I\sin(w+\Pi)$$

correspond aussi à ces coordonnées.

43.

Substituant maintenant ces résultats dans l'équation (75), on trouve

$$\frac{d\delta W}{dt} = -3ann'\frac{h'}{\mu}\frac{m}{\mu}\frac{\partial^2\Omega}{\partial g\,\partial g'}(X'y - Y'x) - 3ann'\frac{h'}{\mu}\frac{m}{\mu}r'\frac{xdY' - ydX'}{dg'}\frac{\partial^2\Omega}{\partial r'\partial g}$$
$$-3an\frac{\partial^2\Omega}{\partial g\partial Z'}\frac{m}{\mu}z.$$

Or

$$\frac{\partial^2\Omega}{\partial g\,\partial g'} = \frac{\partial^2\Omega}{\partial g\,\partial X'}\frac{\partial X'}{\partial g'} + \frac{\partial^2\Omega}{\partial g\partial Y'}\frac{\partial Y'}{\partial g'},$$

$$r'\frac{\partial^2\Omega}{\partial r'\partial g} = r'\frac{\partial^2\Omega}{\partial g\,\partial X'}\frac{\partial X'}{\partial r'} + r'\frac{\partial^2\Omega}{\partial g\,\partial Y'}\frac{\partial Y'}{\partial r'},$$

$$dX' = \frac{X'}{r'}dr' - Y'dv', \quad dY' = \frac{Y'}{r'}dr' + X'dv',$$

d'où

$$r'\frac{\partial Y'}{\partial r'} = Y', \quad r'\frac{\partial X'}{\partial r'} = X';$$

par suite

$$r'\frac{\partial^2\Omega}{\partial r'\partial g} = X'\frac{\partial^2\Omega}{\partial g\partial X'} + Y'\frac{\partial^2\Omega}{\partial g\partial Y'};$$

X', Y' entrant ici par leurs valeurs elliptiques, on a

$$\frac{\partial X'}{\partial g'} = \frac{dX'}{dg'}, \quad \frac{\partial Y'}{\partial g'} = \frac{dY'}{dg'},$$

et il vient

$$\frac{d\delta W}{dt} = -\frac{3amnn'}{\mu}\frac{h'}{\mu}\left[(X'y - Y'x)\left(\frac{\partial^2\Omega}{\partial g\,\partial X'}\frac{dX'}{dg'} + \frac{\partial^2\Omega}{\partial g\,\partial Y'}\frac{dY'}{dg'}\right)\right.$$
$$\left. + \left(X'\frac{\partial^2\Omega}{\partial g\,\partial X'} + Y'\frac{\partial^2\Omega}{\partial g\,\partial Y'}\right)\left(x\frac{dY'}{dg'} - y\frac{dX'}{dg'}\right)\right] - \frac{3amn}{\mu}\frac{\partial^2\Omega}{\partial g\partial Z'},$$

et comme

$$\frac{\mu}{n'h'} = X'\frac{dY'}{dg'} - Y'\frac{dX'}{dg'},$$

la partie entre crochets devient

$$\frac{\mu}{n'h'}\left(x\frac{\partial^2\Omega}{\partial g\,\partial X'} + y\frac{\partial^2\Omega}{\partial g\,\partial Y'}\right),$$

et par suite

$$\frac{d\delta W}{dt} = -\frac{3amn}{\mu}\left(x\frac{\partial^2\Omega}{\partial g\partial X'} + y\frac{\partial^2\Omega}{\partial g\partial Y'} + z\frac{\partial^2\Omega}{\partial g\partial Z'}\right)$$

$$= -\frac{3amn}{\mu}\frac{\partial\left(x\frac{\partial\Omega}{\partial X'} + y\frac{\partial\Omega}{\partial Y'} + z\frac{\partial\Omega}{\partial Z'}\right)}{\partial g}$$

$$+\frac{3amn}{\mu}\left(\frac{\partial\Omega}{\partial X'}\frac{\partial x}{\partial g} + \frac{\partial\Omega}{\partial Y'}\frac{\partial y}{\partial g} + \frac{\partial\Omega}{\partial Z'}\frac{\partial z}{\partial g}\right).$$

Le premier terme de cette expression étant une différentielle exacte par rapport à g, ne peut renfermer de terme constant. Pour démontrer qu'il en est de même du second, je pose

$$E = \frac{xx' + yy' + zz'}{r'^3}, \qquad D = [(x-x')^2 + (y-y')^2 + (z-z')^2]^{-\frac{1}{2}},$$

ce qui donne

$$\Omega = \frac{m'}{\mu}D - \frac{m'}{\mu}E.$$

Il faudra, après les différentiations par rapport à x', y', z', remplacer ces lettres par X', Y', 0. On a ainsi

$$\frac{\partial D}{\partial X'} = -\frac{\partial D}{\partial x}, \qquad \frac{\partial D}{\partial Y'} = -\frac{\partial D}{\partial y}, \qquad \frac{\partial D}{\partial Z'} = -\frac{\partial D}{\partial z},$$

d'où l'on tire

$$\frac{\partial D}{\partial X'}\frac{\partial x}{\partial g} + \frac{\partial D}{\partial Y'}\frac{\partial y}{\partial g} + \frac{\partial D}{\partial Z'}\frac{\partial z}{\partial g} = -\frac{\partial D}{\partial g};$$

de plus,

$$\frac{\partial E}{\partial X'} = \frac{x}{r'^3} - \frac{3X'}{r'^5}(X'x + Y'y),$$

$$\frac{\partial E}{\partial Y'} = \frac{y}{r'^3} - \frac{3Y'}{r'^5}(X'x + Y'y),$$

$$\frac{\partial E}{\partial Z'} = \frac{z}{r'^3}.$$

On a donc

$$\frac{\partial\Omega}{\partial X'}\frac{\partial x}{\partial g} + \frac{\partial\Omega}{\partial Y'}\frac{\partial y}{\partial g} + \frac{\partial\Omega}{\partial Z'}\frac{\partial z}{\partial g} = -\frac{m'}{\mu}\frac{\partial D}{\partial g} - \frac{m'}{\mu}\frac{x\partial x + y\partial y + z\partial z}{r'^3\partial g}$$

$$+\frac{3m'}{\mu r'^5}(X'x + Y'y)\left(X'\frac{\partial x}{\partial g} + Y'\frac{\partial y}{\partial g}\right)$$

$$= -\frac{m'}{\mu}\left(\frac{\partial D}{\partial g} + \frac{\frac{1}{2}\partial.r^2}{r'^3\partial g} - \frac{3}{r'^5}X'^2\frac{\partial.\frac{1}{2}x^2}{\partial g} - \frac{3X'Y'}{r'^5}\frac{\partial.xy}{\partial g} - \frac{3Y'^2}{r'^5}\frac{\partial.\frac{1}{2}y^2}{\partial g}\right),$$

ce qui est une différentielle exacte par rapport à g, puisque les coordonnées de m' ne contiennent pas g.

Ainsi, les perturbations que la planète troublée exerce sur la planète troublante n'introduisent aucun terme constant dans $\frac{d\delta W}{dt}$.

Les perturbations qu'une troisième planète exerce sur la planète troublante introduisent des facteurs de la forme

$$\frac{\cos}{\sin}\left(j'g' + j''g'' + K_1\right);$$

ces facteurs ne peuvent amener de terme constant dans $\frac{d\delta W}{dt}$ que si $j=0, j''=0$; il suffit donc de considérer les facteurs qui ont la forme

$$k_1 \cos(j'g' + K_1).$$

Mais, dans l'équation (75), toutes les dérivées sont prises par rapport à g; les termes qui résultent de l'expression précédente ne peuvent donc y introduire de terme constant.

44.

Seconde proposition. — Si l'on ne tient pas compte des constantes arbitraires introduites par l'intégration dans la première approximation, le terme multiplié par $\cos\eta$, dans $\frac{d\delta W}{d\varepsilon}$ développé suivant les sinus et cosinus des multiples des angles η et ε, est au coefficient du terme constant de ce développement comme 1 est à $\frac{1}{2}e$.

D'après ce qui vient d'être démontré, et en négligeant les termes dépendants de g', ainsi que les termes multipliés par les sinus, parce qu'ils ne peuvent introduire de terme constant dans la transformation suivante, on a

$$\begin{aligned}\frac{1}{n}\frac{d\delta W}{dt} = k_1 \cos g + k_2 \cos 2g + \cdots \\ + (\cos\eta + \tfrac{1}{2}e)(l_0 + 2l_1 \cos g + 2l_2 \cos 2g + \cdots).\end{aligned}$$

Or,

$$\frac{1}{n}\frac{d\delta W}{dt}(1 - e\cos\varepsilon) = \frac{d\delta W}{d\varepsilon},$$

et si l'on pose

$$y = e^{\varepsilon i}, \quad \frac{je}{2} = s,$$

il vient

$$g = \varepsilon - \frac{e(y - y^{-1})}{2i};$$

mais on peut écrire

$$\frac{1}{n}\frac{d\delta W}{dt}=\Sigma K_j e^{jgi}+(\cos\eta+\tfrac{1}{2}e)\Sigma L_j e^{jgi};$$

il vient donc

$$\begin{aligned}\frac{d\delta W}{d\varepsilon}&=\Sigma K_j y^j e^{-\varepsilon(y-y^{-1})}[1-\tfrac{1}{2}e(y+y^{-1})]\\&\quad+(\cos\eta+\tfrac{1}{2}e)\Sigma L_j y^j e^{-\varepsilon(y-y^{-1})}[1-\tfrac{1}{2}e(y+y^{-1})].\end{aligned}$$

De plus,

$$\begin{aligned}e^{-\varepsilon(y-y^{-1})}&=I_0^\varepsilon-I_1^\varepsilon y+I_2^\varepsilon y^2-\cdots\pm I_n^\varepsilon y^n\mp\cdots\\&\quad+I_1^\varepsilon y^{-1}+I_2^\varepsilon y^{-2}+\cdots+I_n^\varepsilon y^{-n}+\cdots,\end{aligned}$$

expression dans laquelle I_n^ε désigne une intégrale de Bessel, et qui donne d'abord

$$\begin{aligned}e^{jgi}=y^j e^{-\varepsilon(y-y^{-1})}&=\cdots+I_3^\varepsilon y^{j-3}+I_2^\varepsilon y^{j-2}+I_1^\varepsilon y^{j-1}+I_0^\varepsilon y^j\\&\quad-I_1^\varepsilon y^{j+1}+I_2^\varepsilon y^{j+2}-I_3^\varepsilon y^{j+3}+\cdots;\end{aligned}$$

puis

$$e^{jgi}[1-\tfrac{1}{2}e(y+y^{-1})]$$

$$=\cdots+\left.\begin{array}{r}I_2^\varepsilon\\-\tfrac{1}{2}eI_3^\varepsilon\\-\tfrac{1}{2}eI_1^\varepsilon\end{array}\right|y^{j-2}+\left.\begin{array}{r}I_1^\varepsilon\\-\tfrac{1}{2}eI_2^\varepsilon\\-\tfrac{1}{2}eI_0^\varepsilon\end{array}\right|y^{j-1}+\left.\begin{array}{r}I_0^\varepsilon\\-\tfrac{1}{2}eI_1^\varepsilon\\+\tfrac{1}{2}eI_1^\varepsilon\end{array}\right|y^j-\left.\begin{array}{r}I_1^\varepsilon\\-\tfrac{1}{2}eI_0^\varepsilon\\-\tfrac{1}{2}eI_2^\varepsilon\end{array}\right|y^{j+1}+\left.\begin{array}{r}I_2^\varepsilon\\+\tfrac{1}{2}eI_1^\varepsilon\\+\tfrac{1}{2}eI_3^\varepsilon\end{array}\right|y^{j+2}-\cdots;$$

cette dernière relation peut s'écrire

$$e^{jgi}[1-\tfrac{1}{2}e(y+y^{-1})]=\left.\begin{array}{rr}I_j^\varepsilon & +I_{j-1}^\varepsilon\\-\tfrac{1}{2}eI_{j+1}^\varepsilon & -\tfrac{1}{2}eI_j^\varepsilon\\-\tfrac{1}{2}eI_{j-1}^\varepsilon & -\tfrac{1}{2}eI_{j-2}^\varepsilon\end{array}\right|y+\left.\begin{array}{r}I_{j-2}^\varepsilon\\-\tfrac{1}{2}eI_{j-1}^\varepsilon\\-\tfrac{1}{2}eI_{j-3}^\varepsilon\end{array}\right|y^2+\cdots,$$

et il faut y faire varier j de $-\infty$ à $+\infty$, puis faire la somme des résultats obtenus. Mais, entre les transcendantes I_j^ε, il existe la relation

$$I_j^\varepsilon-\tfrac{1}{2}eI_{j+1}^\varepsilon-\tfrac{1}{2}eI_{j-1}^\varepsilon=0,$$

pour toutes les valeurs de j différentes de 0 : on a donc

$$\frac{d\delta W}{d\varepsilon}=(\tfrac{1}{2}e+\cos\eta)l_0;$$

ce qui démontre la proposition énoncée.

45.

Troisième proposition. — Les constantes arbitraires, que l'intégration introduit dans la première approximation, amènent dans le développement de $\frac{d\delta W}{d\varepsilon}$ suivant les puissances des exponentielles $e^{\varepsilon\iota}$, $e^{\eta\iota}$ des termes constants et des termes de la forme knt et $k'nt\cos\eta$, dans lesquels les coefficients n'ont pas entre eux le rapport qu'on vient de trouver entre les autres constantes.

La fonction $\frac{\partial\Omega}{\partial g}$ n'a pas de terme constant; mais, en désignant par p une constante arbitraire, on a

$$n\int\frac{\partial\Omega}{\partial g}dt = p.$$

Soit de plus

$$n\int\frac{\partial\Omega}{\partial g}dt + \tfrac{2}{3}r\frac{\partial\Omega}{\partial r} = \varpi,$$

où ϖ est formé de p et du terme constant de $r\frac{\partial\Omega}{\partial r}$. Supposons encore que le développement des fonctions qui sont sous le signe $\int$ dans la valeur de $\frac{d\delta W}{dt}$ amène les constantes suivantes

$$\frac{\partial\Omega}{\partial v} = \alpha, \quad \frac{\partial\Omega}{\partial e} = \beta, \quad P = \theta, \quad Q = \varphi.$$

En intégrant, il vient

$$n\int\left[n\int\frac{\partial\Omega}{\partial g}dt + \tfrac{2}{3}r\frac{\partial\Omega}{\partial r}\right]dt = \varpi nt + q,$$

$$n\int\frac{\partial\Omega}{\partial v}dt = \alpha nt + \text{б},$$

$$n\int\frac{\partial\Omega}{\partial e}dt = \beta nt + c,$$

$$n\int P\,dt = \theta nt + h,$$

$$n\int Q\,dt = \varphi nt + k,$$

où q, б, c, h; k sont des constantes arbitraires.

L'inspection du développement de $\frac{d\delta W}{dt}$, art. 32 et 36, montre que les termes renfermant les dérivées de Ω en facteur ne peuvent introduire de terme proportionnel au temps, puisque ces dérivées n'en renferment pas; les seuls termes de la seconde et de la troisième ligne, art. 32, peuvent en donner. La substitution des valeurs précédentes, dans ces lignes, donne

$$\frac{d\delta W}{dt} = a^2 n \frac{3-2e^2}{e^2 f^2}\alpha(\alpha n t + 6) + 3a^2 n\beta(\beta n t + c) - \frac{3a^2 n}{e^2 f}\alpha p,$$

et, comme la présence dans $\frac{d\delta W}{d\varepsilon}$ d'un terme de la forme $A(\cos\eta + \frac{1}{2}e)$, est due à l'absence dans $\frac{d\delta W}{dt}$ de termes analogues à ceux de la ligne ci-dessus, cette ligne ne saurait en introduire de pareils.

46.

En intégrant l'expression précédente, on a

$$\delta W = \frac{a^2(3-2e^2)}{e^2 f^2}(\tfrac{1}{2}\alpha^2 n^2 t^2 + \alpha 6 n t) + 3a^2(\tfrac{1}{2}\beta^2 n^2 t^2 + \beta c n t) - \frac{3a^2}{e^2 f}\alpha p n t;$$

la constante d'intégration est nulle ici. Comme on a

$$\frac{d\delta z}{dt} = \overline{\delta W} + \frac{\overline{\partial W}}{\partial \gamma} n\delta z + \nu^2,$$

on pourrait croire que les termes de l'expression précédente de $\frac{d\delta W}{dt}$ doivent amener dans δz des termes proportionnels au carré du temps; mais on va voir qu'il n'en est pas ainsi.

Quatrième proposition. — Dans le développement de $\frac{d\delta z}{d\varepsilon}$ suivant les puissances de $e^{\varepsilon i}$, les termes proportionnels à t et à t^2 sont nuls.

L'expression $e^{j\theta i}[1 - \frac{1}{2}e(y + y^{-1})]$ ne renfermant pas de terme constant, la proposition qui vient d'être énoncée exige que $\frac{d\delta z}{dt}$ n'en renferme pas non plus. On a

$$n\delta z = -3a(\varpi n t + q) + \frac{a}{e}(2 - e^2 - e\cos\varepsilon)\sin\varepsilon.\left(p - \frac{\alpha n t + 6}{f}\right)$$
$$+ a(e - 2\cos\varepsilon + e\cos^2\varepsilon)(\beta n t + c),$$
$$\nu = \tfrac{3}{2}ap + \frac{a}{2f}(\alpha n t + 6) + \frac{a}{e}(\cos\varepsilon + \tfrac{1}{2}e)\left[p - \frac{1}{f}(\alpha n t + 6)\right] - a\sin\varepsilon.(\beta n t + c).$$

La première approximation de $\frac{d\delta z}{dt}$ est δW; pour avoir $\frac{\partial W}{\partial \gamma}$, il faut donc différentier, par rapport à g, en dehors du signe $\int$, l'expression de $\frac{d\delta z}{dt}$, art. 29, ce qui donne

$$\frac{\partial W}{\partial \gamma} = -\frac{2an}{e}\sin\varepsilon.\frac{d\varepsilon}{dg}\left(\frac{p}{n}-\frac{\alpha nt+\beta}{nf}\right)+2an\cos\varepsilon.\frac{d\varepsilon}{dg}\frac{\beta nt+c}{n};$$

et, comme $ndt = dg = \frac{r}{a}d\varepsilon$,

$$\frac{\partial W}{\partial \gamma} = -\frac{2a^2}{er}\sin\varepsilon.\left(p-\frac{\alpha nt+\beta}{f}\right)+\frac{2a^2\cos\varepsilon}{r}(\beta nt+c).$$

Multipliant cette expression par la valeur ci-dessus de $n\delta z$, il vient

$$\begin{aligned}\frac{\partial W}{\partial \gamma}n\delta z = {} & \frac{6a^3}{er}\sin\varepsilon.\left(p-\frac{\alpha nt+\beta}{f}\right)(\varpi nt+q)\\ & -\frac{2a^3}{e^2r}\sin^2\varepsilon.(2-e^2-e\cos\varepsilon)\left(p-\frac{\alpha nt+\beta}{f}\right)^2\\ & +\frac{2a^3}{r}(e-2\cos\varepsilon+e\cos^2\varepsilon)\cos\varepsilon.(\beta nt+c)^2\\ & -\frac{2a^3}{er}\sin\varepsilon.(e-2\cos\varepsilon+e\cos^2\varepsilon)(\beta nt+c)\left(p-\frac{\alpha nt+\beta}{f}\right)\\ & +\frac{2a^3\sin\varepsilon\cos\varepsilon}{r}(2-e^2-e\cos\varepsilon)(\beta nt+c)\left(p-\frac{\alpha nt+\beta}{f}\right)\\ & -\frac{3a^3\cos\varepsilon}{r}(\varpi nt+q)(\beta nt+c);\end{aligned}$$

mais

$$\frac{a}{r}\cos j\varepsilon = \frac{d\sin j\varepsilon}{jdg} = \text{des termes périodiques},$$

$$\frac{a}{r} = 1 + \text{des termes périodiques},$$

$$\frac{a}{r}\sin j\varepsilon = -\frac{d\cos j\varepsilon}{jdg} = \text{des termes périodiques}.$$

Alors la seconde ligne de l'expression précédente n'a en facteur d'autres termes constants que

$$-\frac{2a^2(2-e^2)}{e^2},$$

et la troisième que

$$-2a^2 ;$$

les coefficients des autres lignes sont périodiques. Si donc on conserve les termes non périodiques, et proportionnels à t et à t^2, on a

$$\frac{\partial W}{\partial \gamma} n\delta z = -\frac{2a^2}{e^2}(2-e^2)\left(\frac{\alpha^2 n^2 t^2}{2f^2}+\frac{\alpha 6 n t}{f}\right)+\frac{2a^2(2-e^2)}{e^2 f}\alpha p n t$$
$$-2a^2(\beta^2 n^2 t^2 + 2\beta c n t).$$

Opérant d'une manière analogue pour ν, remarquant que $\cos\varepsilon + \frac{1}{2}e$ et $\sin\varepsilon$ ne contiennent pas de termes non périodiques, et que les termes constants de $(\cos\varepsilon + \frac{1}{2}e)^2$ et de $\sin^2\varepsilon$ sont respectivement $\frac{1}{2} - \frac{1}{4}e^2$, $\frac{1}{2}$, il vient

$$\nu^2 = \frac{a^2}{e^2 f^2}(\tfrac{1}{2}\alpha^2 n^2 t^2 + \alpha 6 n t) + \frac{(2e^2-1)a^2}{e^2 f}\alpha p n t + a^2(\tfrac{1}{2}\beta^2 n^2 t^2 + \beta c n t).$$

En substituant dans la valeur de $\frac{d\delta z}{dt}$, on trouve

$$\overline{\delta W} + \frac{\overline{\partial W}}{\partial \gamma} n\delta z + \nu^2 = 0.$$

47.

Cinquième proposition. — Dans le développement de $\frac{d\delta z}{dt}$ suivant les puissances de $e^{\varepsilon i}$ les coefficients des termes proportionnels à t et à t^2 sont aux coefficients des termes proportionnels à $t e^{\varepsilon i}$ et à $t^2 e^{\varepsilon i}$ comme $\frac{1}{2}e$ est à 1.

On a

$$\frac{d\delta z}{d\varepsilon} = (1 - e\cos\varepsilon)\frac{d\delta z}{dt};$$

or, en désignant par k et k' des coefficients numériques fournis par le calcul, il vient

$$\frac{d\delta z}{dt} = \tfrac{1}{2}ket + \tfrac{1}{2}k'et^2 + kt\cos\varepsilon + k't^2\cos\varepsilon + \cdots;$$

car cette expression, multipliée par $1 - e\cos\varepsilon$, donne un produit duquel ont disparu les termes proportionnels à t et à t^2; mais ce produit est précisément $n\frac{d\delta z}{d\varepsilon}$, qui ne doit pas, en effet, contenir de termes proportionnels à t ou à t^2.

48.

Il est démontré, par ce qui précède, que les termes constants proportionnels à t, contenus dans $\frac{d\delta W}{d\varepsilon}$, de même que les termes proportionnels à t et à t^2, contenus dans $\frac{\partial W}{\partial \gamma}\, n\delta z$ et ν^2, ne contribuent en rien à la variation séculaire de la longitude moyenne, mais se détruisent les uns les autres; il faut donc, dans le calcul, négliger les termes de cette nature, que l'incertitude des dernières décimales pourrait amener. Il résulte de là que la variation séculaire de la longitude moyenne ne peut provenir que des termes où se trouve, comme argument, la différence $\eta - \varepsilon$. Les seuls termes, dans $\frac{d\delta W}{d\varepsilon}$, qui puissent en amener de proportionnels à t^2 dans $n\delta z$, sont donnés par

$$\frac{d\delta W}{d\varepsilon} = knt\sin(\eta - \varepsilon),$$

d'où

$$\delta W = knt\cos(\eta - \varepsilon),$$

$$\overline{\delta W} = knt,$$

$$n\delta z = \int \frac{r}{a}\overline{\delta W}\, d\varepsilon = \tfrac{1}{2}kn^2t^2;$$

k représente ici un coefficient introduit par le calcul et qui ne se compose que d'un petit nombre de termes. Ainsi, en négligeant les termes dépendants des puissances de la force perturbatrice supérieures à la seconde, on a, pour le terme principal de la variation séculaire de la longitude moyenne

$$\tfrac{1}{2}kn^2t^2.$$

49.

Sixième proposition. — Dans le calcul de la fonction

$$\frac{\overline{\partial^2 W}}{\partial \eta^2}\frac{an\delta z}{r} - \frac{\overline{\partial W}}{\partial \eta}\frac{an\delta z}{r}\frac{ae\sin\varepsilon}{r},$$

développée suivant les puissances de $e^{\varepsilon i}$, le terme proportionnel à ε^2 est nul.

Il ne peut provenir que du produit des termes ayant déjà ε en facteur; en ne conservant qu'eux et supprimant l'indice 0 de la lettre H, pour abréger l'écriture, il vient

$$\frac{\overline{\partial W}}{\partial \eta} = -(H'' - iH')e^{\varepsilon i}\varepsilon,$$

$$n\delta z = [H'' - i(1 - \tfrac{1}{2}e^2)H']e^{\varepsilon i}\varepsilon - \tfrac{1}{4}e(H'' - iH')e^{2\varepsilon i}\varepsilon,$$

$$\begin{aligned}\frac{\overline{\partial W}}{\partial \eta}n\delta z = \varepsilon^2 \Big\{ & -2i[(1 - \tfrac{1}{2}e^2)H'^2 - H''^2] - \tfrac{1}{4}ei(H''^2 + H'^2)e^{\varepsilon i} \\ & - [2(1 - \tfrac{1}{2}e^2)H'H'' + i(1 - \tfrac{1}{2}e^2)H'^2 - iH''^2]e^{2\varepsilon i} \\ & + \tfrac{1}{4}e[2H'H'' - i(H'^2 - H''^2)]e^{3\varepsilon i}\Big\};\end{aligned}$$

multipliant par

$$f\frac{a^2 e\sin\varepsilon}{r^2} = -i[\beta(e^{\varepsilon i} - e^{-\varepsilon i}) + 2\beta^2(e^{2\varepsilon i} - e^{-2\varepsilon i}) + \cdots],$$

et ne conservant que les termes indépendants de l'exponentielle, on a

$$\frac{\overline{\partial W}}{\partial \eta}n\delta z\frac{a^2 e f\sin\varepsilon}{r^2} = [-8(1 - \tfrac{1}{4}e^2)\beta^2 + 3e\beta^3]\varepsilon^2 H'H''.$$

De même

$$\frac{\overline{\partial^2 W}}{\partial \eta^2} = -(H' + iH'')e^{\varepsilon i}\varepsilon.$$

Multipliant par $n\delta z$, il vient, avec la même restriction que précédemment,

$$\frac{\overline{\partial^2 W}}{\partial \eta^2}n\delta z = -[e^2 + 2(1 - \tfrac{1}{4}e^2)e^{2\varepsilon i} - \tfrac{1}{2}e\,e^{3\varepsilon i}]\varepsilon^2 H'H'',$$

et comme

$$f\frac{a}{r} = 1 + \beta(e^{\varepsilon i} + e^{-\varepsilon i}) + \beta^2(e^{2\varepsilon i} + e^{-2\varepsilon i}) + \cdots,$$

il vient

$$\frac{\overline{\partial^2 W}}{\partial \eta^2} n\delta z f \frac{a}{r} = [-e^2 - 4\beta^2(1-\tfrac{1}{4}e^2) + e\beta^2]\,\varepsilon^2 H' H'' ;$$

par suite,

$$\frac{\overline{\partial^2 W}}{\partial \eta^2} n\delta z \frac{a}{r} - \frac{\overline{\partial W}}{\partial \eta} n\delta z \frac{a^2 e \sin \varepsilon}{r^2} = \frac{1}{f}[e^2 - 4(1-\tfrac{1}{4}e^2)\beta^2 + 2e\beta^3] H' H'' ;$$

mais $e = \dfrac{2\beta}{1+\beta^2}$, la partie entre crochets est donc nulle; la proposition énoncée se trouve ainsi démontrée.

Septième proposition. — Dans le développement de la fonction Γ, il n'existe pas de termes multipliés par ε.

En effet, on tire aisément de l'art. 9, *Première partie*,

$$d\Gamma = \frac{1}{2f\cos i}\,\frac{r}{a}\,\frac{u}{\cos i}\,a^2 \frac{\partial \Omega}{\partial Z} d\varepsilon ,$$

et comme $a^2 \dfrac{\partial \Omega}{\partial Z}$ ne renferme aucun terme proportionnel à ε, les termes de cette nature, s'ils existent, ne peuvent provenir que de $\dfrac{r}{a}\dfrac{u}{\cos i}$. Mais

$$\frac{u}{\cos i} = -2e V_0'' \varepsilon + (V_0'' - i V_0') e^{\varepsilon i} \varepsilon ,$$

$$\frac{r}{a}\frac{u}{\cos i} = -3e V_0'' \varepsilon + [(1+e^2) V_0'' - i V_0'] e^{\varepsilon i} \varepsilon - \tfrac{1}{2} e (V_0'' - i V_0') e^{2\varepsilon i} \varepsilon ;$$

de plus,

$$a^2 \frac{\partial \Omega}{\partial Z} = D_0' + (D_1' + i D_1'') e^{\varepsilon i} + (D_2' + i D_2'') e^{2\varepsilon i} + \cdots ,$$

d'où

$$\frac{r}{a}\frac{u}{\cos i} a^2 \frac{\partial \Omega}{\partial Z} = \{ V_0'' [-3eD_0' + 2(1+e^2) D_1' - eD_2'] + V_0' (-2D_1'' + eD_2'') \} \varepsilon ,$$

et comme, d'après les équations (75), *Première partie*, on a

$$-3eD_0' + 2(1+e^2) D_1' - e D_2' = V_0' ,$$
$$2D_1'' - e D_2'' = V_0'' ,$$

le coefficient de ε est nul, et, $d\Gamma$ n'ayant pas de terme en ε, Γ ne saurait en avoir en ε^2.

§ IV.

Intégration des expressions précédemment calculées et desquelles dépendent les perturbations du second ordre.

50.

Des développements précédemment exécutés il résulte qu'on a

$$\frac{d\delta W}{d\varepsilon}=(F)e^{\varphi i}+(G)e^{(\varphi-\eta)i}+(H)e^{(\varphi+\eta)i}+\varepsilon\left[(\mathrm{F})e^{\varphi i}+(\mathrm{G})e^{(\varphi-\eta)i}+(\mathrm{H})e^{(\varphi+\eta)i}\right],$$

d'où l'on exclut provisoirement le cas de $j'=0$. Pour intégrer cette expression et les suivantes, je rappelle que

$$\int\varepsilon e^{\varphi i}d\varepsilon=-\frac{1}{j-j'\mu}i\varepsilon e^{\varphi i}+\frac{1}{(j-j'\mu)^2}e^{\varphi i};$$

$$\int\varepsilon^2 e^{j\varepsilon i}d\varepsilon=-\frac{1}{j}i\varepsilon^2 e^{j\varepsilon i}+\frac{2}{j^2}\varepsilon e^{j\varepsilon i}+\frac{2i}{j^3}e^{j\varepsilon i}.$$

Posant, pour abréger, $j-j'\mu=\omega$, et négligeant, comme dans les intégrations suivantes, la constante arbitraire, il vient

$$\begin{aligned}\delta W=&-\frac{1}{\omega}\left[i(G)-\frac{1}{\omega}(\mathrm{G})\right]e^{(\varphi-\eta)i}-\frac{1}{\omega}\left[i(F)-\frac{1}{\omega}(\mathrm{F})\right]e^{\varphi i}\\&-\frac{1}{\omega}\left[i(H)-\frac{1}{\omega}(\mathrm{H})\right]e^{(\varphi+\eta)i}\\&-\frac{1}{\omega}i\varepsilon\left[(\mathrm{F})e^{\varphi i}+(\mathrm{G})e^{(\varphi-\eta)i}+(\mathrm{H})e^{(\varphi+\eta)i}\right],\end{aligned}$$

d'où

$$\overline{\delta W}=Pe^{\varphi i}+\varepsilon \mathrm{p}e^{\varphi i},$$

en posant

$$P_j=-\frac{1}{\omega}i\left[(F)_j+(G)_{j+1}+(H)_{j-1}\right]+\frac{1}{\omega^2}\left[(\mathrm{F})_j+(\mathrm{G})_{j+1}+(\mathrm{H})_{j-1}\right];$$

$$\mathrm{p}_j=-\frac{1}{\omega}i\left[(\mathrm{F})_j+(\mathrm{G})_{j+1}+(\mathrm{H})_{j-1}\right].$$

Des calculs de la première approximation on tire

$$\overline{\frac{\partial W}{\partial\eta}\,\frac{an\delta z}{r}}+\nu^2=Je^{\varphi i}+\varepsilon \mathrm{J}e^{\varphi i},$$

par suite

$$\frac{d\delta z}{dt} = M e^{\varphi i} + \varepsilon \mathrm{M} e^{\varphi i},$$

où l'on a posé

$$M = P + J, \qquad \mathrm{M} = \mathrm{P} + \mathrm{J}.$$

Multipliant cette équation par $\frac{r}{a} = 1 - e \cos \varepsilon$, il vient

$$n \frac{d\delta z}{d\varepsilon} = R_1 e^{\varphi i} + \varepsilon \mathrm{R}_1 e^{\varphi i},$$

en posant

$$R_1 = M_j - \tfrac{1}{2} e M_{j+1} - \tfrac{1}{2} e M_{j-1}, \qquad \mathrm{R}_1 = \mathrm{M}_j - \tfrac{1}{2} e \mathrm{M}_{j+1} - \tfrac{1}{2} e \mathrm{M}_{j-1}.$$

Intégrant, on obtient

$$n\delta z = -(R) e^{\varphi i} - \varepsilon (\mathrm{R}) e^{\varphi i},$$

où l'on a fait

$$(R) = \frac{1}{\omega} R_1 - \frac{1}{\omega^2} \mathrm{R}, \qquad (\mathrm{R}) = i.\frac{1}{\omega} \mathrm{R}_1.$$

On aura aussi

$$\frac{\partial \delta W}{\partial \eta} = -\frac{1}{\omega}\left[(G) + i.\frac{1}{\omega}(\mathrm{G})\right] e^{(\varphi-\eta)i} + \frac{1}{\omega}\left[(H) + i.\frac{1}{\omega}(\mathrm{H})\right] e^{(\varphi+\eta)i}$$
$$-\frac{1}{\omega}\varepsilon\left[(\mathrm{G}) e^{(\varphi-\eta)i} - (\mathrm{H}) e^{(\varphi+\eta)i}\right],$$

d'où

$$\frac{\partial \overline{\delta W}}{\partial \eta} = -(Q) e^{\varphi i} - \varepsilon (\mathrm{Q}) e^{\varphi i},$$

en posant

$$(Q)_j = \frac{1}{\omega}\left[(G)_{j+1} - (H)_{j-1}\right] + i.\frac{1}{\omega^2}\left[(\mathrm{G})_{j+1} - (\mathrm{H})_{j-1}\right],$$

$$(\mathrm{Q})_j = \frac{1}{\omega}\left[(\mathrm{G})_{j+1} - (\mathrm{H})_{j-1}\right].$$

La première approximation donne aussi

$$\frac{\partial^2 \overline{W}}{\partial \eta^2} \frac{an\delta z}{r} - \frac{\partial \overline{W}}{\partial \eta} \frac{an\delta z}{r} \frac{ae \sin \varepsilon}{r} = -(K) e^{\varphi i} - \varepsilon (\mathrm{K}) e^{\varphi i};$$

par suite,

$$2 \frac{d\delta \nu}{d\varepsilon} = (N) e^{\varphi i} + \varepsilon (\mathrm{N}) e^{\varphi i},$$

en posant

$$(N)=(Q)+(K), \quad (\text{N})=(\text{Q})+(\text{K}).$$

En intégrant, on a

$$2\delta\nu = Se^{\varphi i} + \varepsilon \text{s} e^{\varphi i},$$

où

$$S=\frac{1}{\omega}i(N)-\frac{1}{\omega^2}(\text{N}), \quad \text{s}=\frac{1}{\omega}i(\text{N}).$$

Ainsi sont obtenues les perturbations de la longitude et du rayon vecteur.

51.

L'équation

$$\frac{h_0}{h}=(1+\nu)^2\frac{dz}{dt},$$

peut s'écrire, en tenant compte des perturbations,

$$1+\delta\frac{h_0}{h}=(1+\nu)^2\left(1+\frac{d\delta z}{dt}\right);$$

développant, et ne conservant que les termes du premier ordre, il vient

$$\frac{d\delta z}{dl}+2\nu-\delta\frac{h_0}{h}=0.$$

Pour tenir compte de l'introduction de (n) à la place de n_0, il faut prendre la variation du premier membre, ce qui donne

$$\Delta\frac{d\delta z}{dt}+2\Delta\nu-\Delta\delta\frac{h_0}{h}$$

à ajouter au premier membre.

On peut donner à cette expression une autre forme. Soit, en effet,

$$T=Me^{(ln+\varphi)i},$$

où l'on doit donner à l les valeurs $-1, 0, 1$, et faire la somme des termes qui en résultent. Multipliant par $d\varepsilon$ et intégrant, on a

$$W=2k+(K_1'-iK_1'')e^{ni}-\frac{1}{\omega}iMe^{(ln+\varphi)i};$$

mais

$$\frac{d\delta z}{dt} = \overline{W},$$

$$2\nu = -\int \frac{\partial \overline{W}}{\partial \eta} d\varepsilon,$$

$$\delta \frac{h_0}{h} = \int \overline{T} d\varepsilon;$$

par suite,

$$\frac{d\delta z}{dt} = 2k + (K_1' - iK_1'')e^{\varepsilon i} - \frac{1}{\omega - l} i M_{j-l} e^{\varphi i},$$

$$2\nu = 2C - (K_1' - Ki_1'')e^{\varepsilon i} + \frac{li}{\omega(\omega - l)} M_{j-l} e^{\varphi i},$$

$$\delta \frac{h_0}{h} = -2K - \frac{1}{\omega} i M_{j-l} e^{\varphi i}.$$

Mettant en évidence le moyen mouvement, et le considérant comme variable dans les dénominateurs, où, par la différentiation, il apporte les modifications les plus importantes, on a

$$\frac{d\delta z}{dt} = 2k + (K_1' - iK_1'')e^{\varepsilon i} - \frac{n_0 i}{jn - j'n' - ln} M_{j-l} e^{\varphi i},$$

$$2\nu = \frac{2n_0}{n} C - \frac{n_0}{n}(K_1' - iK_1'')e^{\varepsilon i} + \frac{n_0^2 li}{(jn - j'n')(jn - j'n' - ln)} M_{j-l} e^{\varphi i},$$

$$\delta \frac{h_0}{h} = -2K - \frac{n_0 i}{jn - j'n'} M_{j-l} e^{\varphi i},$$

$$\frac{d\delta z}{dt} + 2\nu - \delta \frac{h_0}{h} = 2K + 2k + \frac{n - n_0}{n}(k_1 - ik_1')e^{\varphi i}$$
$$+ \frac{n_0 l(n_0 - n)i}{(jn - j'n')(jn - j'n' - ln)} M_{j-l} e^{\varphi i},$$

et, en prenant la différence par rapport à n,

$$\Delta\delta \frac{h_0}{h} - \Delta \frac{d\delta z}{dt} - 2\Delta\nu = \frac{\Delta n}{n}\left[2C - (K_1' - iK_1'')e^{\varepsilon i} + \frac{il}{(j - j'\mu)(j - j'\mu - l)} M_{j-l} e^{\varphi i}\right]$$
$$= 2\nu \frac{\Delta n}{n}.$$

Si l'on ne veut tenir compte que des perturbations du second ordre, on développe

$$\left(1 + \delta \frac{h_0}{h}\right)(1 + \nu)^{-2} = 1 + \frac{d\delta z}{dt},$$

ce qui donne

$$\delta\frac{h_0}{h}-\frac{d\delta z}{dt}-2\nu+3\nu^2-2\nu\delta\frac{h_0}{h}=0\,.$$

Prenant la variation de cette expression, en désignant par δ l'accroissement du second ordre, il vient

$$\frac{d\delta z}{dt}+2\delta\nu=\delta\frac{h_0}{h}+3\nu^2-2\nu\delta\frac{h_0}{h}+2\nu\frac{\Delta n}{n}\,. \tag{77}$$

Pour appliquer cette équation aux quantités déterminées art. 51, il faut remarquer que $\delta\dfrac{h_0}{h}=-\delta\dfrac{h}{h_0}$, en négligeant les quantités du second ordre ; elle devient ainsi

$$\frac{d\delta z}{dt}+2\delta\nu=\frac{h_0}{h}+3\nu^2+2\nu\delta\frac{h}{h_0}+2\nu\frac{\Delta n}{n}\,. \tag{78}$$

De l'expression précédemment calculée

$$\frac{d\delta\frac{h_0}{h}}{d\varepsilon}=(D)_1\,e^{\varphi i}+\varepsilon(\mathrm{D})_1\,e^{\varphi i},$$

on tire

$$\delta\frac{h_0}{h}=De^{\varphi i}+\varepsilon\mathrm{D}e^{\varphi i},$$

en posant

$$D=-\frac{1}{\omega}i(D)_1+\frac{1}{\omega^2}(\mathrm{D})_1\,,\qquad \mathrm{D}=\frac{1}{\omega}i(\mathrm{D})_1\,,$$

Soit de plus

$$\nu^2=Be^{\varphi i}+\varepsilon\mathrm{B}e^{\varphi i},\qquad 2\nu\delta\frac{h}{h_0}=Ce^{\varphi i}+\varepsilon\mathrm{C}e^{\varphi i},$$

et, en se bornant aux termes du premier ordre par rapport à la force perturbatrice,

$$2\nu=Ze^{\varphi i};$$

substituant dans l'équation (78), il vient

$$\left\{\begin{array}{l} M+S=D+3B+C+Z\dfrac{\Delta n}{n}\,,\\ \mathrm{M}+\mathrm{S}=\mathrm{D}+3\mathrm{B}+\mathrm{C}\,. \end{array}\right. \tag{79}$$

52.

Si l'on désigne par $\delta_1 R$ la partie de δR obtenue en négligeant les termes ayant en facteur D''_2, E''_2, art. 12, on peut écrire

$$\frac{1}{\cos i}\frac{d\delta_1 R}{d\varepsilon} = (T)_1 e^{\varphi i} + (U)_1 e^{(\varphi-\eta)i} + (V)_1 e^{(\varphi+\eta)i}$$
$$+ \varepsilon\left[(\mathrm{T})_1 e^{\varphi i} + (\mathrm{U})_1 e^{(\varphi-\eta)i} + (\mathrm{V})_1 e^{(\varphi+\eta)i}\right],$$

d'où

$$\frac{1}{\cos i}\delta_1 R = T e^{\varphi i} + U e^{(\varphi-\eta)i} + V e^{(\varphi+\eta)i}$$
$$+ \varepsilon\left[\mathrm{T} e^{\varphi i} + \mathrm{U}^{(\varphi-\eta)i} + \mathrm{V} e^{(\varphi+\eta)i}\right],$$

en posant

$$T = -\frac{1}{\omega} i(T)_1 + \frac{1}{\omega^2}(\mathrm{T})_1, \quad \mathrm{T} = -\frac{1}{\omega} i(\mathrm{T})_1,$$

$$U = -\frac{1}{\omega} i(U)_1 + \frac{1}{\omega^2}(\mathrm{U})_1, \quad \mathrm{U} = -\frac{1}{\omega} i(\mathrm{U})_1,$$

$$V = -\frac{1}{\omega} i(V)_1 + \frac{1}{\omega^2}(\mathrm{V})_1, \quad \mathrm{V} = -\frac{1}{\omega} i(\mathrm{V})_1.$$

On a de plus

$$\frac{1}{\cos i}\frac{\overline{\partial R}}{\partial \eta}\frac{an\delta z}{r} = Y e^{\varphi i} + \varepsilon \mathrm{Y} e^{\varphi i},$$

et comme

$$\delta_1 u = \overline{\delta_1 R} + \frac{\overline{\partial R}}{\partial \eta}\frac{an\delta z}{r},$$

il vient

$$\frac{1}{\cos i}\delta_1 u = W e^{\varphi i} + \varepsilon \mathrm{W} e^{\varphi i},$$

en posant

$$W_j = T_j + U_{j+1} + V_{j-1} + Y_j, \quad \mathrm{W}_j = \mathrm{T}_j + \mathrm{U}_{j+1} + \mathrm{V}_{j-1} + \mathrm{Y}_j.$$

On obtient ainsi la partie principale des perturbations du second ordre en latitude; l'autre partie s'obtient par une intégration directe.

Soit, en effet,

$$\frac{d\delta_2 R}{d\varepsilon} = D''_2 \frac{u}{\cos i} + E''_2 \frac{u_1}{\cos i}:$$

de l'art. 12, en remarquant que $\frac{d\delta_2 R}{dt} = \frac{d\delta_2 R}{d\varepsilon}\frac{an}{r}$, on déduit

$$(80)\quad \left\{ \begin{aligned} \frac{d\delta_2 R}{dt} = -\frac{nr}{f^3}\rho\sin(\omega - w)\sin i.\frac{\partial\Omega}{\partial Z}\Big\{&[\sin(w+\varpi-\theta)+e\sin(\varpi-\theta)]\frac{u}{\cos i}\\ &+f\cos(w+\varpi-\theta)\frac{u_1}{\cos i}\Big\}; \end{aligned}\right.$$

or, d'après l'art. 4,

$$u = \frac{r}{a}[q\sin(w+\varpi-\theta) - p\cos(w+\varpi-\theta)],$$

d'où l'on tire, à l'aide des équations (3)* et (4),

$$q = \frac{u}{f^2}[\sin(w+\varpi-\theta) + e\sin(\varpi-\theta)] + \frac{u_1}{f}\cos(w+\varpi-\theta),$$

et, par suite,

$$\frac{d\delta_2 R}{dt} = -\frac{nr}{f^3}\rho\sin(\omega-w)\sin i.\frac{\partial\Omega}{\partial Z}\frac{q}{\cos i}.$$

D'ailleurs les équations (19), *Première partie*, donnent

$$\frac{an}{f}r\frac{\partial\Omega}{\partial Z} = \frac{1}{\cos i}\left[\frac{dp}{dt}\sin(w+\varpi-\theta) + \frac{dq}{dt}\cos(w+\varpi-\theta)\right];$$

on a donc

$$\frac{d\delta_2 R}{dt} = -\left[\frac{\rho}{a}q\frac{dp}{dt}\sin(w+\varpi-\theta) + \frac{\rho}{a}q\frac{dq}{dt}\cos(w+\varpi-\theta)\right]\frac{\sin i}{\cos^2 i}\sin(\omega-w);$$

développant, remplaçant les produits de lignes trigonométriques par des sommes, et tenant compte encore une fois des équations (19), *Première partie*, il vient enfin

$$\frac{d\delta_2 R}{dt} = -\frac{\rho}{a}\left[\sin(\omega+\varpi-\theta)q\frac{dq}{dt} - \cos(\omega+\varpi-\theta)q\frac{dp}{dt}\right]\frac{\sin i}{\cos^2 i}.$$

Le premier terme s'intègre immédiatement. Pour intégrer le dernier, on observe que

$$\int q\,dp = \tfrac{1}{2}pq - \tfrac{1}{2}\int(q\,dp - p\,dq) = \tfrac{1}{2}pq + \Gamma\cos^3 i;$$

donc

$$\delta_2 R = -\frac{\rho}{a}\left[\tfrac{1}{2}q^2\sin(\omega+\varpi-\theta) - (\tfrac{1}{2}pq + \Gamma\cos^3 i)\cos(\omega+\varpi-\theta)\right]\frac{\sin i}{\cos^2 i}.$$

Changeant maintenant τ en t, et désignant par $\delta_2 u$ ce qui devient alors $\delta_2 R$, on a

$$\delta_2 u = -\frac{r}{a}[q\sin(w+\varpi-\theta) - p\cos(w+\varpi-\theta)]\frac{q\sin i}{2\cos^2 i}$$
$$+\Gamma\frac{r}{a}\cos(w+\varpi-\theta)\cos i\sin i;$$

éliminant enfin p et q, à l'aide des valeurs de u et u_1, il vient finalement

$$(81)\quad \left\{\begin{aligned}\delta_2 u = &-\frac{u^2}{2\cos^2 i}\frac{\sin(w+\varpi-\theta)+e\sin(\varpi-\theta)}{f^2}\sin i\\ &-\frac{uu_1}{2\cos^2 i}\frac{\cos(w+\varpi-\theta)}{f}\sin i\\ &+\Gamma\frac{r}{a}\cos(w+\varpi-\theta)\cos i\sin i,\end{aligned}\right.$$

où

$$\Gamma = \frac{1}{2f\cos i}\int\frac{r}{a}\frac{u}{\cos i}a^2\frac{\partial\Omega}{\partial Z}d\varepsilon.$$

53.

Je vais maintenant considérer le cas particulier dans lequel $j'=0$. En conservant la même notation que dans la première approximation, on a

$$\begin{aligned}\frac{d\delta W}{d\varepsilon} = {} & F'_0 + (G)_1 e^{(-\eta+\varepsilon)i} + (H)_0 e^{\eta i}\\ &+ (F)_1 e^{\varepsilon i} + (G)_2 e^{(-\eta+2\varepsilon)i} + (H)_1 e^{(\eta+\varepsilon)i}\\ &+ (F)_2 e^{2\varepsilon i} + (G)_3 e^{(-\eta+3\varepsilon)i} + (H)_2 e^{(\eta+2\varepsilon)i}\\ &+ \ldots\ldots\ldots\ldots\ldots\ldots\\ &+\varepsilon\left\{\begin{aligned}&\mathrm{F}''_0 + (\mathrm{G})_1 e^{(-\eta+\varepsilon)i} + (\mathrm{H})_0 e^{\eta i}\\ &+(\mathrm{F})_1 e^{\varepsilon i} + (\mathrm{G})_2 e^{(-\eta+2\varepsilon)i} + (\mathrm{H})_1 e^{(\eta+\varepsilon)i}\\ &+(\mathrm{F})_2 e^{2\varepsilon i} + (\mathrm{G})_3 e^{(-\eta+3\varepsilon)i} + (\mathrm{H})_2 e^{(\eta+2\varepsilon)i}\\ &+\ldots\ldots\ldots\ldots\ldots\ldots\end{aligned}\right\},\end{aligned}$$

et, en intégrant,

$$\begin{aligned}\delta W = {} & F'_0\varepsilon + \tfrac{1}{2}\mathrm{F}'_0\varepsilon^2 + (H)_0 e^{\eta i}\varepsilon + \tfrac{1}{2}(\mathrm{H})_0 e^{\eta i}\varepsilon^2\\ &+ [-i(G)_1 + (\mathrm{G})_1]e^{(-\eta+\varepsilon)i} + [-\tfrac{1}{2}i(G)_2 + \tfrac{1}{4}(\mathrm{G})_2]e^{(-\eta+2\varepsilon)i}\\ &\qquad + [-\tfrac{1}{3}i(G)_3 + \tfrac{1}{9}(\mathrm{G})_3]e^{(-\eta+3\varepsilon)i} + \cdots\\ &+ [-i(F)_1 + (\mathrm{F})_1]e^{\varepsilon i} + [-\tfrac{1}{2}i(F)_2 + \tfrac{1}{4}(\mathrm{F})_2]e^{2\varepsilon i} + \cdots\\ &+ [-i(H)_1 + (\mathrm{H})_1]e^{(\eta+\varepsilon)i} + \cdots\end{aligned}$$

$$-i\varepsilon\left\{\begin{array}{l}(\mathrm{G})_1 e^{(-\eta+\varepsilon)i}+\frac{1}{2}(\mathrm{G})_2 e^{(-\eta+2\varepsilon)i}+\frac{1}{3}(\mathrm{G})_3 e^{(-\eta+3\varepsilon)i}+\frac{1}{4}(\mathrm{G})_4 e^{(-\eta+4\varepsilon)i}+\cdots\\ \qquad +\ (\mathrm{F})_1 e^{\varepsilon i}\qquad +\frac{1}{2}(\mathrm{F})_2 e^{2\varepsilon i}\qquad +\frac{1}{3}(\mathrm{F})_3 e^{3\varepsilon i}\qquad +\cdots\\ \qquad\qquad\qquad +\ (\mathrm{H})_1 e^{(\eta+\varepsilon)i}\quad +\frac{1}{2}(\mathrm{H})_1 e^{(\eta+2\varepsilon)i}\quad +\cdots\end{array}\right\}$$

$$\ldots\ldots\ldots\ldots\ldots\ldots\ldots\ldots\ldots\ldots\ldots,$$

d'où l'on tire

$$\begin{aligned}\overline{\delta W}=2(G_1''+\mathrm{G}_1')&+\left\{(\mathrm{F})_1+\tfrac{1}{4}(\mathrm{G})_2-i\left[(F)_1+\tfrac{1}{2}(G)_2\right]\right\}e^{\varepsilon i}\\ &+\left\{(\mathrm{H})_1+\tfrac{1}{4}(\mathrm{F})_2+\tfrac{1}{9}(\mathrm{G})_3-i\left[(H)_1+\tfrac{1}{2}(F)_2+\tfrac{1}{3}(G)_3\right]\right\}e^{2\varepsilon i}\\ &+\left\{\tfrac{1}{4}(\mathrm{H})_2+\tfrac{1}{9}(\mathrm{F})_3+\tfrac{1}{16}(\mathrm{G})_4-i\left[\tfrac{1}{2}(H)_2+\tfrac{1}{3}(F)_3+\tfrac{1}{4}(G)_4\right]\right\}e^{3\varepsilon i}\\ &+\ldots\ldots\ldots\ldots\ldots\ldots\ldots\ldots\\ &+(F_0'+2\mathrm{G}_1'')\varepsilon+\tfrac{1}{2}\mathrm{F}_0'\varepsilon^2+\tfrac{1}{2}(\mathrm{H})_0 e^{\varepsilon i}\varepsilon^2\\ &+\varepsilon\left\{\begin{array}{l}-i\left[(\mathrm{F})_1+\frac{1}{2}(\mathrm{G})_2+i(H)_0\right]e^{\varepsilon i}\\ -i\left[\frac{1}{2}(\mathrm{F})_2+\frac{1}{3}(\mathrm{G})_3+(\mathrm{H})_1\right]e^{2\varepsilon i}\\ -i\left[\frac{1}{3}(\mathrm{F})_3+\frac{1}{4}(\mathrm{G})_4+\frac{1}{2}(\mathrm{H})_2\right]e^{3\varepsilon i}\\ -\ldots\ldots\ldots\ldots\end{array}\right\}.\end{aligned}$$

Posant maintenant

$$P_0'=G_1''+\mathrm{G}_1',$$

$$P_1'=\mathrm{F}_1'+\tfrac{1}{4}\mathrm{G}_2'+F_1''+\tfrac{1}{2}G_1'',\qquad P_1''=-\mathrm{F}_1''-\tfrac{1}{4}\mathrm{G}_2''+F_1'+\tfrac{1}{2}G_2',$$

$$P_2'=\tfrac{1}{4}\mathrm{F}_2'+\tfrac{1}{9}\mathrm{G}_3'+\mathrm{H}_1'+\tfrac{1}{2}F_1''+\tfrac{1}{3}G_3''+H_1'',\qquad P_2''=-\tfrac{1}{4}\mathrm{F}_2''-\tfrac{1}{9}\mathrm{G}_3''-\mathrm{H}_1''+\tfrac{1}{2}F_2'+\tfrac{1}{3}G_3'+H_1',$$

$$P_3'=\tfrac{1}{9}\mathrm{F}_3'+\tfrac{1}{16}\mathrm{G}_4'+\tfrac{1}{4}\mathrm{H}_2'+\tfrac{1}{3}F_3''+\tfrac{1}{4}G_4''+\tfrac{1}{2}H_2'',\qquad P_3''=-\tfrac{1}{9}\mathrm{F}_3''-\tfrac{1}{16}\mathrm{G}_4''-\tfrac{1}{4}\mathrm{H}_2''+\tfrac{1}{3}F_3'+\tfrac{1}{4}G_4'+\tfrac{1}{2}H_2',$$

$$\ldots\ldots\ldots\ldots,\qquad\qquad \ldots\ldots\ldots\ldots,$$

$$\mathrm{p}_0'=\mathrm{G}_1''+\tfrac{1}{2}F_0',$$

$$\mathrm{p}_1'=\mathrm{F}_1''+\tfrac{1}{2}\mathrm{G}_2''+H_0',\qquad \mathrm{p}_1''=\mathrm{F}_1'+\tfrac{1}{2}\mathrm{G}_2'+H_0'',$$

$$\mathrm{p}_2'=\tfrac{1}{2}\mathrm{F}_2''+\tfrac{1}{3}\mathrm{G}_3''+\mathrm{H}_1'',\qquad \mathrm{p}_2''=\tfrac{1}{2}\mathrm{F}_2'+\tfrac{1}{3}\mathrm{G}_3'+\mathrm{H}_1',$$

$$\mathrm{p}_3'=\tfrac{1}{3}\mathrm{F}_3''+\tfrac{1}{4}\mathrm{G}_4''+\tfrac{1}{2}\mathrm{H}_2'',\qquad \mathrm{p}_3''=\tfrac{1}{3}\mathrm{F}_3'+\tfrac{1}{4}\mathrm{G}_4'+\tfrac{1}{2}\mathrm{H}_2',$$

$$\ldots\ldots\ldots\ldots,\qquad\qquad \ldots\ldots\ldots\ldots,$$

il en résulte

$$\begin{aligned}\overline{\delta W}=2P_0'&+P_1e^{\varepsilon i}+P_2e^{2\varepsilon i}+P_3e^{3\varepsilon i}+\cdots\\ &+\varepsilon(2\mathrm{p}_0'+\mathrm{p}_1e^{\varepsilon i}+\mathrm{p}_2e^{2\varepsilon i}+\mathrm{p}_3e^{3\varepsilon i}+\cdots)\\ &+\tfrac{1}{2}\varepsilon^2(\mathrm{F}_0'+\mathrm{H}_0e^{\varepsilon i}).\end{aligned}$$

Soit encore

$$\begin{aligned}\frac{\overline{\partial W}}{\partial\eta}\frac{an\delta z}{r}+\nu^2=2J_0'&+J_1e^{\varepsilon i}+J_2e^{2\varepsilon i}+\cdots\\ &+\varepsilon(2\mathrm{J}_0'+\mathrm{J}_1e^{\varepsilon i}+\mathrm{J}_2e^{2\varepsilon i}+\cdots)\\ &+\varepsilon^2(2\mathrm{j}_0'+\mathrm{j}_1e^{\varepsilon i}+\mathrm{j}_2e^{2\varepsilon i}+\cdots);\end{aligned}$$

de là résulte, d'après la première des équations (0),

$$\begin{aligned}\frac{d\delta z}{dt} &= 2M'_0 + M_1 e^{\varepsilon i} + M_2 e^{2\varepsilon i} + \cdots \\ &\quad + \varepsilon(2\mathrm{M}'_0 + \mathrm{M}_1 e^{\varepsilon i} + \mathrm{M}_2 e^{2\varepsilon i} + \cdots) \\ &\quad + \varepsilon^2(2\mathbf{m}'_0 + \mathbf{m}_1 e^{\varepsilon i} + \mathbf{m}_2 e^{2\varepsilon i} + \cdots),\end{aligned}$$

où l'on a fait

$$\begin{array}{lll} M'_0 = P'_0 + J'_0, & \mathrm{M}'_0 = \mathrm{P}'_0 + \mathrm{J}'_0, & 2\mathbf{m}'_0 = \frac{1}{2}\mathrm{F}'_0 + 2\mathbf{j}'_0, \\ M_1 = P_1 + J_1, & \mathrm{M}_1 = \mathrm{P}_1 + \mathrm{J}_1, & 2\mathbf{m}_1 = \mathrm{H}_0 + \mathbf{j}_1, \\ \cdots\cdots, & \cdots\cdots, & \cdots\cdots, \\ M_j = P_j + J_j, & \mathrm{M}_j = \mathrm{P}_j + \mathrm{J}_j, & \mathbf{m}_j = \mathbf{j}_j. \end{array}$$

En différentiant la valeur de δW par rapport à η, on obtient, après avoir changé dans le résultat τ en t,

$$\begin{aligned}\frac{\overline{\partial \delta W}}{\partial \eta} &= -2Q'_0 - (Q)_1 e^{\varepsilon i} - (Q)_2 e^{2\varepsilon i} - \cdots \\ &\quad - \varepsilon\left[2\mathrm{Q}'_0 + (\mathrm{Q})_1 e^{\varepsilon i} + (\mathrm{Q})_2 e^{2\varepsilon i} + \cdots\right] \\ &\quad + \tfrac{1}{2} i\varepsilon^2 (\mathrm{H})_0 e^{\varepsilon i},\end{aligned}$$

où l'on a posé

$$\begin{array}{ll} Q'_0 = G'_1 - \mathrm{G}''_1, & \\ Q'_1 = \frac{1}{2}G'_2 - \frac{1}{4}\mathrm{G}''_2, & Q''_1 = \frac{1}{2}G''_2 + \frac{1}{4}\mathrm{G}'_2, \\ Q'_2 = \frac{1}{3}G'_3 - \frac{1}{9}\mathrm{G}''_3 - H'_1 + \mathrm{H}''_1, & Q''_2 = \frac{1}{3}G''_3 + \frac{1}{9}\mathrm{G}'_3 - H''_1 - \mathrm{H}'_1, \\ Q'_3 = \frac{1}{4}G'_4 - \frac{1}{16}\mathrm{G}''_4 - \frac{1}{2}H'_2 + \frac{1}{4}\mathrm{H}''_2, & Q'_3 = \frac{1}{4}G''_4 + \frac{1}{16}\mathrm{G}'_4 - \frac{1}{2}H''_2 - \frac{1}{4}\mathrm{H}'_2, \\ \cdots\cdots\cdots, & \cdots\cdots\cdots, \\ \mathrm{Q}'_0 = \mathrm{G}'_1, & \\ \mathrm{Q}'_1 = \frac{1}{2}\mathrm{G}'_2 + H''_0, & \mathrm{Q}''_1 = \frac{1}{2}\mathrm{G}''_2 - H'_0, \\ \mathrm{Q}'_2 = \frac{1}{3}\mathrm{G}'_3 - \mathrm{H}'_1, & \mathrm{Q}''_2 = \frac{1}{3}\mathrm{G}''_3 - \mathrm{H}''_1, \\ \mathrm{Q}'_3 = \frac{1}{4}\mathrm{G}'_4 - \frac{1}{2}\mathrm{H}'_2, & \mathrm{Q}''_3 = \frac{1}{4}\mathrm{G}''_4 - \frac{1}{2}\mathrm{H}''_2, \\ \cdots\cdots & \cdots\cdots \end{array}$$

Soit de plus

$$\begin{aligned}\frac{\overline{\partial^2 W}}{\partial \eta^2}\frac{an\delta z}{r} - \frac{\overline{\partial W}}{\partial \eta}\frac{an\delta z}{r}\frac{ae\sin\varepsilon}{r} &= -2K'_0 + (K)_1 e^{\varepsilon i} + (K)_2 e^{2\varepsilon i} + \cdots \\ &\quad - \varepsilon\left[-2\mathrm{K}'_0 - (\mathrm{K})_1 e^{\varepsilon i} - (\mathrm{K})_2 e^{2\varepsilon i} - \cdots\right] \\ &\quad + \varepsilon^2\left[(\mathbf{k})_1 e^{\varepsilon i} + (\mathbf{k})_2 e^{2\varepsilon i} + \cdots\right],\end{aligned}$$

où j'ai supprimé le terme non périodique proportionnel à ε^2, à cause de la sixième proposition.

De ces deux relations, et à cause de la seconde des équations (0), on déduit

$$-\frac{2d\delta v}{d\varepsilon} = -2N'_0 - (N)_1 e^{\varepsilon i} - (N)_2 e^{2\varepsilon i} - \cdots$$
$$+ \varepsilon[-2\text{N}'_0 - (\text{N})_1 e^{\varepsilon i} - (\text{N})_2 e^{2\varepsilon i} - \cdots]$$
$$+ \varepsilon^2[-(\mathbf{n})_1 e^{\varepsilon i} - (\mathbf{n})_2 e^{2\varepsilon i} - \cdots],$$

où l'on a fait

$$N'_0 = Q'_0 - K'_0, \qquad \text{N}'_0 = \text{Q}'_0 - \text{K}'_0, \qquad (\mathbf{n})_1 = -\tfrac{1}{2}i(\text{H})_0 - (\mathbf{k})_1,$$

. . . .

$$(N)_j = (Q)_j - (K)_j, \qquad (\text{N})_j = (\text{Q})_j - (\text{K}), \qquad (\mathbf{n})_j = -(\mathbf{k})_j.$$

L'intégration donne

$$2\delta v = S_1 e^{\varepsilon i} + S_2 e^{2\varepsilon i} + \cdots$$
$$+ \varepsilon(2\text{s}'_0 + \text{s}_1 e^{\varepsilon i} + \text{s}_2 e^{2\varepsilon i} + \cdots)$$
$$+ \varepsilon^2(2\mathbf{s}'_0 + \mathbf{s}_1 e^{\varepsilon i} + \mathbf{s}_2 e^{2\varepsilon i} + \cdots),$$

en posant

$$\text{s}'_0 = N'_0, \qquad \mathbf{s}'_0 = \tfrac{1}{2}\text{N}'_0,$$
$$\text{s}_j = -\frac{1}{j}i(\text{N})_j + \frac{2}{j^2}(\mathbf{n})_j, \quad \mathbf{s}_j = -\frac{1}{j}i(\mathbf{n})_j,$$
$$S_j = -\frac{1}{j}i(N)_j + \frac{1}{j^2}(\text{N})_j + \frac{2}{j^3}i(\mathbf{n})_j.$$

Il restera à éliminer ε hors des termes qui ne renferment pas d'exponentielles.

54.

Avant d'aller plus loin, il faut établir la relation qui existe entre les coefficients, en vertu de la proposition 5. On a vu qu'on peut écrire δW sous la forme

$$\Xi + \Upsilon(\cos\eta + \tfrac{1}{2}e) + \Psi\sin\eta.$$

De plus, dans Ξ, le coefficient de nt est à celui de $nt\cos\varepsilon$ comme $\frac{1}{2}e$ est à 1, et le même rapport existe entre le cofficient de n^2t^2 et celui de $n^2t^2\cos\varepsilon$. En développant δW pour le mettre sous la forme ci-dessus, on obtient

$$\Xi = \varepsilon\Big[F_0' - eH_0' + 2(\mathrm{F}_1'' - \tfrac{1}{2}e\mathrm{G}_1'' - \tfrac{1}{2}e\mathrm{H}_1'')\cos\varepsilon$$
$$+ 2(\tfrac{1}{2}\mathrm{F}_2'' - \tfrac{1}{4}e\mathrm{G}_2'' - \tfrac{1}{4}e\mathrm{H}_2'')\cos 2\varepsilon + \cdots$$
$$+ 2\left(\frac{1}{j}\mathrm{F}_j'' - \frac{e}{2j}\mathrm{G}_j'' - \frac{e}{2j}\mathrm{H}_j''\right)\cos j\varepsilon + \cdots\Big]$$
$$+ \varepsilon^2(\tfrac{1}{2}\mathrm{F}_0' - \tfrac{1}{2}e\mathrm{H}_0'),$$

où il faut remplacer ε par nt. De plus, en ayant égard seulement aux termes indépendants de $\cos\varepsilon$ et de $\sin\varepsilon$, et à ceux qui, dépendant de $\cos\varepsilon$, renferment en facteur ε et ε^2, on a

$$\overline{\frac{\partial W}{\partial n}}\,\frac{an\delta z}{r} + \nu^2 = 2(\mathrm{J}_0' + e\mathrm{j}_1'')nt + 2(\mathrm{J}_1' + e\mathrm{j}_2'')nt\cos e$$
$$+ 2(\mathrm{j}_0' n^2t^2 + \mathrm{j}_1' n^2t^2\cos\varepsilon);$$

ajoutant maintenant la valeur de δW, représentée ici par Ξ, à cette dernière expression, il vient

$$\frac{d\delta z}{dt} = nt[F_0' - eH_0' + 2(\mathrm{J}_0' + e\mathrm{j}_1'') + 2(\mathrm{J}_1' + e\mathrm{J}_1'' + \mathrm{F}_1'' - \tfrac{1}{2}e\mathrm{G}_1'' - \tfrac{1}{2}e\mathrm{H}_1'')\cos\varepsilon + \cdots]$$
$$+ n^2t^2(\tfrac{1}{2}\mathrm{F}_0' - \tfrac{1}{2}e\mathrm{H}_0' + 2\mathrm{j}_0' + 2\mathrm{j}_1'\cos\varepsilon + \cdots).$$

Appliquant le théorème, on a

$$F_0' - eH_0' + 2\mathrm{J}_0' + 2e\mathrm{j}_0'' = e[\mathrm{F}_1'' + \mathrm{J}_1' + e(\mathrm{J}_2'' - \tfrac{1}{2}\mathrm{G}_1'' - \tfrac{1}{2}\mathrm{H}_1'')],$$
$$\tfrac{1}{2}\mathrm{F}_0' - \tfrac{1}{2}e\mathrm{H}_0' + 2\mathrm{j}_0' = e\mathrm{j}_1',$$

qu'on peut écrire,

$$(82)\quad \begin{cases} F_0' - eH_0' + 2\mathrm{J}_0' + 2e\mathrm{j}_1'' = e\mathrm{F}_1'' - \tfrac{1}{2}e^2\mathrm{G}_1'' - \tfrac{1}{2}e^2\mathrm{H}_1'' + e^2\mathrm{J}_2'' + e\mathrm{J}_1', \\ \tfrac{1}{4}\mathrm{F}_0' + \mathrm{j}_0' = \tfrac{1}{4}e\mathrm{H}_0' + \tfrac{1}{2}e\mathrm{j}_1'. \end{cases}$$

On a trouvé, art. précédent,

$$\mathrm{M}_0' = \mathrm{P}_0' + \mathrm{J}_0',$$
$$\mathbf{m}_0' = \mathrm{j}_0' + \tfrac{1}{4}\mathrm{F}_0';$$

alors l'expression

$$\mathrm{P}_0' = \tfrac{1}{2}F_0' + \mathrm{G}_1''$$

donne

$$\mathrm{M}_0' = \tfrac{1}{2}F_0' + \mathrm{G}_1'' + \mathrm{J}_0'.$$

Eliminant maintenant F_0' et F_0', à l'aide des équations (82), il vient

$$\mathrm{M}_0' = \mathrm{G}_1'' + \tfrac{1}{2}eH_0' + \tfrac{1}{2}e\mathrm{F}_1'' - \tfrac{1}{4}e^2\mathrm{G}_1'' - \tfrac{1}{4}e^2\mathrm{H}_1'' + \tfrac{1}{2}e\mathrm{J}_1' - e\mathrm{j}_1'' + \tfrac{1}{2}e^2\mathrm{j}_2'',$$
$$\mathbf{m}_0' = \tfrac{1}{4}e\mathrm{H}_0' + \tfrac{1}{2}e\mathrm{j}_1'';$$

ces équations permettent de calculer la valeur numérique des coefficients M_0', $\mathbf{m}_0'$, avec célérité.

55.

Je vais maintenant exécuter les développements nécessaires pour appliquer l'équation de condition (79) aux coefficients qu'on vient de rencontrer. Soit

$$\frac{d\delta\frac{h_0}{h}}{d\varepsilon} = L'_0 + (L)_1 e^{\varepsilon i} + (L)_2 e^{2\varepsilon i} + \cdots$$
$$+ \varepsilon[\mathrm{L}'_0 + (\mathrm{L})_1 e^{\varepsilon i} + (\mathrm{L})_2 e^{2\varepsilon i} + \cdots];$$

il vient, en intégrant,

$$\delta\frac{h_0}{h} = D_1 e^{\varepsilon i} + D_2 e^{2\varepsilon i} + \cdots$$
$$+ \varepsilon(D'_0 + \mathrm{D}_1 e^{\varepsilon i} + \mathrm{D}_2 e^{2\varepsilon i} + \cdots)$$
$$+ \tfrac{1}{2}\varepsilon^2 \mathrm{D}'_0,$$

où l'on a fait

$$D'_0 = L'_0, \qquad \mathrm{D}'_0 = \mathrm{L}'_0,$$
$$D_j = \frac{1}{j^2}(\mathrm{L})_j - \frac{1}{j}i(L)_j, \qquad \mathrm{D}_j = -\frac{1}{j}i(\mathrm{L})_j.$$

Soit encore

$$2\nu = Z_1 e^{\varepsilon i} + Z_2 e^{2\varepsilon i} + \cdots + \varepsilon(\mathrm{z}'_0 + \mathrm{z}_1 e^{\varepsilon i}),$$
$$2\nu\delta\frac{h}{h_0} = C e^{\varphi i} + \varepsilon \mathrm{C} e^{\varphi i}.$$

L'équation (79), appliquée au coefficient de ε, donne

$$\mathrm{M} + \mathrm{S} = \mathrm{D} + 3\mathrm{B} + \mathrm{C} + \mathrm{Z}\frac{\Delta n}{n},$$

d'où l'on doit exclure la valeur $j = 0$. De plus, en faisant successivement $j = 0$, $j = 1$, on trouve

$$\mathrm{M}'_0 + \mathrm{S}'_0 = \mathrm{D}'_0 + 3\mathrm{B}'_0 + \mathrm{C}'_0 + \mathrm{Z}'_0\frac{\Delta n}{n},$$
$$\mathrm{M}'_1 + \mathrm{S}'_1 = \mathrm{D}'_1 + 3\mathrm{B}'_1 + \mathrm{C}'_1 + \mathrm{Z}'_1\frac{\Delta n}{n},$$
$$\mathrm{M}''_1 + \mathrm{S}''_1 = \mathrm{D}''_1 + 3\mathrm{B}''_1 + \mathrm{C}''_1 + \mathrm{Z}''_1\frac{\Delta n}{n},$$

et pour les valeurs supérieures de j, puisque le plus fort indice de z est 1,

$$\mathrm{M} + \mathrm{S} = \mathrm{D} + 3\mathrm{B} + \mathrm{C}.$$

Appliquant l'équation de condition aux termes en ε^2, il vient

$$2\mathbf{m}'_0+\mathrm{N}'_0=\tfrac{1}{2}\mathrm{D}'_0+3\mathbf{b}'_0+\mathbf{c}'_0\,,$$

$$\mathbf{m}'_1+\mathbf{s}'_1=3\mathbf{b}'_1+\mathbf{c}'_1\,,\qquad \mathbf{m}''_1+\mathbf{s}''_1=3\mathbf{b}''_1+\mathbf{c}''_1\,,$$

$$\mathbf{m}'_2+\mathbf{s}'_2=3\mathbf{b}'_1\,,\qquad \mathbf{m}''_2+\mathbf{s}''_2=3\mathbf{b}''_2\,,$$

$$\mathbf{m}'_3+\mathbf{s}'_3=0\,,\qquad \mathbf{m}''_3+\mathbf{s}''_3=0\,,$$

. . . .

Je m'occuperai plus tard de l'équation de condition entre les termes constants.

56.

Ayant ainsi indiqué le moyen de vérifier les calculs numériques, il faut procéder à une intégration pour avoir $n\delta z$.

En multipliant la valeur de $\frac{d\delta z}{dt}$ par $\frac{r}{an}d\varepsilon$ et intégrant, il vient

$$\begin{aligned} n\delta z = & -(R)_1\mathrm{e}^{\varepsilon i}-\cdots-(R)_j\mathrm{e}^{j\varepsilon i}-\cdots \\ & +\varepsilon\left[2\mathrm{R}'_0-(\mathrm{R})_1\mathrm{e}^{\varepsilon i}-\cdots-(\mathrm{R})_j\mathrm{e}^{j\varepsilon i}-\cdots\right] \\ & +\varepsilon^2\left[2\mathbf{r}'_0-(\mathbf{r})_1\mathrm{e}^{\varepsilon i}-\cdots-(\mathbf{r})_j\mathrm{e}^{j\varepsilon i}-\cdots\right], \end{aligned}$$

où l'on a posé

$$\begin{aligned} (R)_1 = & -i(M_1-eM'_0-\tfrac{1}{2}eM_2)+\mathrm{M}_1-e\mathrm{M}'_0-\tfrac{1}{2}e\mathrm{M}_2 \\ & +2i(\mathbf{m}_1-e\mathbf{m}'_0-\tfrac{1}{2}e\mathbf{m}_2)\,, \end{aligned}$$

. . . .

$$\begin{aligned} (R)_j = & -\frac{1}{j}i(M_j-\tfrac{1}{2}eM_{j-1}-\tfrac{1}{2}eM_{j+1})+\frac{1}{j^2}(\mathrm{M}_j-\tfrac{1}{2}e\mathrm{M}_{j-1}-\tfrac{1}{2}e\mathrm{M}_{j+1}) \\ & +\frac{2i}{j^3}(\mathbf{m}_j-\tfrac{1}{2}e\mathbf{m}_{j-1}-\tfrac{1}{2}e\mathbf{m}_{j+1})\,, \end{aligned}$$

$$\mathrm{R}'_0=M'_0-\tfrac{1}{2}eM'_1\,,$$

$$(\mathrm{R})_1=-i(\mathrm{M}_1-e\mathrm{M}'_0-\tfrac{1}{2}e\mathrm{M}_2)+2(\mathbf{m}_1-e\mathbf{m}'_0-\tfrac{1}{2}e\mathbf{m}_2)\,,$$

. . . .

$$(\mathrm{R})_j=-\frac{1}{j}i(\mathrm{M}_j-\tfrac{1}{2}e\mathrm{M}_{j-1}-\tfrac{1}{2}e\mathrm{M}_{j+1})+\frac{2}{j^2}(\mathbf{m}_j-\tfrac{1}{2}e\mathbf{m}_{j-1}-\tfrac{1}{2}e\mathbf{m}_{j+1})\,,$$

$$\mathbf{r}'_0=\mathrm{M}'_0-\tfrac{1}{2}e\mathrm{M}'_1\,,$$

$$(\mathbf{r})_1=-i(\mathrm{M}_1-e\mathbf{m}'_0-\tfrac{1}{2}e\mathbf{m}_2)\,,$$

. . . .

$$(\mathbf{r})_j=-\frac{1}{j}i(\mathbf{m}_j-\tfrac{1}{2}e\mathbf{m}_{j-1}-\tfrac{1}{2}e\mathbf{m}_{j+1})\,.$$

$2\mathbf{r}'_0$ est le coefficient de la variation séculaire de la longitude moyenne, puisque $2\mathbf{r}'_0\,\varepsilon^2$ est le seul terme de $n\delta z$ qui puisse donner un terme proportionnel à t^2. Substituant dans ce coefficient les valeurs de M'_0 et M'_1, il vient

$$\mathrm{r}'_0 = \mathrm{G}''_1 - \tfrac{1}{4}e^2\mathrm{G}''_1 - \tfrac{1}{4}e\,\mathrm{G}''_2 - \tfrac{1}{4}e^2\mathrm{H}''_1 - e\mathrm{j}''_1 + \tfrac{1}{2}e^2\mathrm{j}''_2\,.$$

Ce coefficient est ainsi ramené à ceux de $\frac{d\delta W}{d\varepsilon}$ et de $\frac{\partial W}{\partial \eta}\frac{an\delta z}{r} + \nu^2$. Le terme principal est dans tous les cas G''_1; il est donc égal à la moitié du coefficient de $\varepsilon \sin(\eta - \varepsilon)$ dans l'expression de $\frac{d\delta W}{d\varepsilon}$.

57.

Pour le calcul des perturbations en latitude dépendant de $j' = 0$, on a

$$\begin{aligned}\frac{1}{\cos i}\frac{d\delta R}{d\varepsilon} = T'_0 &+ (U)_1 e^{(-\eta+\varepsilon)i} + (V)_0 e^{\eta i}\\ + (T)_1 e^{\varepsilon i} &+ (U)_2 e^{(-\eta+2\varepsilon)i} + (V)_1 e^{(\eta+\varepsilon)i}\\ + (T)_2 e^{\varepsilon i} &+ (U)_3 e^{(-\eta+3\varepsilon)i} + (V)_2 e^{(\eta+2\varepsilon)i}\\ &+ \ldots\ldots\ldots\\ + \varepsilon &\left\{\begin{array}{l} \mathrm{T}'_0 \quad + (\mathrm{U})_1 e^{(-\eta+\varepsilon)i} + (\mathrm{V})_0 e^{\eta i}\\ + (\mathrm{T})_1 e^{\varepsilon i} + (\mathrm{U})_2 e^{(-\eta+2\varepsilon)i} + (\mathrm{V})_1 e^{(\eta+\varepsilon)i}\\ + (\mathrm{T})_2 e^{2\varepsilon i} + (\mathrm{U})_3 e^{(-\eta+3\varepsilon)i} + (\mathrm{V})_2 e^{(\eta+2\varepsilon)i}\\ + \ldots\ldots\ldots \end{array}\right\}.\end{aligned}$$

En intégrant, il vient, après avoir changé ε en t,

$$\begin{aligned}\frac{1}{\cos i}\,\overline{\delta_1 R} = 2(U''_1 + \mathrm{U}'_1) &+ \Big\{-i[\tfrac{1}{2}(U)_2 + (T)_1] + \tfrac{1}{4}(\mathrm{U})_2 + (\mathrm{T})_1\Big\} e^{\varepsilon i}\\ &+ \Big\{-i[\tfrac{1}{3}(U)_3 + \tfrac{1}{2}(T)_2 + (V)_1] + \tfrac{1}{9}(\mathrm{U})_3 + \tfrac{1}{4}(\mathrm{T})_2 + (\mathrm{V})_1\Big\} e^{2\varepsilon i}\\ &+ \ldots\ldots\ldots\\ &+ \Big\{-i\Big[\frac{1}{j+1}(U)_{j+1} + \frac{1}{j}(T)_j + \frac{1}{j-1}(V)_{j-1}\Big]\\ &\qquad + \frac{1}{(j+1)^2}(\mathrm{U})_{j+1} + \frac{1}{j^2}(\mathrm{T})_j + \frac{1}{(j-1)^2}(\mathrm{V})_{j-1}\Big\} e^{j\varepsilon i}\\ &+ \ldots\ldots\ldots\\ + \varepsilon(T'_0 + 2\mathrm{U}''_1) + \varepsilon &\left\{\begin{array}{l} [-\tfrac{1}{2}i(\mathrm{U})_2 - i(\mathrm{T})_1 + (\mathrm{V})_0]\, e^{\varepsilon i}\\ + [-\tfrac{1}{3}i(\mathrm{U})_3 - \tfrac{1}{2}i(\mathrm{T})_2 + (\mathrm{V})_1]\, e^{2\varepsilon i}\\ + \ldots\ldots\ldots\\ + \Big[-\frac{1}{j+1}i(\mathrm{U})_{j+1} - \frac{1}{j}i(\mathrm{T})_j + \frac{1}{j-1}(\mathrm{V})_{j-1}\Big] e^{j\varepsilon i}\\ + \ldots\ldots\ldots \end{array}\right\}\\ + \tfrac{1}{2}\varepsilon^2[\mathrm{T}'_0 + (\mathrm{V})_0 e^{\varepsilon i}]\,.\end{aligned}$$

Si l'on pose, de plus,

$$\frac{1}{\cos i}\frac{\overline{\partial R}}{\partial n}\frac{an\delta z}{r} = 2Y_0' + Y_1 e^{\varepsilon\iota} + \cdots$$
$$+ \varepsilon(2\mathrm{Y}_0' + \mathrm{Y}_1 e^{\varepsilon\iota} + \cdots)$$
$$+ \varepsilon^2(2\mathbf{y}_0' + \mathbf{y}_1 e^{\varepsilon\iota} + \cdots),$$

on obtient par addition

$$\frac{1}{\cos i}\delta_1 u = 2W_0' + W_1 e^{\varepsilon\iota} + \cdots + W_j e^{j\varepsilon\iota} + \cdots$$
$$+ \varepsilon(2\mathrm{w}_0' + \mathrm{w}_1 e^{\varepsilon\iota} + \cdots + \mathrm{w}_j e^{j\varepsilon\iota} + \cdots)$$
$$+ \varepsilon^2(2\mathbf{w}_0' + \mathbf{w}_1 e^{\varepsilon\iota} + \cdots + \mathbf{w}_j e^{j\varepsilon\iota} + \cdots),$$

après avoir posé

$$W_0' = U_1'' + \mathrm{U}_1' + Y_0',$$
$$W_1 = -i[\tfrac{1}{2}(U)_2 + (T)_1] + \tfrac{1}{4}(\mathrm{U})_2 + (\mathrm{T})_1 + Y_1,$$

. . . .

$$W_j = -i\left[\frac{1}{j+1}(U)_{j+1} + \frac{1}{j}(T)_j + \frac{1}{j-1}(V)_{j-1}\right] + \frac{1}{(j+1)^2}(\mathrm{U})_{j+1} + \frac{1}{j^2}(\mathrm{T})_j + Y_j,$$
$$\mathrm{w}_0' = \tfrac{1}{2}T_0' + \mathrm{U}_1'' + \mathrm{Y}_0',$$
$$\mathrm{w}_1 = -\tfrac{1}{2}i(\mathrm{U})_2 - i(\mathrm{T})_1 + (V)_0 + \mathrm{Y}_1,$$

. . . .

$$\mathrm{w}_j = -\frac{1}{j+1}i(\mathrm{U})_{j+1} - \frac{1}{j}i(\mathrm{T})_j + \frac{1}{j-1}(\mathrm{V})_{j-1}' + \mathrm{Y}_j,$$
$$\mathbf{w}_0' = \tfrac{1}{4}\mathrm{T}_0' + \mathbf{y}_0',$$
$$\mathbf{w}_1 = \tfrac{1}{2}(\mathrm{V})_0 + \mathbf{y}_1,$$

. . . .

$$\mathbf{w}_j = \mathbf{y}_j.$$

58.

Je vais maintenant éliminer ε hors des exponentielles dans les expressions de $\frac{d\delta z}{dt}$, $n\delta z$, δv et $\delta_1 u$, à l'aide des relations

$$\varepsilon = nt - \tfrac{1}{2}ie(e^{\varepsilon\iota} - e^{-\varepsilon\iota}),$$
$$\varepsilon^2 = n^2t^2 + \tfrac{1}{2}e^2 - \tfrac{1}{4}e^2(e^{2\varepsilon\iota} + e^{-2\varepsilon\iota}) - ient(e^{\varepsilon\iota} - e^{-\varepsilon\iota}).$$

Considérant d'abord le cas où j' n'est pas nul, on a

$$\frac{d\delta z}{dt} = [M_j - \tfrac{1}{2}ie(\mathrm{M}_{j-1} - \mathrm{M}_{j+1})]e^{\varphi\iota} + nt\mathrm{M}_j e^{\varphi\iota},$$
$$n\delta z = -\{(R)_j - \tfrac{1}{2}ie[(\mathrm{R})_{j-1} - (\mathrm{R})_{j+1}]\}e^{\varphi\iota} - nt(\mathrm{R})_j e^{\varphi\iota},$$

$$2\delta\nu = \left[S_j - \tfrac{1}{2}ie(\mathrm{s}_{j-1} - \mathrm{s}_{j+1})\right]\mathrm{e}^{\varphi i} + nt\,\mathrm{s}_j\,\mathrm{e}^{\varphi i},$$

$$\frac{1}{\cos i}\,\delta_1 u = \left[W_j - \tfrac{1}{2}ie(\mathrm{w}_{j-1} - \mathrm{w}_{j+1})\right]\mathrm{e}^{\varphi i} + nt\,\mathrm{w}_j\,\mathrm{e}^{\varphi i}.$$

Pour le cas où $j' = 0$, il vient

$$\begin{aligned}
\frac{d\delta z}{dt} = {} & 2M'_0 + eM''_1 + e^2\mathbf{m}'_0 - \tfrac{1}{2}e^2\mathbf{m}'_2 \\
& + \left[M_1 - ie\mathrm{M}'_0 + i.\tfrac{1}{2}e\mathrm{M}_2 - \tfrac{1}{4}e^2(\mathbf{m})_1 + \tfrac{1}{2}e^2\mathbf{m}_1 - \tfrac{1}{4}e^2\mathbf{m}_3\right]\mathrm{e}^{\varepsilon i} \\
& + \left(M_2 - i.\tfrac{1}{2}e\mathrm{M}_1 + i.\tfrac{1}{2}e\mathrm{M}_3 - \tfrac{1}{2}e^2\mathbf{m}'_0 + \tfrac{1}{2}e^2\mathbf{m}_2 - \tfrac{1}{4}e^2\mathbf{m}_4\right)\mathrm{e}^{2\varepsilon i} \\
& + \left(M_3 - i.\tfrac{1}{2}e\mathrm{M}_2 + i.\tfrac{1}{2}e\mathrm{M}_4 - \tfrac{1}{4}e^2\mathbf{m}_1 + \tfrac{1}{2}e^2\mathbf{m}_3 - \tfrac{1}{4}e^2\mathbf{m}_5\right)\mathrm{e}^{3\varepsilon i} \\
& + \ldots\ldots\ldots\ldots\ldots \\
& + 2(\mathrm{M}'_0 + e\mathbf{m}''_1)nt \\
& + (-2ie\mathbf{m}'_0 + ie\mathbf{m}_2 + \mathrm{M}_1)nt\,\mathrm{e}^{\varepsilon i} \\
& + (-ie\mathbf{m}_1 + ie\mathbf{m}_3 + \mathrm{M}_2)nt\,\mathrm{e}^{2\varepsilon i} \\
& + (-ie\mathbf{m}_2 + ie\mathbf{m}_4 + \mathrm{M}_3)nt\,\mathrm{e}^{3\varepsilon i} \\
& + \ldots\ldots\ldots\ldots \\
& + 2\mathbf{m}'_0 n^2 t^2 \\
& + \mathbf{m}_1 n^2 t^2\,\mathrm{e}^{\varepsilon i} \\
& + \mathbf{m}_2 n^2 t^2\,\mathrm{e}^{2\varepsilon i} \\
& + \mathbf{m}_3 n^2 t^2\,\mathrm{e}^{3\varepsilon i} \\
& + \ldots\ldots,
\end{aligned}$$

$$\begin{aligned}
n\delta z = {} & -\left[(R)_1 + ie\mathrm{R}'_0 + \tfrac{1}{2}ie(\mathrm{R})_2 - \tfrac{1}{4}e^2\mathbf{r}_1 + \tfrac{1}{2}e^2(\mathbf{r})_1 - \tfrac{1}{4}e^2(\mathbf{r})_3\right]\mathrm{e}^{\varepsilon i} \\
& - \left[(R)_2 - \tfrac{1}{2}ie(\mathrm{R})_1 + \tfrac{1}{2}ie(\mathrm{R})_3 + \tfrac{1}{2}e^2\mathbf{r}'_0 + \tfrac{1}{2}e^2(\mathbf{r})_2 - \tfrac{1}{4}e^2(\mathbf{r})_4\right]\mathrm{e}^{2\varepsilon i} \\
& - \left[(R)_3 - \tfrac{1}{2}ie(\mathrm{R})_2 + \tfrac{1}{2}ie(\mathrm{R})_4 - \tfrac{1}{4}e^2(\mathbf{r})_1 + \tfrac{1}{2}e^2(\mathbf{r})_3 - \tfrac{1}{4}e^2(\mathbf{r})_5\right]\mathrm{e}^{3\varepsilon i} \\
& - \ldots\ldots\ldots\ldots\ldots\ldots\ldots\ldots \\
& + 2(\mathrm{R}'_0 + e\mathbf{r}''_1)nt \\
& - \left[2ie\mathbf{r}'_0 + ie(\mathbf{r})_2 + (\mathrm{R})_1\right]nt\,\mathrm{e}^{\varepsilon i} \\
& - \left[-ie(\mathbf{r})_1 + ie(\mathbf{r})_3 + (\mathrm{R})_2\right]nt\,\mathrm{e}^{2\varepsilon i} \\
& - \left[-ie(\mathbf{r})_2 + ie(\mathbf{r})_4 + (\mathrm{R})_3\right]nt\,\mathrm{e}^{3\varepsilon i} \\
& - \ldots\ldots\ldots\ldots \\
& + 2\mathbf{r}'_0 n^2 t^2 \\
& - (\mathbf{r})_1 n^2 t^2\,\mathrm{e}^{\varepsilon i} \\
& - (\mathbf{r})_2 n^2 t^2\,\mathrm{e}^{2\varepsilon i} \\
& - (\mathbf{r})_3 n^2 t^2\,\mathrm{e}^{3\varepsilon i} \\
& - \ldots\ldots,
\end{aligned}$$

$$
\begin{aligned}
2\delta\nu = {} & [S_1 - ie\mathrm{s}'_0 + \tfrac{1}{2}ie\mathrm{s}_2 - \tfrac{1}{4}e^2(\mathbf{s})_1 + \tfrac{1}{2}e^2\mathbf{s}_1 - \tfrac{1}{4}e^2\mathbf{s}_3]\,\mathrm{e}^{\varepsilon i} \\
& + (S_2 - \tfrac{1}{2}ie\mathrm{s}_1 + \tfrac{1}{2}ie\mathrm{s}_3 - \tfrac{1}{2}e^2\mathbf{s}'_0 + \tfrac{1}{2}e^2\mathbf{s}_2 - \tfrac{1}{4}e^2\mathbf{s}_4)\,\mathrm{e}^{2\varepsilon i} \\
& + (S_3 - \tfrac{1}{2}ie\mathrm{s}_2 + \tfrac{1}{2}ie\mathrm{s}_4 - \tfrac{1}{4}e^2\mathbf{s}_1 + \tfrac{1}{2}e^2\mathbf{s}_3 - \tfrac{1}{4}e^2\mathbf{s}_5)\,\mathrm{e}^{3\varepsilon i} \\
& + \ldots\ldots\ldots\ldots\ldots\ldots\ldots\ldots \\
& + 2(\mathrm{s}'_0 + e\mathbf{s}''_1)\,nt \\
& + (-2ie\mathbf{s}'_0 + ie\mathbf{s}_2 + \mathrm{s}_1)\,nt\,\mathrm{e}^{\varepsilon i} \\
& + (-ie\mathbf{s}_1 + ie\mathbf{s}_3 + \mathrm{s}_2)\,nt\,\mathrm{e}^{2\varepsilon i} \\
& + \ldots\ldots\ldots\ldots\ldots \\
& + 2\mathbf{s}'_0 n^2 t^2 \\
& + \mathbf{s}_1 n^2 t^2\,\mathrm{e}^{\varepsilon i} \\
& + \mathbf{s}_2 n^2 t^2\,\mathrm{e}^{2\varepsilon i} \\
& + \ldots\ldots, \\
\frac{\delta_1 u}{\cos i} = {} & 2W'_0 + e\mathrm{w}''_1 + e\mathbf{w}'_0 - \tfrac{1}{2}e^2\mathbf{w}'_2 \\
& + [W_1 - ie\mathrm{w}'_0 + \tfrac{1}{2}ie\mathrm{w}_2 - \tfrac{1}{4}e^2(\mathbf{w})_1 + \tfrac{1}{2}e^2\mathbf{w}_1 - \tfrac{1}{4}e^2\mathbf{w}_3]\,\mathrm{e}^{\varepsilon i} \\
& + \ldots\ldots\ldots\ldots\ldots \\
& + 2(\mathrm{w}'_0 + e\mathbf{w}''_1)\,nt \\
& + (-2ie\mathbf{w}'_0 + ie\mathbf{w}_2 + \mathrm{w}_1)\,nt\,\mathrm{e}^{\varepsilon i} \\
& + \ldots\ldots\ldots\ldots\ldots \\
& + 2\mathbf{w}'_0 n^2 t^2 \\
& + \mathbf{w}_1 n^2 t^2\,\mathrm{e}^{\varepsilon i} \\
& + \ldots\ldots
\end{aligned}
$$

Cette dernière expression se tire de $\frac{d\delta z}{dt}$ en y remplaçant la lettre M sous ses trois formes par la lettre W sous les formes correspondantes.

J'ai négligé ici les termes constants de $2\delta\nu$ et $n\delta z$, parce que les équations qui servent à déterminer les constantes C et c le supposent essentiellement.

Pour le plus grand nombre des arguments, il suffit de remplacer ε par nt; dans chaque cas particulier, on verra quels sont les termes des développements précédents que l'on peut négliger.

59

La seconde partie de la perturbation en latitude est insignifiante. Je ne considérerai que les termes en t^2, parce qu'ils peuvent croître plus vite que les autres dans le cours du temps; dès lors, dans l'expression (81), on peut négliger Γ qui ne contient pas t^2; il vient ainsi

$$\delta_2 u = -\left(\frac{u^2}{2\cos^2 i}\frac{\sin w}{f^2} + \frac{uu_1}{2\cos^2 i}\frac{\cos w}{f}\right)\sin i\cos(\varpi-\theta)$$
$$-\left(\frac{u^2}{2\cos^2 i}\frac{e+\cos w}{f^2} - \frac{uu_1}{2\cos^2 i}\frac{\sin w}{f}\right)\sin i\sin(\varpi-\theta),$$

ou, en introduisant les anomalies excentriques,

$$\delta_2 u = -\left(\frac{u^2}{2\cos^2 i}\frac{a\sin\varepsilon}{r} + \frac{uu_1}{2\cos^2 i}\frac{\cos\varepsilon - e}{r}\right)\frac{1}{f}\sin i\cos(\varpi-\theta)$$
$$-\left(\frac{u^2}{2\cos^2 i}\frac{a\cos\varepsilon}{r} - \frac{uu_1}{2\cos^2 i}\frac{a\sin\varepsilon}{r}\right)\sin i\sin(\varpi-\theta).$$

Dans la première approximation, on a trouvé, pour les termes renfermant t en facteur,

$$\frac{u}{\cos i} = -[2eV_0''nt + (V_0''+iV_0')_0 e^{\varepsilon i} nt,$$

et, en différentiant par rapport à ε,

$$\frac{u_1}{\cos i} = -(V_0' - iV_0'')e^{\varepsilon i} nt.$$

De là on tire

$$\frac{u}{\cos i}\frac{a\sin\varepsilon}{r} + \frac{u_1}{\cos i}\frac{a(\cos\varepsilon - e)}{r} = -2V_0'nt,$$
$$\frac{u}{\cos i}\frac{a\cos\varepsilon}{r} - \frac{u_1}{\cos i}\frac{a\sin\varepsilon}{r} = 2V_0''nt,$$

d'où enfin

$$\delta_2 u = [2eV_0'V_0'' - V_0'(V_0''+iV_0')e^{\varepsilon i}]\frac{1}{f}\sin i\cos(\varpi-\theta).n^2t^2$$
$$-[2eV_0'V_0'' - \tfrac{1}{2}V_0''(V_0''+iV_0')e^{\varepsilon i}]\sin i\sin(\varpi-\theta).n^2t^2,$$

expression qui renferme tous les termes contenant le carré de t.

60.

Les constantes arbitraires qu'il faut ajouter aux intégrales dans les calculs précédents ont même forme que celles qui sont introduites par la première approximation, et sont déterminées par les mêmes équations, art. 39, *Première partie*. Comme il est impossible de faire confusion, je les désignerai ici par les mêmes lettres, et j'ai

$$\frac{d\delta z}{dt} = 2k + (K'_1 - iK''_1)\,\mathrm{e}^{\varepsilon t},$$

$$n\delta z = c + (2k - eK'_1)\,nt - [K''_1 + i(1 - \tfrac{1}{2}e^2)\,K'_1]\,\mathrm{e}^{\varepsilon t} + (\tfrac{1}{4}eK''_1 + \tfrac{1}{4}ieK'_1)\,\mathrm{e}^{2\varepsilon t},$$

$$2\delta\nu = 2C - (K'_1 - iK''_1)\,\mathrm{e}^{\varepsilon t},$$

$$\frac{u}{\cos i} = -2el''_1 + (l'_1 - il''_1)\,\mathrm{e}^{\varepsilon t};$$

le terme total proportionnel à t dans $n\delta z$ est donc

$$2(\mathrm{N}'_0 + e\mathrm{r}''_1 + k - \tfrac{1}{2}eK'_1)\,nt.$$

Le coefficient de nt dans ce terme contient les quantités du second ordre provenant de la différence entre la valeur vraie et la valeur osculatrice du moyen mouvement pendant l'unité de temps. La quantité désignée par Z_1, art. 39, *Première partie*, représentant la constante de $\frac{dz}{dt}$ dépendant du second ordre, est égale au coefficient de nt de l'expression de $\frac{d\delta z}{dt}$, et ainsi, en négligeant les petits termes résultant de la multiplication par ε^2 et qui ne sont jamais sensibles, on a

$$Z_1 = \mathrm{N}'_0 + e\mathrm{m}''_1.$$

De même $2V_1$ est la partie constante de $\frac{dz}{dt}$, calculé avec $\frac{h_0}{h}$ et ν, article 39, *Première partie*, partie dépendante du second ordre; cette quantité est donc la constante de $\frac{d\delta z}{dt} + 2\delta\nu$.

Mais la somme $\nu^2 + 2\nu\,\delta\frac{h}{h_0}$, qui est la partie du second ordre contenue dans $\frac{dz}{dt}$, donne

$$[3(B_j + \varepsilon\mathrm{B}_j) + C_j + \varepsilon\mathrm{C}_j]\,\mathrm{e}^{\varsigma t},$$

ou, en remplaçant ε par $nt + e \sin \varepsilon$,

$$\left\{3\left[B_j - \tfrac{1}{2} ie(\mathrm{B}_{j-1} - \mathrm{B}_{j+1})\right] + C_j - \tfrac{1}{2} ie(\mathrm{C}_{j-1} - \mathrm{C}_{j+1})\right\} e^{\varphi t} + (3\mathrm{B}_j + \mathrm{C}_j) nt.$$

La partie constante s'obtient en faisant $j = 0$, $j' = 0$, ce qui donne, puisque $B''_{-1} = -B''_1$, $B'_1 = B'_{-1}$,

$$2V_1 = 6(B'_0 + \tfrac{1}{2} e\mathrm{B}''_1) + 2(C'_0 + \tfrac{1}{2} e\mathrm{C}''_1).$$

D'après le même art. 39, *Première partie*, $2H_1$ est une constante provenant de $\left(\frac{h_0}{h} - 1\right)^2$ ou $\left(\delta \frac{h_0}{h}\right)^2$; mais on a trouvé pour la première approximation, en négligeant la constante d'intégration,

$$\delta \frac{h_0}{h} = \Sigma (D'_j - iD''_j) e^{\varphi t};$$

de plus, $2K$ est la constante de $\delta \frac{h}{h_0} = -\delta \frac{h_0}{h}$; on a dès lors

$$2H_1 = 4K^2 + \Sigma (D'^2_j + D''^2_j) + \text{des termes variables.}$$

On aura ensuite

$$C = -\tfrac{1}{3}(4k + eK'_1 + 3Z_1) + \tfrac{1}{3}(H_1 + 3V_1).$$

Enfin les quantités c, k, K'_1, K''_1, seront déterminées par les équations de l'art. 41, *Première partie;* seulement, il faudra avoir soin d'augmenter $(\nu)_0$ de la valeur numérique de $\frac{1}{3}(H_1 + 3V_1)$, et remplacer Z par la valeur Z_1 calculée plus haut.

---

§ V.

Développement de l'équation de condition établie à l'art. 51.

61.

On a trouvé, art. 51, l'équation

$$\frac{d\delta z}{dt} + 2\delta\nu = \delta \frac{h_0}{h} + 3\nu^2 - 2\nu\delta \frac{h_0}{h} + 2\nu \frac{\Delta n}{n}, \tag{77}$$

où $\Delta n = (n) - n_0$, et comme on a

$$\frac{d\delta z}{dt} = \overline{\delta W} + \frac{\overline{\partial W}}{\partial \eta}\frac{an\delta z}{r} + \nu^2,$$

$$2\nu = -\int \frac{\overline{\partial \delta W}}{\partial \eta} d\varepsilon - \int \left(\frac{\overline{\partial^2 W}}{\partial \eta^2}\frac{a}{r} - \frac{\overline{\partial W}}{\partial \eta}\frac{a^2 e \sin \varepsilon}{r^2} \right) n\delta z\, d\varepsilon,$$

l'équation de condition devient

$$\overline{\delta W} + \frac{\overline{\partial W}}{\partial \eta}\frac{an\delta z}{r} + 2\delta\nu = \delta\frac{h_0}{h} + 2\nu^2 - 2\nu\delta\frac{h_0}{h} + 2\nu\frac{\Delta n}{n},$$

ou bien

(78) $$\overline{\delta W} - \int \frac{\overline{\partial \delta W}}{\partial \eta} d\varepsilon - \delta\frac{h_0}{h} - 2\nu\left(\nu - \delta\frac{h_0}{h} + \frac{\Delta n}{n}\right) + R,$$

en posant

(79) $$R = -\int \left(\frac{\overline{\partial^2 W}}{\partial \eta^2}\frac{a}{r} - \frac{\overline{\partial W}}{\partial \eta}\frac{a^2 e \sin \varepsilon}{r^2} \right) n\delta z\, d\varepsilon + \frac{\overline{\partial W}}{\partial \eta}\frac{an\delta z}{r}.$$

Or, en négligeant les termes contenant les perturbations de la latitude et les produits des masses, on a

$$\frac{d\delta W}{d\varepsilon} = A\frac{an}{r}\delta z + B\nu + C\delta\frac{h}{h_0},$$

$$\frac{d\delta\frac{h_0}{h}}{d\varepsilon} = A\frac{an\delta z}{r} + B'\nu,$$

où

$$A = \frac{\partial T}{\partial \varepsilon} - T\frac{ae\sin\varepsilon}{r},$$

$$B = V + X,$$

$$2C = (T + X + \overline{T}),$$

$$A' = \frac{\overline{\partial T}}{\partial \varepsilon} - \overline{T}\frac{ae\sin\varepsilon}{r},$$

$$B' = \overline{V}.$$

De ces notations et de l'équation (49), il résulte que

$$A' = \overline{A} + \frac{\overline{\partial T}}{\partial \eta}.$$

Après avoir substitué, on aura, en intégrant,

$$\delta \frac{h_0}{h} = \int \frac{\overline{\partial T}}{\partial \eta} \frac{an\delta z}{r} d\varepsilon + \int \left(\overline{A} \frac{an\delta z}{r} + \overline{V}\nu \right) d\varepsilon .$$

Substituant dans l'équation (78), il vient

$$\overline{\delta W} - \int \frac{\overline{\partial \delta W}}{\partial \eta} d\varepsilon - \int \left(\overline{A} \frac{an\delta z}{r} + \overline{V}\nu \right) d\varepsilon - \int \frac{\overline{\partial T}}{\partial \eta} \frac{an\delta z}{r} d\varepsilon$$
$$- 2\nu \left(\nu - \delta \frac{h_0}{h} + \frac{\Delta n}{n} \right) + R = 0 .$$

62.

Soit maintenant

$$\frac{\partial P}{\partial \varepsilon} = A \frac{an}{r} \delta z , \quad \frac{\partial Q}{\partial \varepsilon} = V\nu , \quad \frac{\partial M}{\partial \varepsilon} = C\delta \frac{h}{h_0} , \quad \frac{\partial N}{\partial \varepsilon} = X\nu ;$$

il en résulte

$$\delta W = P + Q + M + N .$$

Substituant dans l'équation précédente, on obtient les équations de condition

$$\overline{P} - \int \frac{\overline{\partial P}}{\partial \eta} d\varepsilon - \int \overline{A} \frac{an\delta z}{r} d\varepsilon = 0 ;$$

$$\overline{Q} - \int \frac{\overline{\partial Q}}{\partial \eta} d\varepsilon - \int \overline{V}\nu d\varepsilon = 0 ,$$

$$\overline{M} - \int \frac{\overline{\partial M}}{\partial \eta} d\varepsilon = 0 ,$$

(80) $$\overline{N} - \int \frac{\overline{\partial N}}{\partial \eta} d\varepsilon - \int \frac{\overline{\partial T}}{\partial \eta} \frac{an\delta z}{r} - 2\nu \left(\nu - \delta \frac{h_0}{h} + \frac{\Delta n}{n} \right) + R = 0 .$$

dont je vais successivement donner la démonstration.

Le produit $A \frac{an\delta z}{r}$ donne une série renfermant des termes de la forme

$$\Sigma N e^{(l\eta + \varphi)i} ,$$

dont on fait la somme, après avoir donné à l successivement les valeurs $-1, 0, 1$, précaution qu'il faudra toujours sous-entendre dans la suite, quand elle ne sera pas indiquée par le signe Σ. On a ainsi

$$\frac{\partial P}{\partial \varepsilon} = \varepsilon N_j e^{(l\eta+\varphi)i},$$

d'où l'on tire successivement

$$P = \frac{1}{\omega}\left(-i\varepsilon + \frac{1}{\omega}\right) N_j e^{(l\eta+\varphi)i},$$

$$\frac{\partial P}{\partial \eta} = \frac{1}{\omega} l \left(\varepsilon + \frac{1}{\omega} i\right) N_j e^{(l\eta+\varphi)i},$$

$$\overline{P} = \frac{1}{\omega - l}\left(-i\varepsilon + \frac{1}{\omega - l}\right) N_{j-l} e^{\varphi i},$$

$$\frac{\partial \overline{P}}{\partial \eta} = \frac{1}{\omega - l} l \left(\varepsilon + \frac{1}{\omega - l} i\right) N_{j-l} e^{\varphi i}.$$

De plus,

$$\int \frac{\partial \overline{P}}{\partial \eta} d\varepsilon = \frac{1}{\omega(\omega - l)} l \left(-i\varepsilon + \frac{1}{\omega} + \frac{1}{\omega - l}\right) N_{j-l} e^{\varphi i},$$

$$\overline{A} \frac{an\delta z}{r} = \varepsilon N_{j-l} e^{\varphi i},$$

$$\int \overline{A} \frac{an\delta z}{r} d\varepsilon = \frac{1}{\omega}\left(-i\varepsilon + \frac{1}{\omega}\right) N_{j-l} e^{\varphi i};$$

la substitution de ces valeurs, dans la première des équations de condition, montre qu'elle est identiquement satisfaite.

Pour étendre la démonstration aux termes qui ne renferment pas ε en facteur, il faut supprimer, dans les intégrales précédentes, les termes qui ne contiennent pas ce facteur, et faire $\varepsilon = 1$ dans ceux qui le renferment. Ainsi se trouve complètement établie la première des équations de condition. Il en est de même pour la seconde qui a la même forme.

La troisième s'établit aisément; en effet, on a trouvé, art. 31, *Première partie*,

$$\overline{T} = \frac{r}{f} \frac{\partial \Omega}{\partial w},$$

et, de la valeur de X, art. 9, on tire

$$\overline{X} = -\frac{2}{f} r \frac{\partial \Omega}{\partial w},$$

par suite,

$$\overline{\overline{T}} + \tfrac{1}{2}\overline{\overline{X}} = 0\,,$$

et comme

$$2C = T + X + \overline{T}\,,$$

on a

$$\overline{\overline{C}} = 0\,.$$

Soit aussi

$$C\delta\frac{h}{h_0} = \Sigma\varepsilon N_j\, e^{(l\eta+\varphi)i}\,:$$

il résulte de l'équation précédente qu'on a

$$\Sigma N_{j-l} = 0\,;$$

par suite, l'expression $\overline{M} - \int \frac{\overline{\partial M}}{\partial\eta}\,d\varepsilon$, qui renferme en facteur ΣN_{j-l}, est nulle.

La démonstration précédente subsiste encore pour $j' = 0$ et $j = -1, 0, 1$, auxquels cas les intégrales correspondantes ont une autre forme.

63.

Pour développer l'équation (80), avec plus de facilité, je vais lui donner une autre forme, de laquelle seront exclus les diviseurs r, r^2, qui introduiraient en coefficient des séries infinies. En différentiant l'équation (79), on a

$$\frac{dR}{d\varepsilon} = \frac{d\frac{\overline{\partial W}}{\partial\eta}}{d\varepsilon}\,\frac{a}{r}\,n\delta z + \frac{\overline{\partial W}}{\partial\eta}\,\frac{a}{r}\,\frac{d\delta z}{d\varepsilon} - \frac{\overline{\partial^2 W}}{\partial\eta^2}\,\frac{a}{r}\,n\delta z\,.$$

Si l'on pose

$$W = N_j\, e^{(l\eta+\varphi)i}\,,$$

il vient

$$\frac{\partial W}{\partial\eta} = ilN_j\, e^{(l\eta+\varphi)i}\,, \qquad \frac{\overline{\partial W}}{\partial\eta} = ilN_{j-l}\, e^{\varphi i}\,,$$

$$\frac{\partial^2 W}{\partial\eta^2} = -\,l^2N_j\, e^{(l\eta+\varphi)i}\,, \qquad \frac{\overline{\partial^2 W}}{\partial\eta^2} = -\,l^2N_{j-l}\, e^{\varphi i}\,,$$

$$\frac{\partial^2 W}{\partial\eta\,\partial\varepsilon} = -\,l\omega N_j\, e^{(l\eta+\varphi)i}\,, \qquad \frac{\overline{\partial^2 W}}{\partial\eta\,\partial\varepsilon} = -\,l(\omega - l)\,N_{j-l}\, e^{\varphi i}\,,$$

$$\frac{d\frac{\overline{\partial W}}{\partial\eta}}{d\varepsilon} = -\,l\omega N_{j-l}\, e^{\varphi i}\,;$$

de là résulte

$$\frac{d\frac{\partial W}{\partial \eta}}{d\varepsilon} = \frac{\partial^2 W}{\partial \eta^2} + \frac{\partial^2 W}{\partial \eta\, \partial \varepsilon}:$$

on a de plus

$$\frac{\partial^2 W}{\partial \eta\, \partial \varepsilon} = \frac{\partial T}{\partial \eta}.$$

Substituant plus haut, en remarquant que $n\frac{d\delta z}{d\varepsilon} = \frac{d\delta z}{dt}\frac{r}{a}$, il vient

$$\frac{dR}{d\varepsilon} = \left(\frac{\partial^2 W}{\partial \eta^2} + \frac{\partial T}{\partial \eta}\right)\frac{an}{r}\delta z + \frac{\partial W}{\partial \eta}\frac{a}{r}\frac{d\delta z}{dt} - \frac{\partial^2 W}{\partial \eta^2}\frac{a}{r}n\delta z,$$

$$R = \int \frac{\partial T}{\partial \eta}\frac{an}{r}\delta z + \int \frac{\partial W}{\partial \eta}\frac{d\delta z}{dt}d\varepsilon.$$

L'introduction de ce résultat dans l'équation (80) donne à celle-ci la forme

$$\bar{N} - \int \frac{\partial \bar{N}}{\partial \eta}d\varepsilon + \int \frac{\partial W}{\partial \eta}\frac{d\delta z}{dt}d\varepsilon - 2\nu\left(\nu - \delta\frac{h_0}{h} + \frac{\Delta n}{n}\right) = 0. \tag{81}$$

Le premier membre de cette équation ne renferme de séries infinies dans aucun argument. Les développements suivants sont consacrés à établir cette relation.

64.

Soit, pour plus de simplicité,

$$T = \Sigma \omega D_j e^{(l\eta + \psi)i}, \tag{82}$$

dans laquelle ψ est une quantité analogue à celle qui a été désignée par φ; de plus, le signe Σ s'étend aux valeurs $-1, 0, 1$, de l. Multipliant par $d\varepsilon$ et intégrant, il vient successivement

$$W = -i\Sigma D_j e^{(l\eta+\psi)i},$$

$$\frac{d\delta z}{dt} = \bar{W} = -i\Sigma D_{j-l} e^{\psi i},$$

$$2\frac{d\nu}{d\varepsilon} = -\frac{\partial \bar{W}}{\partial \eta} = -\Sigma l D_{j-l} e^{\psi i},$$

$$\nu = \tfrac{1}{2}\Sigma\frac{il}{\omega}D_{j-l}e^{\psi i},$$

$$\delta\frac{h_0}{h} = -\left(\frac{h_0}{h}\right)^2 \delta\frac{h}{h_0}.$$

ou, pour une première approximation,

$$\delta\frac{h_0}{h}=\int\frac{\partial W}{\partial \varepsilon}d\varepsilon=-i\frac{\Sigma(\omega-l)}{\omega}D_{j-l}e^{\psi i}.$$

65.

Pour calculer $\overline{N}$, je vais d'abord chercher le produit $X\nu$. Soient donc deux termes généraux du développement de X

(83) $$X=A_p e^{(m+\psi)i}+A_q e^{(m+\chi)i}.$$

De même

$$2\nu=\Sigma\frac{il}{\omega'}D_{p-l}e^{\psi i}+\Sigma\frac{il}{\omega''}D_{q-l}e^{\chi i},$$

où

$$\omega'=p-p'\frac{n'}{n};\qquad \omega''=q-q'\frac{n'}{n};$$

par suite,

$$2X\nu=\frac{i}{\omega'}A_q\Sigma l[D_{p-l}e^{(m+\psi+\chi)i}+(D)_{p-l}e^{(m-\psi+\chi)i}]$$
$$+\frac{i}{\omega''}A_p\Sigma l[D_{q-l}e^{(m+\psi+\chi)i}+(D)_{q-l}e^{(m+\psi-\chi)i}].$$

Posant maintenant

$$p\pm q=j,\qquad p'\pm q'=j',$$

la relation précédente peut s'écrire

$$2X\nu=\frac{i}{\omega'}A_q\Sigma lD_{p-l}e^{(m+\varphi)i}+\frac{i}{\omega''}A_p\Sigma lD_{q-l}e^{(m+\varphi)i};$$

en ne tenant compte que du signe +, on déduit de cette relation

$$2N=2\int X\nu d\varepsilon=\frac{1}{\omega}\left(\frac{1}{\omega'}A_q\Sigma lD_{p-l}+\frac{1}{\omega''}A_p\Sigma lD_{q-l}\right)e^{(m+\varphi)i};$$

on tire de là

$$2\overline{N}-2\int\frac{\partial N}{\partial n}d\varepsilon=\frac{1}{\omega}\left(\frac{\Sigma A_{q-l}}{\omega'}\Sigma lD_{p-l}+\frac{\Sigma A_{p-l}}{\omega''}\Sigma lD_{q-l}\right)e^{\varphi i}.$$

De plus, les relations (82) et (83) donnent

$$\overline{T}=\Sigma(\omega-l)D_{j-l}e^{\varphi i},$$
$$\overline{X}=\Sigma A_{j-l}e^{\varphi i},$$

expressions qui, substituées dans l'équation $2\,\overline{T}+\overline{X}=0$, donnent

(84) $$\Sigma A_{j-l}+2\Sigma(\omega-l)D_{j-l}=0\,.$$

On a, par suite,

$$\overline{N}-\int\overline{\frac{\partial N}{\partial\eta}}\,d\varepsilon=-\frac{1}{\omega}\left[\frac{\Sigma(\omega''-l)D_{q-l}\Sigma D_{p-l}}{\omega'}+\frac{\Sigma(\omega'-l)D_{p-l}\Sigma D_{q-l}}{\omega'}\right]e^{\varphi i}\,.$$

66.

Pour développer le troisième terme de l'équation (81), je pose

$$\frac{\partial\,W}{\partial\eta}=\Sigma lD_{p}e^{(l\eta+\psi)i}+\Sigma lD_{q}e^{(l\eta+\chi)i}\,,$$

$$\frac{d\delta z}{dt}=-i\Sigma lD_{p-l}e^{\psi i}-i\Sigma D_{q-l}e^{\chi i}\,;$$

d'où l'on tire

$$\overline{\frac{\partial W}{\partial\eta}}=\Sigma lD_{p-l}e^{\psi i}+\Sigma lD_{q-l}e^{\chi i}\,,$$

$$\overline{\frac{\partial W}{\partial\eta}}\frac{d\delta z}{dt}=-i\Sigma lD_{q-l}\Sigma D_{p-l}e^{(\psi+\chi)i}-i\Sigma lD_{p-l}\Sigma D_{q-l}e^{(\psi+\chi)i}\,,$$

$$\int\overline{\frac{\partial W}{\partial\eta}}\frac{d\delta z}{dt}\,d\varepsilon=-\frac{1}{\omega}(\Sigma lD_{q-l}\Sigma D_{p-l}+\Sigma lD_{p-l}\Sigma D_{q-l})\,e^{\varphi i}\,.$$

Négligeant $\dfrac{\Delta n}{n}$ qui ne saurait avoir ici d'influence sensible, on a

$$2\nu\left(\nu-\delta\frac{h_{0}}{h}+\frac{\Delta n}{n}\right)=-\left[\frac{\Sigma lD_{q-l}\Sigma(\omega'-\frac{1}{2}l)D_{p-l}}{\omega'\omega''}+\frac{\Sigma lD_{p-l}\Sigma(\omega''-\frac{1}{2}l)D_{q-l}}{\omega'\omega''}\right]e^{\varphi i}\,.$$

Finalement, substituant ces divers résultats dans l'équation (81), en tenant compte de la relation $\omega'+\omega''=\omega$, on obtient

$$\omega'\omega''(\Sigma D_{q-l}\Sigma lD_{p-l}+\Sigma D_{p-l}\Sigma lD_{q-l}-\Sigma D_{q-l}\Sigma lD_{p-l}-\Sigma D_{p-l}\Sigma lD_{q-l})$$
$$+(\omega''+\omega'-\omega)\Sigma lD_{p-l}\Sigma lD_{q-l}=0\,.$$

67.

Je vais maintenant m'occuper d'un calcul analogue pour les termes du produit $X\nu$, dont les arguments sont la différence des arguments des facteurs. On a successivement

$$2X\nu=\frac{i}{\omega}A_{p}\Sigma l(D)_{q-l}e^{(\psi-\chi+m)i}+\frac{i}{\omega}A_{q}\Sigma l(D)_{p-l}e^{(-\psi+\chi+m)i}\,,$$

$$2N = \frac{1}{\omega\omega''} A_p \Sigma l(D)_{q-l} e^{(\varphi+l\eta)i} + \frac{1}{\omega\omega'} A_q \Sigma l(D)_{p-l} e^{-(\varphi-l\eta)i},$$

$$2\bar{N} - 2\int \frac{\partial \bar{N}}{\partial \eta} d\varepsilon = \frac{1}{\omega}\left[\frac{\Sigma A_{p-l}\Sigma l(D)_{q-l}}{\omega''} - \frac{\Sigma (A)_{q-l}\Sigma l D_{p-l}}{\omega'}\right] e^{\varphi i}.$$

On a aussi

$$2\nu\left(\nu - \delta\frac{h_0}{h} + \frac{\Delta n}{n}\right) = \frac{1}{\omega'\omega''}\Big[\Sigma l(D)_{q-l}\Sigma(\omega' - \tfrac{1}{2}l) D_{p-l}$$
$$+ \Sigma l D_{p-l}\Sigma(\omega'' - \tfrac{1}{2}l)(D)_{q-l}\Big] e^{\varphi i}.$$

Substituant ces résultats dans l'équation (81), en remarquant que dans le terme indépendant de l'exponentielle, il faut négliger la partie imaginaire, et tenant compte de la relation (84), on trouve

$$i\Sigma(\omega' - l) D_{p-l}\Sigma l(D)_{p-l} = 0,$$

$$\omega'\omega''[\Sigma l D_{p-l}\Sigma(D)_{q-l} - \Sigma l(D)_{q-l}\Sigma D_{p-l} + \Sigma l(D)_{q-l}\Sigma D_{p-l} - \Sigma l D_{p-l}\Sigma(D)_{q-l}]$$
$$+ (\omega' + \omega'' - \omega)\Sigma l(D)_{q-l}\Sigma l D_{p-l} = 0.$$

Les résultats obtenus dans cet article et le précédent font voir que l'équation (81) est satisfaite pour les termes qu'on vient de considérer.

68.

L'équation (81) est aussi vérifiée pour les termes particuliers provenant de termes de la forme générale. En effet, on a

$$X = A_{0,p} e^{pi} + A_{-1,p+1} e^{[-\eta+(p+1)]i} + A_{1,p-1} e^{[\eta+(p-1)]i}$$
$$+ A_{0,p+1} e^{(p+1)i} + A_{-1,p+2} e^{[-\eta+(p+2)]i} + A_{1,p} e^{(\eta+p)i},$$

$$2\nu = \frac{i}{\omega'}\Sigma l D_{p-l} e^{pi} + \frac{i}{\omega'+1}\Sigma l D_{p+1-l} e^{(p+1)i},$$

$$2X\nu = \frac{i}{\omega'}(A)_{0,p}\Sigma l D_{p-l} + \frac{i}{\omega'}[A_{-1,p+1}\Sigma l(D)_{p-l} e^{(-\eta+\varepsilon)i} + A_{1,p-1}\Sigma l(D)_{p-l} e^{(\eta-\varepsilon)i}]$$
$$+ i\left[\frac{A_{0,p}}{\omega'+1}\Sigma l D_{p+1-l} e^{-\varepsilon i} + \frac{A_{0,p+1}}{\omega'}\Sigma l(D)_{p-l} e^{\varepsilon i}\right]$$
$$+ i\left[\frac{A_{-1,p+2}}{\omega'}\Sigma l(D)_{p-l} e^{(-\eta+2\varepsilon)i} + \frac{A_{1,p-1}}{\omega'+1}\Sigma l(D)_{p+1-l} e^{(\eta-2\varepsilon)i}\right]$$
$$+ i\left[\frac{A_{1,p}}{\omega'}\Sigma l(D)_{p-l} e^{\eta i} + \frac{A_{1,p+1}}{\omega'+1}\Sigma l(D)_{p+1-l} e^{-\eta i}\right].$$

$$2N = i\varepsilon\frac{(A)_{0,p}}{\omega'}\Sigma l D_{p-l} + i\varepsilon\left[\frac{A_{1,p}}{\omega'}\Sigma l(D)_{p-l}e^{\eta i} + \frac{A_{-1,p+1}}{\omega'+1}\Sigma l(D)_{p+1-l}e^{-\eta i}\right]$$
$$+\frac{1}{\omega'}\left[A_{-1,p+1}\Sigma l(D)_{p-l}e^{(-\eta+\varepsilon)i} - A_{1,p-1}\Sigma l(D)_{p-l}e^{(\eta-\varepsilon)i}\right]$$
$$+\left[\frac{A_{0,p+1}}{\omega'}\Sigma l(D)_{p-l}e^{\varepsilon i} - \frac{A_{0,p}}{\omega'+1}\Sigma l(D)_{p+1-l}e^{-\varepsilon i}\right]$$
$$+\frac{1}{2}\left[\frac{A_{-1,p+2}}{\omega'}\Sigma l(D)_{p-l}e^{(-\eta+2\varepsilon)i} - \frac{A_{1,p-1}}{\omega'+1}\Sigma l(D)_{p+1-l}e^{(\eta-2\varepsilon)i}\right].$$

De là on tire, en tenant compte de l'équation (84),

$$2\overline{N} - 2\int\frac{\overline{\partial N}}{\partial\eta}d\varepsilon = -\frac{i\varepsilon}{\omega'}\Sigma(\omega'-l)D_{p-l}\Sigma l(D)_{p-l}$$
$$-\left[\frac{1}{\omega'}\Sigma(\omega'-l+1)D_{p+1-l}\Sigma l(D)_{p-l}\right.$$
$$\left.-\frac{1}{\omega'+1}\Sigma(\omega'-l)(D)_{p-l}\Sigma l D_{p+1-l}\right]e^{\varepsilon i}.$$

On doit négliger les termes constants des produits et des intégrales, parce qu'ils sont ici sans influence. En effet, des termes constants de la première relation de l'art. 60, on a déduit la constante C de ν; et en tenant compte des termes négligés ici, on pourrait obtenir tout au plus les termes du second ordre de cette constante. Cela même ne peut avoir lieu, sans quoi il existerait, en vertu de l'équation de condition, une relation entre ces quantités du second ordre et C, d'où l'on devrait déduire pour cette dernière une valeur différant, par le fait de ces termes du second ordre, de la valeur obtenue.

69.

Soient maintenant

$$\frac{\overline{\partial W}}{\partial\eta} = \Sigma l D_{p-l}e^{pi} + \Sigma l D_{p+1-l}e^{(p+1)i},$$
$$\frac{d\delta z}{dt} = -i\Sigma D_{p-l}e^{pi} - i\Sigma D_{p+1-l}e^{(p+1)i},$$

d'où

$$\int\frac{\overline{\partial W}}{\partial\eta}\frac{d\delta z}{dt}d\varepsilon = -i\varepsilon\Sigma l D_{p-l}\Sigma(D)_{p-l} + \Sigma(D)_{p+1-l}\Sigma l D_{p-l}e^{-\varepsilon i} - \Sigma(D)_{p-l}\Sigma l D_{p+1-l}e^{\varepsilon i};$$

soient encore

$$\nu = \tfrac{1}{2} i \frac{\Sigma l D_{p-l}}{\omega'} e^{pi} + \tfrac{1}{2} i \frac{\Sigma l D_{p+1-l}}{\omega' + 1} e^{(p+1)i},$$

$$\zeta \frac{h}{h_0} = -\frac{i \Sigma (\omega' - l) D_{p-l}}{\omega'} e^{pi} - \frac{i \Sigma (\omega' + 1 - l) D_{p+1-l} e^{(p+1)i}}{\omega' + i},$$

d'où

$$2\nu \left(\nu - \zeta \frac{h}{h_0} + \frac{\Delta n}{n} \right) = - \left[\frac{\Sigma l D_{p+1-l} \Sigma (\omega' - \frac{1}{2} l)(D)_{p-l}}{(\omega' + 1)\omega'} \right.$$

$$\left. + \frac{\Sigma l (D)_{p-l} \Sigma (\omega' + 1 - \frac{1}{2} l) D_{p+1-l}}{\omega' (\omega' + 1)} \right] e^{\varepsilon i}.$$

Substituant dans l'équation (81), le premier membre devient

$$-(\omega' + 1) \Sigma l (D)_{p-l} \Sigma l D_{p+1-l} + \omega' \Sigma l D_{p+1-l} \Sigma l (D)_{p-l} + \Sigma l (D)_{p-l} \Sigma l D_{p+1-l};$$

ce qui est identiquement nul. L'équation (81) est donc aussi satisfaite pour l'ensemble des termes qu'on vient de considérer.

70.

Je vais maintenant considérer les termes provenant des termes exceptionnels du premier ordre donnant des termes en partie de la forme générale et en partie d'une forme particulière. Pour obtenir ces termes, on prend T sous la forme

$$T = eH'_0 + (H)_0 e^{\eta i} + (F)_1 e^{\varepsilon i} + (G)_1 e^{(-\eta + \varepsilon) i} + (G)_2 e^{(-\eta + 2\varepsilon) i} + \cdots,$$

où

$$G'_1 = -eH'_0 = -F'_0.$$

Multipliant par $d\varepsilon$ et intégrant, il vient

$$W = 2k + eH'_0 \varepsilon + (H)_0 e^{\eta i} \varepsilon - i(G)_1 e^{(-\eta + \varepsilon) i}$$

$$+ K_1 e^{\eta i} - i(F)_1 e^{\varepsilon i} - \tfrac{1}{2} i (G)_2 e^{(-\eta + 2\varepsilon) i} - \cdots,$$

$$\overline{W} = 2k + 2G''_1 + eH'_0 \varepsilon + (H)_0 e^{\varepsilon i} \varepsilon + [K_1 - i(F)_1 - \tfrac{1}{2} i (G)_2] e^{\varepsilon i} + \cdots,$$

$$\overline{\frac{\partial W}{\partial \sigma}} = 2eH'_0 + i(H)_0 e^{\eta i} \varepsilon + [iK_1 - \tfrac{1}{2}(G)_2] e^{\varepsilon i} + \cdots,$$

$$\nu = -\tfrac{1}{2} \int \overline{\frac{\partial W}{\partial \sigma}} d\varepsilon = C - eH'_0 \varepsilon - \tfrac{1}{2} [K_1 + \tfrac{1}{2}(G)_2 + i(H)_0] e^{\varepsilon i} - \tfrac{1}{2}(H)_0 e^{\varepsilon i} \varepsilon - \cdots,$$

$$\zeta \frac{h_0}{h} = \int \overline{\frac{\partial W}{\partial \varepsilon}} d\varepsilon = -2K - eH'_0 \varepsilon - i[(F)_1 + (G)_2 + (H)_0] e^{\varepsilon i} - \cdots.$$

La quantité désignée par Z_0 à l'art. 39, *Première partie*, se réduit ici à G''_1, en sorte que l'on a

$$(85)\qquad \begin{cases} C = -\frac{1}{3}(4k + eK'_1 + 3G''_1), \\ K = \frac{1}{3}(k + eK'_1). \end{cases}$$

71.

Si l'on pose

$$(P)_1 = -i[(F)_1 + \tfrac{1}{2}(G)_2],$$
$$(\Pi)_1 = (F)_1 + (G)_2 + (H)_0,$$
$$\Lambda = K_1 + (P)_1,$$

il vient

$$\overline{W} = 2k + 2G''_1 + \Lambda e^{\varepsilon i} + eH'_0\varepsilon + (H)_0 e^{\varepsilon i}\varepsilon,$$
$$\frac{\partial \overline{W}}{\partial n} = 2eH'_0 - i\Lambda e^{\varepsilon i} - i[(\Pi)_1 - (H)_0]e^{\varepsilon i} + i(H_0)e^{\varepsilon i}\varepsilon,$$
$$\nu = C - eH'_0\varepsilon - \tfrac{1}{2}\Lambda e^{\varepsilon i} - \tfrac{1}{2}i(\Pi)_1 e^{\varepsilon i} - \tfrac{1}{2}(H)_0 e^{\varepsilon i}\varepsilon,$$
$$\delta\frac{h_0}{h} = -2K - eH'_0\varepsilon - i(\Pi)_1 e^{\varepsilon i}.$$

Multipliant l'expression précédente de $\overline{W}$ par $ndt = (1 - e\cos\varepsilon)d\varepsilon$, intégrant et éliminant ε du premier terme par la relation $\varepsilon = nt + e\sin\varepsilon$, on a

$$\begin{aligned} n\delta z = {} & 2(k + G''_1 - \tfrac{1}{2}e\Lambda')nt \\ & - \{\Lambda'' - (1 - \tfrac{1}{2}e^2)H'_0 + i[(1 - \tfrac{1}{2}e^2)\Lambda' - H''_0]\}e^{\varepsilon i} \\ & + \tfrac{1}{4}e[\Lambda'' + \tfrac{1}{2}H'_0 + i(\Lambda' - \tfrac{1}{2}H''_0)]e^{2\varepsilon i} \\ & + [H''_0 - i(1 - \tfrac{1}{2}e^2)H'_0]e^{\varepsilon i}\varepsilon - \tfrac{1}{4}e(H''_0 - iH'_0)e^{2\varepsilon i}\varepsilon + \cdots. \end{aligned}$$

Comme le coefficient de t dans cette expression est la différence entre la vraie valeur du moyen mouvement et celle du moyen mouvement pris pour base du calcul, on a

$$(86)\qquad \frac{\Delta n}{n} = 2(k + G''_1 - \tfrac{1}{2}e\Lambda').$$

Différentiant l'autre partie par rapport à ε, puis divisant le résultat par $1 - e\cos\varepsilon$, après avoir remarqué que

$$\frac{d\delta z}{dt} = \frac{nd\delta z}{d\varepsilon} \times \frac{1}{1 - e\cos\varepsilon},$$

il vient

$$\frac{d\delta z}{dt} = e\Lambda' + \Lambda\, e^{\varepsilon i} + (H)_0 e^{\varepsilon i}\varepsilon + eH'_0\varepsilon .$$

Telle est l'expression qui va servir dans les développements suivants.

72.

Pour éviter une trop grande complication de termes, je vais prendre d'abord les termes indépendants du facteur ε et des constantes arbitraires, et les combiner avec les termes généraux. Négligeant le second terme général qui amènerait des termes de même forme que ceux provenant du premier, il vient

$$\begin{aligned}
\nu &= -\tfrac{1}{2} i (\Pi)_1 e^{\varepsilon i} + \tfrac{1}{2} i \frac{\Sigma l D_{j-l}}{\omega} e^{\varphi i},\\
X &= (B)_1 e^{(-\eta+\varepsilon)i} + (B)_2 e^{(-\eta+2\varepsilon)i} + \cdots\\
&\quad + 2A'_0 \quad + (A)_1 e^{\varepsilon i} + \cdots + A_j e^{(l\eta+\varphi)i}\\
&\quad + (C)_0 e^{\eta i},\\
\overline{X} &= 2(A'_0 + B'_1) + [(A)_1 + (B)_2 + (C)_0] e^{\varepsilon i} + \cdots,
\end{aligned}$$

de plus

$$T = -eH'_0 + (\Pi)_1 e^{\varepsilon i},$$

et comme $2\overline{T} + X = 0$, on a les équations de condition

$$(87) \qquad \begin{cases} A'_0 + B'_1 + eH'_0 = 0, \\ (A)_1 + (B)_2 + (C)_0 + 2(\Pi)_1 = 0. \end{cases}$$

73.

En ne conservant, dans le produit $X\nu$, que les termes provenant du produit des termes particuliers par les termes généraux, on a

$$\begin{aligned}
2X\nu &= i\left[(A)_1 \frac{\Sigma l D_{j-l-1}}{\omega - 1} + 2A'_0 \frac{\Sigma l D_{j-l}}{\omega} + A_1 \frac{\Sigma l D_{j+1-l}}{\omega + 1}\right] e^{\varphi i}\\
&\quad + i\left[(B)_2 \frac{\Sigma l D_{j-l-1}}{\omega - 1} + (B)_1 \frac{\Sigma l D_{j-l}}{\omega} + C_0 \frac{\Sigma l D_{j+1-l}}{\omega + 1}\right] e^{(-\eta+\varphi+\varepsilon)i}\\
&\quad + i\left[(C)_0 \frac{\Sigma l D_{j-l-1}}{\omega - 1} + B_1 \frac{\Sigma l D_{j-l}}{\omega} + B_2 \frac{\Sigma l D_{j+1-l}}{\omega + 1}\right] e^{(\eta+\varphi-\varepsilon)i}\\
&\quad - i\,[(\Pi)_1 A_{j-1} + \Pi_1 A_{j+1}]\, e^{(l\eta+\varphi)i},
\end{aligned}$$

$$2N = \left[\frac{(A)_1 \Sigma l D_{j-1-l}}{\omega-1} + \frac{2A'_0 \Sigma l D_{j-l}}{\omega} + \frac{A_1 \Sigma l D_{j+1-l}}{\omega+1}\right]\frac{e^{\varphi i}}{\omega}$$
$$+\left[\frac{(B)_2 \Sigma l D_{j-1-l}}{\omega-1} + \frac{(B)_1 \Sigma l D_{j-l}}{\omega} + \frac{C_0 \Sigma l D_{j+1-l}}{\omega+1}\right]\frac{e^{(-\eta+\varphi+\varepsilon)i}}{\omega+1}$$
$$+\left[\frac{(C)_0 \Sigma l D_{j-1-l}}{\omega-1} + \frac{B_1 \Sigma l D_{j-l}}{\omega} + \frac{B_2 \Sigma l D_{j+1-l}}{\omega+1}\right]\frac{e^{(\eta+\varphi-\varepsilon)i}}{\omega-1}$$
$$-\left[(\Pi)_1 A_{j-1} + \Pi_1 A_{j+1}\right]\frac{e^{(\eta+\varphi)i}}{\omega}.$$

De là on tire, en tenant compte des équations (87),

$$\overline{N} - \int \frac{\overline{\partial N}}{\partial \eta} d\varepsilon = \left\{\begin{array}{l} eH'_0 \dfrac{\Sigma l D_{j-l}}{\omega} - (\Pi)_1 \dfrac{\Sigma l D_{j-1-l}}{\omega-1} - \Pi_1 \dfrac{\Sigma l D_{j+1-l}}{\omega+1} \\ + (\Pi)_1 \Sigma(\omega-1-l) D_{j-1-l} + \Pi_1 \Sigma(\omega+1-l) D_{j+1-l} \end{array}\right\}\frac{e^{\varphi i}}{\omega}.$$

74.

Pour développer les autres termes, on a

$$\frac{\overline{\partial W}}{\partial \eta} = 2eH'_0 - [\Pi_1 - (H)_0]\, e^{\varepsilon i} + \Sigma l D_{j-l} e^{\varphi i},$$

$$\frac{d\delta z}{dt} = -\, i \Sigma D_{j-l} e^{\varphi i},$$

$$\nu - \delta\frac{h_0}{h} + \frac{\Delta n}{n} = \tfrac{1}{2} i (\Pi)_1 e^{\varepsilon i} + \frac{i\Sigma(\omega - \frac{1}{2}l) D_{j-l}}{\omega} e^{\varphi i},$$

$$2\nu = -\, i(\Pi)_1 e^{\varepsilon i} + \frac{i \Sigma l D_{j-l}}{\omega} e^{\varphi i},$$

d'où l'on tire

$$\int \frac{\overline{\partial W}}{\partial \eta}\frac{d\delta z}{dt} d\varepsilon = \left\{-2eH'_0 \Sigma D_{j-l} + [(\Pi)_1 - (H)_0]\Sigma D_{j-1-l} + (\Pi_1 - H_0)\Sigma D_{j+1-l}\right\}\frac{e^{\varphi i}}{\omega},$$

$$2\nu\left(\nu - \delta\frac{h_0}{h} + \frac{\Delta n}{n}\right) = \left[\frac{(\Pi)_1 \Sigma(\omega-1-l) D_{j-1-l}}{\omega-1} + \frac{\Pi_1 \Sigma(\omega+1-l) D_{j+1-l}}{\omega+1}\right] e^{\varphi i}.$$

La substitution de ces diverses valeurs dans l'équation (81) donne

$$B = -\left[\frac{2H'_0 e}{\omega}\Sigma(\omega - \tfrac{1}{2}l) D_{j-l} + (H)_0 \Sigma D_{j-1-l} + H_0 \Sigma D_{j+1-l}\right]\frac{e^{\varphi i}}{\omega}.$$

75.

Je vais maintenant m'occuper des termes de ν renfermant ε en facteur, et les multiplier par les termes généraux de X. Soient donc

$$2\nu = -2eH'_0\varepsilon - (H)_0 e^{\varepsilon i}\varepsilon,$$
$$X = A_j e^{(l\eta+\varphi)i}.$$

Les produits du terme général de ν par les termes spéciaux de X ne donneraient pas de terme contenant ε en facteur; je les néglige pour cette raison, et j'ai

$$2X\nu = \varepsilon[-2eH'_0 A_j - (H)_0 A_{j-1} - H_0 A_{j+1}]\, e^{(l\eta+\varphi)i},$$

$$2N = \frac{i\varepsilon}{\omega}[H_0 A_{j+1} + (H)_0 A_{j-1} + 2eH'_0 A_j]\, e^{(l\eta+\varphi)i}$$
$$- \frac{1}{\omega^2}[H_0 A_{j+1} + (H)_0 A_{j-1} + 2eH'_0 A_j]\, e^{(l\eta+\varphi)i},$$

d'où l'on tire

$$2\overline{N} - 2\int \frac{\overline{\partial N}}{\partial \eta}\, d\varepsilon$$
$$= -[H_0\Sigma(\omega+1-l)D_{j+1-l} + (H)_0\Sigma(\omega-1-l)D_{j-1-l}]\left(\frac{i\varepsilon}{\omega} - \frac{1}{\omega^2}\right)e^{\varphi i}$$
$$- i\varepsilon.2eH'_0\Sigma(\omega-l)D_{j-l}\frac{e^{\varphi i}}{\omega} + 2eH'_0\Sigma(\omega-l)D_{j-l}\frac{e^{\varphi i}}{\omega^2}.$$

On a ensuite

$$\frac{\overline{\partial W}}{\partial \eta} = i\varepsilon(H)_0 e^{\varepsilon i} + \Sigma l D_{j-l} e^{\varphi i},$$

$$\overline{W} = \frac{d\delta z}{dt} = \varepsilon[eH'_0 + (H)_0 e^{\varepsilon i}] - i\Sigma D_{j-l} e^{\varphi i}.$$

Dans le produit de ces deux quantités, il faut observer que

$$(H)_0 = H'_0 + iH''_0, \qquad i(H)_0 = -(H''_0 - iH'_0),$$

et que la conjuguée de cette dernière quantité est

$$-(H''_0 + iH'_0) = -iH_0.$$

Cela fait, on trouve

$$\int \frac{\overline{\partial W}}{\partial \eta}\frac{d\delta z}{dt}\, d\varepsilon = [eH'_0\Sigma l D_{j-l} + (H)_0\Sigma(l+1)D_{j-1-l} + H_0\Sigma(l-1)D_{j+1-l}]\frac{e^{\varphi i}}{\omega^2}$$
$$- i\varepsilon[eH'_0\Sigma l D_{j-l} + (H)_0\Sigma(l+1)D_{j-1-l} + H_0\Sigma(l-1)D_{j+1-l}]\frac{e^{\varphi i}}{\omega}.$$

De plus,

$$\nu - \delta \frac{h_0'}{h} + \frac{\Delta n}{n} = -\tfrac{1}{2}(H)_0 e^{\varepsilon i}\varepsilon + \frac{i\Sigma(\omega - \frac{1}{2}l)D_{j-l}}{\omega} e^{\varphi i},$$

$$2\nu = -\varepsilon[2eH_0' + (H)_0 e^{\varepsilon i}] + \frac{i\Sigma l D_{j-l}}{\omega} e^{\varphi i},$$

$$2\nu\left(\nu - \delta\frac{h_0}{h} + \frac{\Delta n}{n}\right) = -i\varepsilon\Big\{2eH_0'\Sigma(\omega - \tfrac{1}{2}l)D_{j-l}\frac{e^{\varphi i}}{\omega} + [(H)_0\Sigma D_{j-1-l} + H_0\Sigma D_{j+1-l}]e^{\varphi i}\Big\}.$$

La substitution de ces diverses valeurs dans l'équation (81) donne

$$\mathfrak{B}' = \left[\frac{2H_0'e}{\omega}\Sigma(\omega - \tfrac{1}{2}l)D_{j-l} + (H)_0\Sigma D_{j-1-l} + H_0\Sigma D_{j+1-l}\right]\frac{e^{\varphi i}}{\omega},$$

par suite,

$$\mathfrak{B} + \mathfrak{B}' = 0.$$

L'équation (81) est donc satisfaite pour les termes exceptionnels indépendants des constantes arbitraires et contenant ou non ε en facteur.

76.

Pour tenir compte du produit des termes irréguliers les uns par les autres, je pose

$$2\nu = -i(\Pi)_1 e^{\varepsilon i} - \varepsilon(2H_0' + H_0 e^{\varepsilon i}),$$

$$X = 2A_0' + (A)_1 e^{\varepsilon i} + (C)_0 e^{\eta i} + (B)_1 e^{(-\eta+\varepsilon)i} + (B)_2 e^{(-\eta+2\varepsilon)i},$$

ce qui donne

$$\begin{aligned}2X\nu = &-2i(\Pi)_1 A_1 - 2(2eA_0'H_0' + A_1'H_0' + A_1''H_0'')\varepsilon\\ &\qquad - [2eH_0'(B)_1 + (H)_0 C_0 + H_0(B)_2]e^{(-\eta+\varepsilon)i}.\varepsilon\\ &+ \Big\{-[2eH_0'(C)_0 + (H)_0 B_1]e^{\eta i} - 2[eH_0'(A)_1 + A_0'(H)_0]e^{\varepsilon i}\\ &\qquad - [2eH_0'(B)_2 + (H)_0(B)_1]e^{(-\eta+2\varepsilon)i}\Big\}\varepsilon\\ &+ [-(H)_0(C)_0 e^{(\eta+\varepsilon)i} - (A)_1(H)_0 e^{2\varepsilon i} - (B)_2(H)_0 e^{(-\eta+3\varepsilon)i}]\varepsilon\\ &+ i\left\{\begin{aligned}&[(B)_2\Pi_1 - C_0(\Pi)_1]e^{(-\eta+\varepsilon)i} - B_1(\Pi)_1 e^{\eta i} - 2A_0'(\Pi)_1 e^{\varepsilon i}\\ &\qquad - (B)_1(\Pi)_1 e^{(-\eta+2\varepsilon)i}\\ &-(C)_0(\Pi)_1 e^{(\eta+\varepsilon)i} - (A)_1(\Pi)_1 e^{2\varepsilon i} - (B)_2(\Pi)_1 e^{(-\eta+3\varepsilon)i}\end{aligned}\right\},\end{aligned}$$

$$N = \left\{ \begin{array}{l} -2iA_1(\Pi)_1 + 2i[eH_0'(B)_1 + \frac{1}{2}(H)_0 C_0 + \frac{1}{2}H_0(B)_2]\,\mathrm{e}^{(-\eta+\varepsilon)i} \\ \qquad\qquad\qquad\qquad\qquad\qquad\qquad\qquad -iB_1(\Pi)_1\mathrm{e}^{\eta i} \\ +i[eH_0'(B)_2 + \frac{1}{2}(H)_0(B)_1]\,\mathrm{e}^{(-\eta+2\varepsilon)i} + 2i[eH_0'(A)_1 + A_0'(H)_0]\,\mathrm{e}^{\varepsilon i} \\ +\frac{1}{3}i(H)_0(B)_1\mathrm{e}^{(-\eta+3\varepsilon)i} + i(C)_0(\dot{H})_0\mathrm{e}^{(\eta+\varepsilon)i} + \frac{1}{2}i(A)_1(H)_0\mathrm{e}^{2\varepsilon i} \end{array} \right\} \varepsilon$$

$$+ \left\{ -(2eH_0'A_0' + H_0'A_1' + H_0''A_1'') - [eH_0'(C)_0 + \frac{1}{2}(H)_0 B_1]\,\mathrm{e}^{\eta i} \right\} \varepsilon^2$$

$$+ \left\{ \Pi_1(B)_2 - (\Pi)_1 C_0 - 2[eH_0'(B)_1 + \frac{1}{2}(H)_0 C_0 + \frac{1}{2}H_0(B)_2] \right\} \mathrm{e}^{(-\eta+\varepsilon)i}$$

$$- [2A_0'(\Pi)_1 + 2eH_0'(A)_1 + 2A_0'(H)_0]\,\mathrm{e}^{\varepsilon i}$$

$$- [\tfrac{1}{2}(\Pi)_1(B)_1 + \tfrac{1}{2}eH_0'(B)_2 + \tfrac{1}{4}(H)_0(B)_1]\,\mathrm{e}^{(-\eta+2\varepsilon)i}$$

$$- [\tfrac{1}{4}(A)_1(H)_0 + \tfrac{1}{2}(A)_1(\Pi)_1]\,\mathrm{e}^{2\varepsilon i} - [\tfrac{1}{9}(H)_0(B)_2 + \tfrac{1}{3}(\Pi)_1(B)_2]\,\mathrm{e}^{(-\eta+3\varepsilon)i}$$

$$- [(H)_0(C)_0 + (\Pi)_1(C)_0]\,\mathrm{e}^{(\eta+\varepsilon)i},$$

d'où l'on tire

$$\overline{N} - \int \frac{\overline{\partial N}}{\partial \eta} d\varepsilon = i\left\{ -eH_0'[2(\Pi)_1 - (H)_0]\,\mathrm{e}^{\varepsilon i} - \tfrac{1}{2}i(\Pi)_1(H)_0\mathrm{e}^{2\varepsilon i} \right\} \varepsilon$$

$$+ [-e^2 H_0'^2 + \Pi_1(H)_0]\,\varepsilon^2$$

$$+ [eH_0'(\Pi)_1 + A_0'(H)_0 + H_0'(B)_1]\,\mathrm{e}^{\varepsilon i} + \tfrac{1}{2}[\tfrac{1}{2}(H)_0(\Pi)_1 + (\Pi)_1^2]\,\mathrm{e}^{2\varepsilon i}.$$

On a ensuite

$$\frac{\overline{\partial W}}{\partial \eta} = 2eH_0' + [(H)_0 - (\Pi)_1]\,\mathrm{e}^{\varepsilon i} + iH_0\mathrm{e}^{\varepsilon i}\varepsilon,$$

$$\overline{W} = \frac{d\delta z}{dt} = [eH_0' + (H)_0\mathrm{e}^{\varepsilon i}]\,\varepsilon,$$

$$\int \frac{\overline{\partial W}}{\partial \eta}\frac{d\delta z}{dt} d\varepsilon = \left\{ -ieH_0'[(H)_0 - (\Pi)_1]\,\mathrm{e}^{\varepsilon i} + \tfrac{1}{2}i(H)_0(\Pi)_1\mathrm{e}^{2\varepsilon i} \right\} \varepsilon$$

$$+ [e^2H_0'^2 + H_0(H)_0 - \Pi_1(H)_0 + eH_0'(H)_0\mathrm{e}^{\varepsilon i} + \tfrac{1}{2}(H)_0^2\mathrm{e}^{2\varepsilon i}]\,\varepsilon^2$$

$$+ eH_0'[(H)_0 - (\Pi)_1]\,\mathrm{e}^{\varepsilon i} - \tfrac{1}{4}(H)_0(\Pi)_1\mathrm{e}^{2\varepsilon i}:$$

De plus,

$$\nu - \delta\frac{h_0}{h} + \frac{\Delta n}{n} = \tfrac{1}{2}i(\Pi)_1\mathrm{e}^{\varepsilon i} - \tfrac{1}{2}(H)_0\mathrm{e}^{\varepsilon i}\varepsilon,$$

$$2\nu = -[2eH_0' + (H)_0\mathrm{e}^{\varepsilon i}]\,\varepsilon - i(\Pi)_1\mathrm{e}^{\varepsilon i},$$

$$2\nu\left(\nu - \delta\frac{h_0}{h} + \frac{\Delta n}{n}\right) = \Pi_1(\Pi)_1 - ieH_0'(\Pi)_1\mathrm{e}^{\varepsilon i}\varepsilon$$

$$+ [H_0(H)_0 + eH_0'(H)_0\mathrm{e}^{\varepsilon i} + \tfrac{1}{2}(H)_0^2\mathrm{e}^{2\varepsilon i}]\,\varepsilon^2$$

$$+ \tfrac{1}{2}(\Pi)_1^2\mathrm{e}^{2\varepsilon i}.$$

Substituant ces résultats dans l'équation (81), remarquant que dans sa partie réelle le produit $\Pi_1(H)_0 = (\Pi)_1 H_0$, et négligeant la partie constante $\Pi_1(\Pi)_1$, ainsi que les constantes d'intégration, on trouve un résultat identiquement nul.

77.

Je vais m'occuper des termes qui dépendent des constantes arbitraires, combinées successivement avec les termes généraux, puis avec les termes irréguliers et ceux qui dépendent des constantes arbitraires.

Je pose

$$2\nu = 2C - (\Lambda)e^{\varepsilon i},$$
$$X = A_j e^{(l\eta+\varphi)i},$$

ce qui donne

$$2X\nu = [2CA_j - (\Lambda)A_{j-1} - \Lambda A_{j+1}]\, e^{(l\eta+\varphi)i},$$
$$2N = -i[2CA_j - (\Lambda)A_{j-1} - \Lambda A_{j+1}]\, \frac{e^{(l\eta+\varphi)i}}{\omega},$$

d'où l'on tire

$$2\overline{N} - 2\int \frac{\overline{\partial N}}{\partial \eta} d\varepsilon = i[4C\Sigma(\omega - l)D_{j-l} - (\Lambda)\Sigma(\omega - 1 - l)D_{j-1-l}$$
$$- \Lambda\Sigma(\omega + 1 - l)D_{j+1-l}]\, \frac{e^{\varphi i}}{\omega}.$$

On a ensuite

$$\frac{\overline{\partial W}}{\partial \eta} = i(\Lambda)e^{\varepsilon i} + \Sigma l D_{j-l} e^{\varphi i},$$
$$\overline{W} = \frac{d\delta z}{dt} = e\Lambda' + (\Lambda)e^{\varepsilon i} - i\Sigma D_{j-l} e^{\varphi i},$$
$$\int \frac{\overline{\partial W}}{\partial \eta} \frac{d\delta z}{dt} d\varepsilon = e\Lambda'(\Lambda)e^{\varepsilon i} + \tfrac{1}{2}\Lambda^2 e^{2\varepsilon i}$$
$$- i[e\Lambda'\Sigma l D_{j-l} + (\Lambda)\Sigma(l+1)D_{j-1-l} + \Lambda\Sigma(l-1)D_{j+1-l}]\, \frac{e^{\varphi i}}{\omega},$$
$$2\nu = 2C - (\Lambda)e^{\varepsilon i} + i\Sigma l D_{j-l} \frac{e^{\varphi i}}{\omega},$$
$$\nu - \delta\frac{h_0}{h} + \frac{\Delta n}{n} = -\tfrac{1}{2}(\Lambda)e^{\varepsilon i} + i\Sigma(\omega - \tfrac{1}{2}l)D_{j-l}\frac{e^{\varphi i}}{\omega} + C + 2K + \frac{\Delta n}{n},$$
$$2\nu\left(\nu - \delta\frac{h_0}{h} + \frac{\Delta n}{n}\right) = i\Big\{2C\Sigma D_{j-l} + \left(2K + \frac{\Delta n}{n}\right)\frac{\Sigma l D_{j-l}}{\omega}$$
$$- [\Lambda\Sigma D_{j+1-l} + (\Lambda)\Sigma D_{j-1-l}]\Big\}\, e^{\varphi i}$$

Substituant dans l'équation (81), il vient, en ne conservant que le terme général,

$$i\left(2C + e\Lambda' + 2K + \frac{\Delta n}{n}\right)\Sigma l D_{j-l}\frac{e^{\varphi i}}{\omega};$$

or, on a trouvé, (85), (86),

$$C = -\tfrac{1}{3}(4k + eK_1' + 3G_1'),$$
$$K = \tfrac{1}{3}(k + eK_1'),$$
$$\frac{\Delta n}{n} = 2(k + G_1' - \tfrac{1}{2}e\Lambda'),$$

d'où l'on tire

$$(88) \qquad 2C + e\Lambda' + 2K + \frac{\Delta n}{n} = 0.$$

La substitution précédente donne donc un résultat identiquement nul.

78.

Il faut combiner actuellement les termes dépendant des constantes arbitraires avec les termes irréguliers et ceux qui dépendent de ces mêmes constantes.

Je pose

$$2\nu = 2C - (\Lambda)e^{\varepsilon i},$$
$$X = 2A_0' + (C)_0 e^{\eta i} + (A)_1 e^{\varepsilon i} + (B)_1 e^{(-\eta+\varepsilon)i} + (B)_2 e^{(-\eta+2\varepsilon)i},$$

ce qui donne

$$\begin{aligned}2X\nu = {} & 4A_0'C - 2(A)_1\Lambda + 2[(B)_1 C - (\Lambda)C - \Lambda(B)_2]\,e^{(-\eta+\varepsilon)i} \\ & + [2C(C)_0 - (\Lambda)B_1]\,e^{\eta i} + [2C(B)_2 - (\Lambda)(B)_1]\,e^{(-\eta+2\varepsilon)i} \\ & + [2C(A)_1 - 2A_0'(\Lambda)]\,e^{\varepsilon i} + [2C(C)_0 - (\Lambda)B_1]\,e^{\eta i} \\ & - (B)_2(\Lambda)\,e^{(-\eta+3\varepsilon)i} - (A)_1(\Lambda)\,e^{2\varepsilon i} - (\Lambda)(C)_0\,e^{(\eta+\varepsilon)i},\end{aligned}$$

$$\begin{aligned}2N = {} & 2[2A_0'C - (A)_1\Lambda]\varepsilon + [2C(C)_0 - (\Lambda)B_1]\,e^{\eta i}\varepsilon \\ & \qquad - i[2(B)_1 C - (\Lambda)C_0 - \Lambda(B)_2]\,e^{(-\eta+\varepsilon)i} \\ & - 2i[(A)_1 C - A_0'(\Lambda)]\,e^{\varepsilon i} - \tfrac{1}{2}i[2C(B)_2 - (\Lambda)(B)_1]\,e^{(-\eta+2\varepsilon)i} \\ & + \tfrac{1}{2}i(A)_1(\Lambda)\,e^{2\varepsilon i} + i(\Lambda)(C)_0\,e^{(\eta+\varepsilon)i} + \tfrac{1}{3}i(\Lambda)(B)_2\,e^{(-\eta+3\varepsilon)i},\end{aligned}$$

d'où l'on tire

$$\begin{aligned}2\overline{N} - 2\int \frac{\overline{\partial N}}{\partial \eta}\,d\varepsilon = {} & 4[eH_0'C + \Lambda(\Pi)_1]\varepsilon + 2i[eH_0'(\Lambda) - 2(\Pi)_1 C]\,e^{\varepsilon i} \\ & - i(\Lambda)(\Pi)_1\,e^{2\varepsilon i},\end{aligned}$$

en supprimant la constante d'intégration, qu'il faut négliger ici, comme plus haut.

On a ensuite

$$\overline{\frac{\partial W}{\partial \eta}} = 2eH'_0 + i(H)_0 \mathrm{e}^{\varepsilon t}\varepsilon + i(\Lambda)\mathrm{e}^{\varepsilon t} + [(H)_0 - (\Pi)_1]\mathrm{e}^{\varepsilon t},$$

$$\overline{W} = \frac{d\delta z}{dt} = e\Lambda' + eH'_0\varepsilon + (H)_0\mathrm{e}^{\varepsilon t}\varepsilon + (\Lambda)\mathrm{e}^{\varepsilon t},$$

$$\begin{aligned}\int \overline{\frac{\partial W}{\partial \eta}}\frac{d\delta z}{dt}d\varepsilon = \Big\{ & 2e^2 H'_0\Lambda' + 2\Lambda[(H)_0 - (\Pi)_1] \\ & + [e\Lambda'(H)_0 + eH'_0(\Lambda)]\mathrm{e}^{\varepsilon t} + (H)_0(\Lambda)\mathrm{e}^{\varepsilon t}\Big\}\varepsilon \\ & + i[e\Lambda'(\Pi)_1 - eH'_0(\Lambda)]\mathrm{e}^{\varepsilon t} + \tfrac{1}{2}i(\Lambda)(\Pi)_1\mathrm{e}^{2\varepsilon t},\end{aligned}$$

$$\nu - \delta\frac{h_0}{h} + \frac{\Delta n}{n} = C + 2K + \frac{\Delta n}{n} - \tfrac{1}{2}[(\Lambda) - i(\Pi)_1]\mathrm{e}^{\varepsilon t} - \tfrac{1}{2}(H)_0\mathrm{e}^{\varepsilon t}\varepsilon,$$

$$2\nu = 2C - 2eH'_0\varepsilon - (H)_0\mathrm{e}^{\varepsilon t}\varepsilon - [(\Lambda) + i(\Pi)_1]\mathrm{e}^{\varepsilon t},$$

$$\begin{aligned}2\nu\left(\nu - \delta\frac{h_0}{h} + \frac{\Delta n}{n}\right) = \Big\{ & -2eH'_0\left(C + 2K + \frac{\Delta n}{n}\right) + 2(H)_0\Lambda \\ & + \big\{eH'_0[(\Lambda) - i(\Pi)_1] + e\Lambda'(H)_0\big\}\mathrm{e}^{\varepsilon t} + (H)_0(\Lambda)\mathrm{e}^{2\varepsilon t}\Big\}\varepsilon \\ & - i(\Pi)_1\left(2K + \frac{\Delta n}{n}\right)\mathrm{e}^{\varepsilon t},\end{aligned}$$

en négligeant les termes de la nature de ceux qui sont omis partout dans cette question.

La substitution de ces résultats dans l'équation (81) donne

$$2eH'_0\left(e\Lambda' + 2C + 2K + \frac{\Delta n}{n}\right)\varepsilon - i(\Pi)_1\left(e\Lambda' + 2C + 2K + \frac{\Delta n}{n}\right)\mathrm{e}^{\varepsilon t},$$

ce qui est identiquement nul à cause de l'équation (88).

79.

Pour terminer, il ne reste qu'à traiter le cas de la combinaison des termes dépendant des constantes arbitraires analogues.

X ne contenant pas de constante arbitraire, la quantité $\overline{N} - \int \overline{\frac{\partial N}{\partial \eta}} d\varepsilon$ est nulle d'elle-même. Pour les autres, on a

$$\overline{\frac{\partial W}{\partial \eta}} = i(\Lambda)\mathrm{e}^{\varepsilon t},$$

$$\frac{d\delta z}{dt} = e\Lambda' + (\Lambda)\mathrm{e}^{\varepsilon t},$$

$$\int \overline{\frac{\partial W}{\partial \eta}}\frac{d\delta z}{dt}d\varepsilon = e\Lambda'(\Lambda)\mathrm{e}^{\varepsilon t} + \tfrac{1}{2}(\Lambda)^2\mathrm{e}^{2\varepsilon t},$$

$$\nu - \delta\frac{h_0}{h} + \frac{\Delta n}{n} = C + 2K + \frac{\Delta n}{n} - \tfrac{1}{2}(\Lambda)\,e^{\varepsilon i},$$

$$2\nu = 2C - (\Lambda)\,e^{\varepsilon i},$$

$$2\nu\left(\nu - \delta\frac{h_0}{h} + \frac{\Delta n}{n}\right) = -(\Lambda)\left(2C + 2K + \frac{\Delta n}{n}\right)e^{\varepsilon i} + \tfrac{1}{2}(\Lambda)^2\,e^{2\varepsilon i}.$$

La substitution de ces résultats donne

$$(\Lambda)\left(e\Lambda' + 2C + 2K + \frac{\Delta n}{n}\right)e^{\varepsilon i},$$

résultat identiquement nul, en vertu de l'équation (88). Les termes constants ont été encore omis ici.

L'équation (81) est donc identiquement satisfaite pour toutes les sortes de termes qui y entrent, pris deux à deux.

---

§ VI.

Calcul des termes dépendant des produits des masses perturbatrices.

80.

Les petites planètes étant sans influence sensible les unes sur les autres, il n'y a lieu de s'occuper ici que des actions des grosses planètes sur la planète troublée. Dans la recherche des facteurs $n'\delta z'$, ν' des secondes lignes des relations (11), (24), (30), il faut tenir compte des perturbations séculaires que la planète troublante éprouve de la part des autres. Si la planète troublante est Jupiter, on extraira des travaux de M. Hansen, sur Jupiter et Saturne, les valeurs de ces facteurs développés en séries infinies, suivant les puissances de l'exponentielle $e^{g'i}$, et, en ajoutant à ces perturbations celles que Jupiter éprouve de la part des autres planètes, on aura

$$n'\delta z' = n'\,t\Sigma A_{j'}\,e^{j'g'i},$$

$$\nu' = n'\,t\Sigma B_{j'}\,e^{j'g'i}.$$

Pour utiliser ces résultats dans la méthode que j'expose ici, il faut éliminer le facteur t de ces relations, à l'aide de l'équation

$$n't = N\varepsilon - Ne\sin\varepsilon,$$

obtenue, en supprimant dans celle de l'art. 25, *Première partie*, le terme constant, qu'il est inutile d'introduire ici. Comme les termes en $-N\varepsilon \sin \varepsilon$ en amèneraient ayant d'autres formes et, de plus, insensibles, on les néglige aussi; l'élimination de t se fait ainsi à l'aide de la relation

$$n't = g' = N\varepsilon.$$

Posant, comme précédemment,

$$j'Ne = 2s, \quad y = e^{\varepsilon i}, \quad c' - cN = \gamma,$$

on a successivement

$$\begin{aligned} e^{-s(y-y^{-1})} &= I_0^s - I_1^s y + I_2^s y^2 - I_3^s y^3 + \cdots \\ &\quad + I_1^s y^{-1} + I_2^s y^{-2} + I_3^s y^{-3} + \cdots, \\ e^{g'i} &= y^N e^{-\frac{Ne}{2}(y-y^{-1})} e^{\gamma i}, \\ e^{j'g'i} . e^{-j'\gamma i} &= I_0^s y^{j'N} - I_1^s y^{j'N+1} + I_2^s y^{jN+3} - \cdots \\ &\quad + I_1^s y^{j'N-1} + I_2^s y^{j'N-2} + \cdots, \\ e^{j'g'i} &= I_0^s e^{(j'N+j'\gamma)i} - I_1^s e^{[(j'N+1)\varepsilon+j'\gamma]i} + I_2^s e^{[(j'N+2)\varepsilon+j'\gamma]i} - \cdots \\ &\quad + I_1^s e^{[(j'N-1)\varepsilon+j'\gamma]i} + I_2^s e^{[(j'N-2)\varepsilon+j'\gamma]i} + \cdots. \end{aligned}$$

La substitution de ces résultats dans les formules ci-dessus donne

$$\begin{aligned} n'\delta z' &= \varepsilon \Sigma P_j e^{[(j-j'N)\varepsilon+j'\gamma]i}, \\ \nu' &= \varepsilon \Sigma Q_j e^{[(j-j'N)\varepsilon+j'\gamma]i}. \end{aligned}$$

D'après ce qui a été dit, art. 9, F et G s'obtiennent sans difficulté, et alors, en négligeant les perturbations de Jupiter en latitude, on a

$$\frac{d\delta W}{d\varepsilon} = Fn'\delta z' + G\nu',$$

qu'on intégrera sans difficulté, comme les différentielles déjà rencontrées.

Il peut encore y avoir des perturbations sensibles contenant dans leurs arguments des multiples de trois anomalies, savoir : celles des deux planètes troublantes et celle de la planète troublée. Dans le cas des petites planètes, Jupiter et Saturne exercent des influences prépondérantes. De telles inégalités proviennent de l'intégration de termes contenant de petits diviseurs; généralement les seuls sensibles sont ceux qui renferment le carré de ces diviseurs, circonstance qui facilite le calcul. Si l'on cherche, en effet, par substitution, art. 30, *Première partie*, la valeur de $R_{j,j'}$ en fonction des $A_{j,j'}$ et des $B_{j,j'}$, on trouve qu'elle ne possède qu'un seul terme renfermant le carré du petit diviseur, savoir $-\frac{3}{\omega^2}A_{j,j'}$; ce résultat fait voir que si l'on veut tenir compte seulement des termes ayant cette particularité, il suffit de prendre

$$Ma\frac{\partial\Omega}{\partial\varepsilon}=-3A_{j,j'}e^{\varphi i},$$

donc, d'après la première équation de l'art. 27, *Première partie*, $M=-3$; de sorte que

$$T=-3a\frac{\partial\Omega}{\partial\varepsilon}.$$

Il résulte de là, d'après l'art. 9,

$$F=-3a\frac{\partial^2\Omega}{\partial\varepsilon\,\partial c'},\quad G=3a\frac{\partial\Omega}{\partial\varepsilon}+3\frac{\partial.ar\frac{\partial\Omega}{\partial r}}{\partial\varepsilon};$$

de sorte qu'en négligeant les petites perturbations en latitude de Jupiter et de Saturne, on a

$$n\delta z=-3\iint\left[a\frac{\partial^2\Omega}{\partial\varepsilon\,\partial c'}n'\delta z'-\left(\frac{\partial.ar\frac{\partial\Omega}{\partial r}}{\partial\varepsilon}+a\frac{\partial\Omega}{\partial\varepsilon}\right)\nu'\right]d\varepsilon^2$$
$$-3\iint\left[a\frac{\partial^2\Omega'}{\partial\varepsilon\,\partial c''}n''\delta z''-\left(\frac{\partial.ar\frac{\partial\Omega'}{\partial r}}{\partial\varepsilon}+a\frac{\partial\Omega'}{\partial\varepsilon}\right)\nu''\right]d\varepsilon^2,$$

Ω, Ω' représentant respectivement les fonctions perturbatrices relatives à Jupiter et à Saturne. Toutes deux donnent ici des quantités de l'ordre $m'm''$. Les termes provenant des perturbations de Saturne sont en général les plus faibles, à cause du plus grand éloignement de cette planète.

81.

Les perturbations de Jupiter et de Saturne sont développées en séries ordonnées suivant les puissances des exponentielles $e^{g'i}$, $e^{g''i}$; dans le but que je me propose ici, il faut d'abord les mettre sous la forme que ce travail a donnée à celles des petites planètes, c'est-à-dire éliminer g' et g'' à l'aide des relations

$$g' = N\varepsilon - Ne\sin\varepsilon + \gamma\,,$$
$$g'' = N'\varepsilon - N'e\sin\varepsilon + \gamma'\,,$$

où $\gamma' = c'' - N'c$. Alors on a, comme plus haut,

$$\begin{aligned} e^{j'g'i} = I_0^{s} e^{(j'N\varepsilon + j'\gamma)i} - I_1^{s} e^{[(j'N+1)\varepsilon + j'\gamma]i} + I_2^{s} e^{[(j'N+2)\varepsilon + j'\gamma]i} - \cdots \\ + I_1^{s} e^{[(j'N-1)\varepsilon + j'\gamma]i} + I_2^{s} e^{[(j'N-2)\varepsilon + j'\gamma]i} + \cdots\,, \end{aligned}$$

$$\begin{aligned} e^{-j''g''i} = I_0^{s'} e^{(j''N'\varepsilon + j''\gamma')i} + I_1^{s'} e^{[(j''N'+1)\varepsilon + j''\gamma']i} + I_2^{s'} e^{[(j''N'+2)\varepsilon + j''\gamma']i} + \cdots \\ - I_1^{s'} e^{[(j''N'-1)\varepsilon + j''\gamma']i} + I_2^{s'} e^{[(j''N'-2)\varepsilon + j''\gamma']i} - \cdots\,, \end{aligned}$$

où $N' = \frac{n''}{n}$ et $s' = \frac{j''N'e}{2}$. Multipliant maintenant le produit de ces deux séries par $e^{j\varepsilon i}$, on obtient

$$e^{j\varepsilon i} . e^{(j'g' - j''g'')i} = \Sigma A_{j,j',j''} e^{[(j + j'N - j''N')\varepsilon + j'(c' - cN) - j''(c'' - cN')]i}\,.$$

On a ainsi

$$\begin{aligned} n'\delta z' = \beta_0 e^{(0,k',k'')i} + \beta_1 e^{(1,k',k'')i} + \beta_2 e^{(2,k',k'')i} + \cdots \\ + \beta_{-1} e^{(-1,k',k'')i} + \beta_{-2} e^{(-2,k',k'')i} + \cdots\,, \end{aligned}$$

$$\begin{aligned} \nu' = \gamma_0 e^{(0,k',k'')i} + \gamma_1 e^{(1,k',k'')i} + \gamma_2 e^{(2,k',k'')i} + \cdots \\ + \gamma_{-1} e^{(-1,k',k'')i} + \gamma_{-2} e^{(-2,k',k'')i} + \cdots\,, \end{aligned}$$

en posant, pour abréger,

$$(k, k', k'') = (k + k'N - k''N')\varepsilon + k'(c' - cN) - k''(c'' - cN')\,.$$

Des valeurs déjà développées pour $a\frac{\partial\Omega}{\partial\varepsilon}$ et $ar\frac{\partial\Omega}{\partial r}$ on déduit

$$a\frac{\partial^2\Omega}{\partial\varepsilon\,\partial c'} = E_j e^{(j,j')i}\,, \qquad \frac{\partial . ar\frac{\partial\Omega}{\partial r}}{\partial\varepsilon} + a\frac{\partial\Omega}{\partial\varepsilon} = F_j e^{(j,j')i}\,,$$

par suite,

$$a\frac{\partial^2\Omega}{\partial\varepsilon\,\partial c'} n'\delta z' = (\beta_0 E_j + \beta_1 E_{j-1} + \beta_{-1} E_{j+1} + \beta_2 E_{j-2} + \beta_{-2} E_{j+2} + \cdots)\, e^{(j,j'+k',k'')i}\,,$$

$$\frac{\partial . ar\frac{\partial\Omega}{\partial r}}{\partial\varepsilon} + a\frac{\partial\Omega}{\partial\varepsilon} = (\gamma_0 F_j + \gamma_1 F_{j-1} + \gamma_{-1} F_{j+1} + \gamma_2 F_{j-2} + \gamma_{-2} F_{j+2} + \cdots)\, e^{(j,j'+k',k'')i}\,;$$

alors, en ne tenant compte que des perturbations de Jupiter, il vient

$$n\delta z =$$
$$-3\iint(\beta_0 E_j - \gamma_0 F_j + \beta_1 E_{j-1} - \gamma_1 F_{j-1} + \beta_{-1} E_{j+1} - \gamma_{-1} F_{j+1} + \cdots)\, e^{(j,j'+k',k'')i} d\varepsilon^2,$$

et, par une double intégration,

$$n\delta z = -\frac{3}{[j+(j'+k')N-k''N']^2}(\beta_0 E_j - \gamma_0 F_j + \beta_1 E_{j-1} - \gamma_1 F_{j-1}$$
$$+ \beta_{-1} E_{j+1} - \gamma_{-1} F_{j+1} + \cdots)\, e^{(j,j'+k',k'')i}.$$

Pour des valeurs j'_1 et k'_1, telles que $j'_1 + k'_1 = j' + k'$, j et k'' ne changeant pas, on a, dans la même inégalité, des termes tout pareils au précédent.

Les perturbations de Saturne donnent aussi des expressions semblables aux précédentes; seulement il faut alors donner à l'argument de l'inégalité à longue période la forme $j + k'N - (j'' + k'')N'$, parce que les arguments des perturbations que la planète troublée éprouve de la part de Saturne sont de la forme $(j - j''N')\varepsilon - j''(c'' - cN')$. Dans les divers termes des perturbations de Saturne que l'on doit employer ici, k' reste invariable, tandis que k'' prend diverses valeurs, telles qu'on ait toujours

$$j''_1 + k''_1 = j'' + k''.$$

Dans le cas où ces perturbations de Jupiter et de Saturne sont sensibles, il n'y a qu'un petit nombre de termes qui puissent donner un résultat appréciable; le calcul est donc facile à exécuter.

82.

Pour trouver les arguments à longue période, il faut former les valeurs de $j'N \pm j''N'$ correspondantes aux valeurs $0, 1, 2, \ldots$ de j', prises successivement avec les valeurs $0, 1, 2, \ldots$ de j''; alors, désignant par l un nombre entier, l'argument de la longue période a pour multiplicateur de ε

$$l - j'N \mp j''N'.$$

La valeur numérique de n, qui sert de base à ces calculs, ayant une grande influence sur les valeurs numériques des arguments à obtenir, il ne faut entreprendre ces calculs qu'après avoir déterminé exactement le vrai moyen mouvement.

L'expression établie plus haut,

$$j + (j' + k')N - k''N',$$

n'exclut pas la valeur $j = 0$; mais pour cette valeur l'inégalité correspondante est nulle.

En effet, supposons que l'expression de $n\delta z$, art. 81, soit développée suivant les puissances de e^{gi}, $e^{g'i}$, la première partie pourra s'écrire

$$n\delta z = -3n^2 \iint \left[a \frac{\partial \Omega}{\partial g \partial g'} n'\delta z' - \left(\frac{\partial . ar \dfrac{\partial \Omega}{\partial r}}{\partial g} + a \frac{\partial \Omega}{\partial g} \right) \nu' \right] dg^2,$$

et la seconde prendra une forme analogue. Or, $n'\delta z'$ et ν' ne contenant pas g, il ne peut y avoir, dans les dérivées qui se trouvent ici, que les termes indépendants de g qui soient susceptibles d'exercer une influence sur l'inégalité dans laquelle $j = 0$. Soit donc

$$a\Omega = B e^{j'g'i}$$

l'un de ces termes; on a par rapport à lui

$$a \frac{\partial \Omega}{\partial g} = 0;$$

par suite, l'inégalité en question est nulle.

La manière la plus simple de tenir compte de l'influence de la grande inégalité à longue période de Jupiter et de Saturne sur la planète troublée, consiste à ajouter chaque fois sa valeur, dans toutes les inégalités, aux longitudes des époques c' et c''. Toutefois, s'il se trouvait dans le mouvement de la planète une inégalité dont la période fût presque la même que celle de la grande inégalité de Jupiter, il ne faudrait pas agir de la sorte. En effet, si le coefficient de ε dans cette inégalité est désigné par $l - l'N$, il en résulte deux inégalités à longue période dont les arguments ont comme coefficients de ε

$$l - (l' - 2)N - 5N',$$
$$l - (l' + 2)N + 5N',$$

et que l'on calculera comme il a été expliqué plus haut.

83.

Pour calculer la partie des constantes arbitraires qui dépend du carré de la force perturbatrice, il faut d'abord obtenir les valeurs de $(n\delta z)_0$, $(\nu)_0$, $\left(\frac{u}{\cos i}\right)_0$, $\left(\frac{d\nu}{d\varepsilon}\right)_0$, $\left(\frac{du}{\cos i\, d\varepsilon}\right)_0$, $\left(\frac{d\delta z}{dt}\right)_0$ correspondantes à ce carré. Les trois premières s'obtiennent immédiatement par la substitution des valeurs des arguments pour l'époque adoptée et en faisant $t = 0$ en dehors des exponentielles. La quatrième et la cinquième se déduisent de la seconde et de la troisième, en multipliant les coefficients par les diviseurs d'intégration et changeant ensuite $A' + iA''$ en $A'' - iA'$. La quantité $\left(\frac{d\delta z}{d\varepsilon}\right)_0$ se déduira de la même façon de $(n\delta z)_0$, et on a

$$\left(\frac{d\delta z}{dt}\right)_0 = n\left(\frac{d\delta z}{d\varepsilon}\right)_0 \frac{a_0}{r_0}.$$

Si les variations séculaires sont sensibles, il faut y avoir égard dans les dérivées. Désignant par $(k, -k'N)$ l'argument correspondant à ce cas, on a

$$n\delta z \text{ ou } \delta\nu \text{ ou } \delta u = A\,e^{(k,-k'N)t} + ntB\,e^{(k,-k'N)t},$$

d'où l'on tire avec une suffisante exactitude

$$\frac{nd\delta z}{d\varepsilon} \text{ ou } \frac{d\delta\nu}{d\varepsilon} \text{ ou } \frac{d\delta u}{d\varepsilon} = [i(k, -k'N)A + B]\,e^{(k,-k'N)t} + i(k, -k'N)Bnt\,e^{(k,-k'N)t};$$

on en conclura les quantités affectées de l'indice 0, en négligeant les termes multipliés par nt.

Ces quantités devront être d'abord calculées avec la valeur ε_0 de la première approximation; il faudra ensuite faire la correction dépendant de la différence entre la valeur de ε et cette valeur corrigée. La somme de ces deux parties donnera la valeur totale de celle qui dépend du carré de la force perturbatrice.

Ajoutant enfin les perturbations du second ordre à celles de la première approximation, on forme le tableau des valeurs complètes de $n\delta z$, ν, $\frac{u}{\cos i}$, auxquelles il faudra joindre celui des valeurs de Γ et de $\delta_2 u$. Il est bien entendu qu'il faut tenir compte des perturbations exercées par toutes les planètes dont l'action est sensible.

TROISIÈME PARTIE.

—

§ I.

Transformation des éléments elliptiques.

1.

Soient, comme précédemment, a_0, n_0, e_0, ... les éléments osculateurs correspondants à l'époque $t=0$, et a_1, n_1, e_1, ... les éléments osculateurs correspondants à l'époque t_1 : les autres quantités relatives à cette époque seront désignées par l'indice 1. Après avoir substitué, dans $n_0 z$, ν, i, θ, σ, les valeurs de ε et c' correspondantes à t_1, on obtiendra les équations

$$(1)\quad \left\{ \begin{aligned} (n_0 z)_1 &= \bar{\varepsilon} - e_0 \sin\bar{\varepsilon}, \\ \bar{r}\cos\bar{w} &= a_0(\cos\bar{\varepsilon} - e_0), \\ \bar{r}\sin\bar{w} &= a_0 f_0 \sin\bar{\varepsilon}, \\ v &= \bar{w} + \varpi_0, \\ r &= \bar{r}(1+\nu), \\ a_0^3 n_0^2 &= \mu, \\ \cos b_1 \sin(l_1 - \theta_1) &= \cos i_1 \sin(v - \sigma_1), \\ \cos b_1 \cos(l_1 - \theta_1) &= \cos(v - \sigma_1), \\ \sin b_1 &= \sin i_1 \sin(v - \sigma_1). \end{aligned} \right.$$

Dans ce qui précède, on a calculé les expressions de u, $\frac{du}{d\varepsilon}$, Γ, au lieu de i, θ, σ; mais comme on peut toujours passer des premières à celles-ci, on peut les considérer comme données. Le problème qu'on se propose est rendu plus simple par cette considération.

On a aussi, en tenant compte de la remarque de l'art. 6, *partie,* relative à la valeur initiale de σ,

$$(2)\quad \left\{\begin{aligned} n_1 t_1 + c_1 &= \varepsilon - e_1 \sin\varepsilon, \\ r\cos w &= a_1(\cos\varepsilon - e_1), \\ r\sin w &= a_1 f_1 \sin\varepsilon, \\ v_1 &= w + \varpi_1, \\ a_1^3 n_1^2 &= \mu, \\ \cos b_1 \sin(l_1 - \theta_1) &= \cos i_1 \sin(v_1 - \theta_1), \\ \cos b_1 \cos(l_1 - \theta_1) &= \cos(v_1 - \theta_1), \\ \sin b_1 &= \sin i_1 \sin(v_1 - \theta_1). \end{aligned}\right.$$

Pour identifier les trois dernières équations de ce système trois dernières du précédent, il faut que l'on ait la relation

$$v_1 - \theta_1 = v - \sigma_1,$$

qui devient facilement

$$w + \varpi_1 - \theta_1 = \overline{w} + \varpi_0 - \sigma_1.$$

Or, en désignant par χ_1 l'angle que fait, à l'instant t_1, l'ax positives avec le rayon vecteur du périhélie, on a, comme à l *Première partie,*

$$w - \overline{w} + \varpi_0 = -\chi_1;$$

par suite, l'équation précédente devient

$$(3)\qquad \chi_1 - \sigma_1 = \varpi_1 - \theta_1.$$

Comme r et v sont des coordonnées idéales, on tire de tions (1)

$$\frac{dv}{dt} = \frac{a_0^2 f_0}{\overline{r}^2}\frac{d(n_0 z)_1}{dt},$$

$$\frac{dr}{dt} = \frac{a_0 e_0}{f_0}\sin\overline{w}.\frac{d(n_0 z)_1}{dt}(1 + \nu_1) + \overline{r}\frac{d\nu_1}{dt},$$

et des équations (2)

$$\frac{dr}{dt} = \frac{a_1^2 n_1 f_1}{r^2},$$

$$\frac{dr}{dt} = \frac{a_1 n_1 e_1 \sin w}{f_1};$$

de là résultent les équations

$$(4)\quad \begin{cases} \dfrac{a_1^2 n_1 f_1}{r^2} = \dfrac{a_0^2 f_0^2}{\bar{r}^2} \dfrac{d(n_0 z)_1}{dt}, \\ \dfrac{a_1 n_1}{f_1} \sin w = \dfrac{a_0 e_0}{f_0} \sin \bar{w} . \dfrac{d(n_0 z)_1}{dt}(1+\nu_1) + \bar{r}\dfrac{d\nu_1}{dt}; \end{cases}$$

la première devient

$$(5)\qquad h_1 = \frac{h_0}{\dfrac{d(n_0 z)_1}{n_0 dt}(1+\nu_1)^2},$$

en se souvenant que

$$(6)\quad h_0 = \frac{a_0 n_0}{f_0}, \quad h_1 = \frac{a_1 n_1}{f_1}, \quad a_0^3 n_0^2 = a_1^3 n_1^2 = \mu, \quad r = \bar{r}(1+\nu_1).$$

Éliminant $\dfrac{1}{r}$, $\dfrac{1}{\bar{r}}$ des équations (4), à l'aide des équations

$$\frac{1}{r} = \frac{1+e_1 \cos w}{a_1 f_1^2}, \qquad \frac{1}{\bar{r}} = \frac{1+e_0 \cos \bar{w}}{a_0 f_0^2},$$

et h_1 par l'équation (5), il vient

$$1 + e_1 \cos w = (1 + e_0 \cos \bar{w}) \left(\frac{d(n_0 z)_1}{n_0 dt}\right)^2 \cdot (1+\nu_1)^3,$$

$$e_1 \sin w = e_0 \sin \bar{w} \left(\frac{d(n_0 z)_1}{n_0 dt}\right)^2 (1+\nu_1)^3 + \frac{\bar{r}}{h_0} \frac{d(n_0 z)_1}{n_0 dt} \frac{d\nu_1}{dt} (1+\nu_1)^2.$$

Si, pour simplifier l'écriture, on pose

$$\alpha = \left(\frac{d(n_0 z)_1}{n_0 dt}\right)^2 (1+\nu_1)^3 - 1, \quad \beta = \frac{\bar{r}}{h_0} \frac{d(n_0 z)_1}{n_0 dt} \frac{d\nu_1}{dt} (1+\nu_1)^2,$$

les équations précédentes deviennent

$$e_1 \cos w = e_0 \cos \bar{w} + \alpha(1 + e_0 \cos \bar{w}),$$
$$e_1 \sin w = e_0 \sin \bar{w} + \alpha e_0 \sin \bar{w} + \beta,$$

où α et β sont des quantités de l'ordre de la force perturbatrice. Or, les équations

$$v = \bar{w} + \varpi_0, \qquad v = w + \chi$$

donnent

$$\chi_1 - \varpi_0 = \bar{w} - w;$$

alors on peut mettre les équations précédentes sous la forme

$$(7)\qquad \begin{cases} e_1 \sin(\chi_1 - \varpi_0) = \alpha \sin \overline{w} - \beta \cos \overline{w}\,, \\ e_1 \cos(\chi_1 - \varpi_0) = e_0 + \alpha(\cos \overline{w} + e_0) + \beta \sin \overline{w}\,. \end{cases}$$

De là on déduira les valeurs exactes de e_1, χ_1.

2.

Éliminant a_1 et a_0 des trois premières équations (6), il vient

$$(8)\qquad n_1 = n_0 \left(\frac{h_1 f_1}{h_0 f_0}\right)^3,$$

et, si l'on élimine n_1, n_0 entre les mêmes équations, on a

$$(9)\qquad a_1 = a_0 \left(\frac{h_0 f_0}{h_1 f_1}\right)^2.$$

Posant maintenant, pour abréger,

$$\eta = \alpha \sin \overline{w} - \beta \cos \overline{w}\,,$$
$$\xi = \alpha(\cos \overline{w} + e_0) + \beta \sin \overline{w}\,,$$

on tire des équations (7)

$$f_1^2 = f_0^2 \left(1 - \frac{2e_0\xi}{f_0^2} - \frac{\eta^2 + \xi^2}{f_0^2}\right).$$

Alors les équations (8) et (9) donnent

$$(10)\qquad n_1 = n_0 \frac{\left(1 - \frac{2e_0\xi}{f_0^2} - \frac{\eta^2 + \xi^2}{f_0^2}\right)^{\frac{3}{2}}}{\left[\frac{d(n_0 z)_1}{n_0\, dt}\right]^3 (1 + \nu_1)^2},$$

$$(11)\qquad a_1 = a_0 \frac{\left[\frac{d(n_0 z)_1}{n_0\, dt}\right]^2 (1 + \nu_1)^4}{1 - \frac{2e_0\xi}{f_0^2} - \frac{\eta^2 + \xi^2}{f_0^2}}.$$

Il suffit de calculer, à l'aide de l'une de ces expressions, soit a_1, soit n_1, car on a

$$a_1 = \left(\frac{\mu}{n_1^2}\right)^{\frac{1}{3}}, \quad n_1 = \left(\frac{\mu}{a_1^3}\right)^{\frac{1}{2}}.$$

3.

Après avoir calculé χ_1 par le système (7), on a

$$w = \bar{w} - \chi_1 + \varpi_0,$$

et ensuite

$$\text{tang}\,\varepsilon = \frac{f_1 \sin w}{\cos w + e_1},$$

puis enfin

$$c_1 = \varepsilon - e_1 \sin \varepsilon.$$

4.

Si l'on rapporte u, p, q au temps t_1, on peut poser, d'après l'art. 18, *Première partie,*

$$u_1 = \frac{\bar{r}}{a_0} q_1 \sin(\bar{w} + \varpi_0 - \theta_0) - \frac{\bar{r}}{a_0} p_1 \cos(\bar{w} + \varpi_0 - \theta_0),$$

d'où l'on tire, comme à l'art. 4, *Deuxième partie,* et en observant que $\frac{d\bar{\varepsilon}}{dz} = \frac{a_0 n_0}{\bar{r}}$,

$$\frac{du_1}{dt} = \frac{h_0}{a_0} q_1 [\cos(\bar{w} + \varpi_0 - \theta_0) + e_0 \cos(\varpi_0 - \theta)] \frac{d(n_0 z)_1}{n_0 dt}$$
$$+ \frac{h_0}{a_0} p_1 [\sin(\bar{w} + \varpi_0 - \theta_1) + e_0 \sin(\varpi_0 - \theta_0)] \frac{d(n_0 z)_1}{n_0 dt}.$$

Ces deux équations donnent

$$(12) \quad \left\{ \begin{aligned} p_1 &= -\frac{u_1}{f_0^2} [\cos(\bar{w} + \varpi_0 - \theta_0) + e_0 \cos(\varpi_0 - \theta_0)] \\ &\quad + \frac{\bar{r}\frac{du_1}{dt}}{\frac{d(n_0 z)_1}{n_0 dt} h_0 f_0^2} \sin(\bar{w} + \varpi_0 - \theta_0), \\ q_1 &= \frac{u_1}{f_0^2} [\sin(\bar{w} + \varpi_0 - \theta_0) + e_0 \sin(\varpi_0 - \theta_0)] \\ &\quad + \frac{\bar{r}\frac{du_1}{dt}}{\frac{d(n_0 z)_1}{n_0 dt} h_0 f_0^2} \cos(\bar{w} + \varpi_0 - \theta_0). \end{aligned} \right.$$

On a d'ailleurs, art. 8, *Première partie,*

$$\sin i_1 \sin(\sigma_1 - \theta_0) = p_1\,,$$
$$\sin i_1 \cos(\sigma_1 - \theta_0) = \sin i_0 + q_1\,;$$

de sorte qu'en posant

$$(13) \qquad \begin{cases} \lambda \sin l = \sin \bar{w}\,, \\ \lambda \cos l = \cos \bar{w} + e_0\,, \end{cases}$$

les équations (12) deviennent

$$(14) \qquad \left\{ \begin{aligned} \sin i_1 \sin(\sigma_1 - \theta_0) &= -\frac{u_1}{f_0^2} \lambda \cos(l + \varpi_0 - \theta_0) \\ &\quad + \frac{\bar{r}\,\dfrac{du_1}{dt}}{\dfrac{d(n_0 z)_1}{n_0\,dt} h_0 f_0^2} \sin(\bar{w} + \varpi_0 - \theta_0)\,, \\ \sin i_1 \cos(\sigma_1 - \theta_0) &= \sin i_0 + \frac{u_1}{f_0^2} \lambda \sin(l + \varpi_0 - \theta_0) \\ &\quad + \frac{\bar{r}\,\dfrac{du_1}{dt}}{\dfrac{d(n_0 z)_1}{n_0\,dt} h_0 f_0^2} \cdot \end{aligned} \right.$$

Ce système donne les valeurs de i_1 et de σ_1. Les deux dernières équations de l'art. 7, *Première partie,* donnent ici

$$(15) \qquad \operatorname{tang} \tfrac{1}{2}(\theta_1 - \theta_0 - \Gamma) = \frac{\cos \frac{1}{2}(i_1 - i_0)}{\cos \frac{1}{2}(i_1 + i_0)} \operatorname{tang} \tfrac{1}{2}(\sigma_1 - \theta_0)\,,$$

équation qui détermine θ_1. Enfin l'équation (3) donne

$$(16) \qquad \varpi_1 = \chi_1 - \sigma_1 + \theta_1\,.$$

Le problème est ainsi complètement et rigoureusement résolu.

5.

Pour obtenir une solution approchée aux quantités près de l'ordre du carré de la force perturbatrice, on tire des équations (7)

$$\eta = e_1 \sin(\chi_1 - \varpi_0)\,,$$
$$\xi = -e_0 + e_1 \cos(\chi_1 - \varpi_0)\,,$$

par suite

$$\operatorname{tang}(\chi_1 - \varpi_0) = \frac{\eta}{e_0 + \xi},$$

d'où

$$\sin(\chi_1 - \varpi_0) = \frac{\eta}{\sqrt{\eta^2 + (e_0 + \xi)^2}},$$

(17) $$e_1 = e_0 + \xi + \frac{\eta}{2e_0}.$$

De même

$$\chi_1 - \varpi_0 = \operatorname{arc} \sin \frac{\eta}{e_1},$$

et, par suite,

(18) $$\chi_1 = \varpi_0 + \rho \frac{\eta}{e_0} - \frac{\rho \eta \xi}{e_0^2},$$

où $\rho = 206265''$.

On a aussi, avec la même exactitude,

(19) $$\frac{f_1}{f_0} = 1 - \frac{e_0}{f_0^2} \xi - \frac{\eta^2}{2f_0^2} - \frac{\xi^2}{2f_0^4}.$$

6.

De la relation

$$\frac{a_1}{a_0} = \left(\frac{h_0 f_0}{h_1 f_1}\right)^2,$$

on tire

$$\frac{a_1}{a_0} = \left[1 + \frac{(h_1 - h_0) f_0 + h_1 (f_1 - f_0)}{h_0 f_0}\right]^{-2},$$

et, en négligeant les termes d'ordres supérieurs au second,

(20) $$\frac{a_1}{a_0} = 1 - 2\left(\frac{h_1 - h_0}{h_0} - \frac{h_1}{h_0} \frac{f_1 - f_0}{f_0}\right) + 3\left(\frac{h_1 - h_0}{h_0} + \frac{h_1}{h_0} \frac{f_1 - f_0}{f_0}\right)^2.$$

De même, de la relation

$$\frac{n_1}{n_0} = \left(\frac{h_0 f_0}{h_1 f_1}\right)^3,$$

on tire

(21) $$\frac{n_1}{n_0} = 1 - 3\left(\frac{h_1 - h_0}{h_0} - \frac{h_1}{h_0} \frac{f_1 - f_0}{f_0}\right) + 6\left(\frac{h_1 - h_0}{h_0} + \frac{h_1}{h_0} \frac{f_1 - f_0}{f_0}\right)^2.$$

$f_1 - f_0$ est donné par l'équation (19), et $h_1 - h_0$ par l'équation (5), qui peut s'écrire

$$\frac{h_1 - h_0}{h_0} = -1 + \frac{1}{(1+\nu_1)^2 \frac{d(n_0 z)_1}{n_0 dt}}.$$

7.

Pour avoir une valeur approchée de c_1, je différentie logarithmiquement l'équation

$$\operatorname{tang} \tfrac{1}{2} w = \sqrt{\frac{1+e}{1-e}} \operatorname{tang} \tfrac{1}{2} \varepsilon,$$

ce qui donne

$$\frac{dw}{\sin w} = \frac{\partial e}{f^2} + \frac{d\varepsilon}{\sin \varepsilon},$$

par suite,

$$\frac{\partial \varepsilon}{\partial w} = \frac{\sin \varepsilon}{\sin w} = \frac{r}{af}, \quad \frac{\partial \varepsilon}{\partial e} = -\frac{\sin \varepsilon}{f^2},$$

$$\frac{\partial^2 \varepsilon}{\partial w^2} = \frac{er \sin \varepsilon}{af^2}, \quad \frac{\partial^2 \varepsilon}{\partial w \partial e} = -\frac{r \cos \varepsilon}{af^3}, \quad \frac{\partial^2 \varepsilon}{\partial e^2} = \frac{\cos \varepsilon - 2e}{f^4} \sin \varepsilon$$

Or,

$$\delta \bar{\varepsilon} = \varepsilon - \bar{\varepsilon} = \frac{\partial \bar{\varepsilon}}{\partial \bar{w}} \delta \bar{w} + \frac{\partial \bar{\varepsilon}}{\partial e_0} \delta e_0 + \tfrac{1}{2} \frac{\partial^2 \varepsilon}{\partial \bar{w}^2} \delta \bar{w}^2 + \frac{\partial^2 \varepsilon}{\partial \bar{w} \partial e_0} \delta \bar{w} \delta e_0 + \tfrac{1}{2} \frac{\partial^2 \varepsilon}{\partial e_0^2} \delta e_0^2$$

et, par la substitution des valeurs précédentes des dérivées,

$$\varepsilon = \bar{\varepsilon} - \rho \xi \frac{\sin \bar{\varepsilon}}{f_0^2} - \rho \eta \frac{1 - e_0 \cos \bar{\varepsilon}}{e_0 f_0} + \rho \xi^2 \frac{\sin \bar{\varepsilon} (\cos \bar{\varepsilon} - 2e_0)}{2 f_0^4} - \rho \eta^2 \frac{\sin 2\bar{\varepsilon}}{4 f_0^2}$$
$$+ \rho \eta \xi \frac{(1 - e_0 \cos \bar{\varepsilon})(f_0^2 + e_0 \cos \bar{\varepsilon})}{e_0^2 f_0^3},$$

et, comme $\bar{\varepsilon}$ est donné par

$$(n_0 z)_1 = \bar{\varepsilon} - \rho e_0 \sin \bar{\varepsilon},$$

on peut tirer la valeur de ε de l'équation précédente.

On a ensuite

$$c_1 = \varepsilon - \rho e_1 \sin \varepsilon.$$

Les formules rigoureuses ne donnent guère plus de travail; on a en effet

$$w = \bar{w} + \varpi_0 - \chi_1,$$

$$\operatorname{tang} \varepsilon = \frac{f_1 \sin w}{\cos w + e_1},$$

$$c_1 = \varepsilon - \rho e_1 \sin \varepsilon.$$

8.

Pour calculer les éléments dont dépend la position de l'orbite, on tire des équations (12) et (13), et en remarquant que

$$\frac{d(n_0 z)_1}{n_0 dt} = 1 + \frac{d\delta z_1}{dt},$$

$$p_1 = -\frac{u_1 \lambda}{f_0^2} \cos(l + \varpi_0 - \theta_0) + \frac{\frac{du_1}{d\varepsilon}}{f_0\left(1 + \frac{d\delta z_1}{dt}\right)} \sin(w + \varpi_0 - \theta_0),$$

$$q_1 = \frac{u_1 \lambda}{f_0^2} \sin(l + \varpi_0 - \theta_0) + \frac{\frac{du_1}{d\varepsilon}}{f_0\left(1 + \frac{d\delta z_1}{dt}\right)} \cos(\bar{w} + \varpi_0 - \theta_0),$$

et comme

$$\left(1 + \frac{d\delta z_1}{dt}\right)^{-1} = 1 - \frac{d\delta z_1}{dt},$$

ces équations deviennent

$$p_1 = -\frac{u_1 \lambda}{f_0^2} \cos(l + \varpi_0 - \theta_0) + \frac{\frac{du_1}{d\varepsilon} - \frac{du_1}{d\varepsilon}\frac{d\delta z_1}{dt}}{f_0} \sin(\bar{w} + \varpi_0 - \theta_0),$$

$$q_1 = \frac{u_1 \lambda}{f_0^2} \sin(l + \varpi_0 - \theta_0) + \frac{\frac{du_1}{d\varepsilon} - \frac{du_1}{d\varepsilon}\frac{d\delta z_1}{dt}}{f_0} \cos(\bar{w} + \varpi_0 - \theta_0).$$

De plus, des équations

$$\sin i_1 \sin(\sigma_1 - \theta_0) = p_1,$$

$$\sin i_1 \cos(\sigma_1 - \theta_0) = \sin i_0 + q_1,$$

on tire

$$i_1 = i_0 + \rho\,\frac{q_1}{\cos i_0} + \rho\,\frac{p_1^2}{\sin 2i_0} + \rho\,\frac{q_1^2 \sin i_0}{2\cos^3 i_0},$$

$$\sigma_1 = \theta_0 + \rho\,\frac{p_1}{\sin i_0} - \rho\,\frac{p_1 q_1}{\sin^2 i_0}.$$

Le développement de l'équation (15) donne

$$\theta_1 = \theta_0 + \Gamma_1 + \frac{\sigma_1 - \sigma_0}{\cos i_0} + \frac{\sin i_0}{2\cos^2 i_0}(\sigma_1 - \sigma_0)(i_1 - i_0),$$

ou bien, en éliminant σ_1 et i_1,

$$\theta_1 = \theta_0 + \frac{2\rho p_1}{\sin 2i_0} + \frac{2\rho p_1 q_1 (3\sin^2 i_0 - 2)}{\cos i_0 \sin^2 2i_0} + \Gamma_1.$$

De l'équation $\varpi_1 = \chi_1 - \sigma_1 + \theta_1$, on tire maintenant

$$\varpi_1 = \chi_1 + \rho\,\frac{p_1}{\cos i_0}\,\mathrm{tang}\,\tfrac{1}{2} i_0 + \rho p_1 q_1\,\frac{(1 + 2\cos i_0)\,\mathrm{tang}^2 \tfrac{1}{2} i_0}{2\cos^3 i_0} + \Gamma_1,$$

ce qui achève la détermination de tous les éléments.

9.

On peut calculer aisément $\frac{d\delta z_1}{dt}$ de la manière suivante. Soit (n) la valeur moyenne du moyen mouvement, c la longitude moyenne de l'époque; on a

$$n_0 z_1 = (n)t + c + n_0 \delta z,$$

où $n_0 \delta z$ est une fonction explicite de ε_0 : on tire de là successivement

$$\frac{d(n_0 z)_1}{n_0\,dt} = \frac{(n)}{n_0} + \frac{d(n_0 \delta z)_1}{d\varepsilon_0}\,\frac{d\varepsilon_0}{dt},$$

$$\frac{d(n_0 z)_1}{n_0\,dt} - 1 = \frac{(n) - n_0}{n_0} + \frac{(n)}{n_0}\,\frac{d(n_0 \delta z)_1}{d\varepsilon_0}\,\frac{1}{1 - e_0 \cos \varepsilon_0},$$

et comme

$$\frac{d\delta z_1}{dt} = \frac{d(n_0 z)_1}{n_0\,dt} - 1,$$

il vient finalement

$$\frac{d\delta z_1}{dt} = \frac{(n) - n_0}{n_0} + \frac{(n)}{n_0}\,\frac{d(n_0 \delta z)_1}{d\varepsilon_0}\,\frac{1}{1 - e \cos \varepsilon_0}.$$

§ II.

Développement des expressions des corrections à faire aux coefficients de perturbations, et qui résultent de la correction des éléments osculateurs pris pour base du calcul.

10.

Les corrections des éléments osculateurs étant des quantités du premier ordre, il suffira de corriger seulement les coefficients du premier ordre, parce que les corrections des coefficients du second ordre ne pourraient être que du troisième et qu'on peut les considérer comme insensibles.

Soient, comme à l'art. 28, *Première partie*, et supprimant les indices 0, qui sont inutiles ici,

$$T=\frac{\partial W}{\partial \varepsilon},\qquad U=\frac{\partial R}{\partial \varepsilon},$$

et, de plus,

$$\Lambda=\frac{\rho}{a}T,$$

où $\rho=a(1-e\cos\eta)$; il en résulte

$$n\delta z=\int d\varepsilon\,\overline{\int \Lambda\, d\varepsilon},$$

$$\nu=-\tfrac{1}{2}\int \frac{\partial \overline{\int T d\varepsilon}}{\partial \eta}\,d\varepsilon,$$

$$\frac{u}{\cos i}=\overline{\int U d\varepsilon}.$$

Désignant maintenant par Δ la variation d'une fonction lorsqu'on substitue les valeurs corrigées à celles qu'on a d'abord employées, il vient

$$\Delta n\delta z=\int d\varepsilon\,\overline{\int \Delta\Lambda\, d\varepsilon},$$

$$\Delta\nu=-\tfrac{1}{2}\int \frac{\partial \overline{\int \Delta T d\varepsilon}}{\partial \eta}\,d\varepsilon,$$

$$\frac{\Delta u}{\cos i}=\overline{\int \Delta U d\varepsilon}.$$

D'après l'équation (58), *Première partie*, on a

$$\Lambda = \frac{1}{af}\left\{2\rho^2\cos(w-\omega) - \rho r + \frac{2\rho^2 r}{af^2}[\cos(w-\omega)-1]\right\}\frac{\partial\Omega}{\partial w}$$
$$+ \frac{2}{af}\rho^2\sin(w-\omega).r\,\frac{\partial\Omega}{\partial r}:$$

de plus,

$$U = \frac{\rho r^2}{af}\sin(\omega - w).\frac{\partial\Omega}{\partial Z}\cos i.$$

On peut considérer v et r comme des fonctions de ε et de ν, et $\omega+\chi$ et ρ comme des fonctions de η et de β; alors en posant, comme à l'art. 13, *Deuxième partie*, $\lambda = \frac{1}{2}\frac{n'}{n}e$, on pourra considérer Λ comme fonction de $\lambda, \eta, \beta, \varepsilon, \nu, a, e, u, u_1$, la variation par rapport à Π et Π' pouvant être changée en une variation par rapport à u, u_1, u'; et comme les éléments de la planète troublante ne subissent aucun changement dans les circonstances actuelles, il faut supprimer le terme en u'. On a donc

$$\Delta\Lambda = \frac{\partial\Lambda}{\partial\lambda}\Delta\lambda + \frac{\partial\Lambda}{\partial\eta}\Delta\eta + \frac{\partial\Lambda}{\partial\beta}\Delta\beta + \frac{\partial\Lambda}{\partial\varepsilon}\Delta\varepsilon + \frac{\partial\Lambda}{\partial\nu}\Delta\nu$$
$$+ \frac{\partial\Lambda}{\partial a}\Delta a + \frac{\partial\Lambda}{\partial e}\Delta e + \frac{\partial\Lambda}{\partial u}\Delta u + \frac{\partial\Lambda}{\partial u_1}\Delta u_1,$$

où

$$\Delta\lambda = \frac{1}{2}\frac{n'}{n}\left(\Delta e - \frac{\Delta n}{n}\right);$$

la variation de c n'entre pas explicitement, mais elle est contenue dans celle de ε. On trouve aisément

$$\frac{\partial\Lambda}{\partial\lambda} = \frac{\rho}{a}\frac{\partial T}{\partial\lambda}, \qquad \frac{\partial\Lambda}{\partial\nu} = r\frac{\partial\Lambda}{\partial r},$$
$$\frac{\partial\Lambda}{\partial\beta} = \rho\frac{\partial\Lambda}{\partial\rho}, \qquad \frac{\partial\Lambda}{\partial\varepsilon} = \frac{\rho}{a}\frac{\partial T}{\partial\varepsilon},$$
$$\rho\frac{\partial\Lambda}{\partial\rho} = \frac{\rho}{a}(2T + \bar{T}),$$
$$r\frac{\partial\Lambda}{\partial r} = \frac{\rho}{a}(T + V + \bar{X}),$$

$$\frac{\partial \Lambda}{\partial f} = -\frac{\rho}{af}(3T+2X+2\overline{T}), \qquad \frac{\partial \Lambda}{\partial e} = \frac{e}{f^2}\frac{\rho}{a}(3T+2X+2\overline{T}),$$

$$\cos i \frac{\partial \Lambda}{\partial u} = \frac{\rho}{a} D, \qquad \cos i \frac{\partial \Lambda}{\partial u_1} = \frac{\rho}{a} E,$$

de telle sorte qu'on a finalement

$$\Delta \Lambda = \frac{\rho}{a}\left[\frac{\partial T}{\partial \lambda}\Delta\lambda + \frac{\partial T}{\partial \varepsilon}\Delta\varepsilon + (T+V+X)\Delta\nu + \frac{e}{f^2}(3T+2X+2\overline{T})\Delta e \right.$$
$$\left. -(2T+X+\overline{T})\frac{\Delta a}{a} + D\frac{\Delta u}{\cos i} + E\frac{\Delta u_1}{\cos i} + (2T+\overline{T})\Delta\beta\right] + \frac{\partial \Lambda}{\partial \eta}\Delta\eta,$$

résultat susceptible d'importantes réductions.

11.

Soient encore les équations

$$(22) \qquad \begin{cases} \bar{r} = a(1 - e\cos\varepsilon), \\ \bar{r}\sin w = af\sin\varepsilon, \\ \bar{r}\cos w = a(\cos\varepsilon - e), \\ v = w + \chi, \\ r = \bar{r}(1+\nu). \end{cases}$$

Les variations de v et de r, provenant des changements des éléments osculateurs, peuvent s'obtenir soit en faisant a, e, χ variables et laissant ε et ν invariables, soit au contraire en faisant varier ε et ν, les éléments a, e, χ restant invariables ; c'est ainsi qu'on a successivement

$$\log r = \log \bar{r} + \log(1+\nu),$$

$$\frac{\Delta r}{r} = \frac{\Delta \bar{r}}{\bar{r}},$$

mais

$$\Delta \bar{r} = \frac{\bar{r}}{a}\Delta a - a\cos\varepsilon\,\Delta e,$$

d'où

$$\frac{\Delta \bar{r}}{\bar{r}} = \frac{\Delta r}{r} = \frac{\Delta a}{a} - \frac{a}{\bar{r}}\cos\varepsilon\,\Delta e.$$

La seconde et la troisième des équations (22) donnent

$$\Delta w = \frac{a \sin \varepsilon}{\bar{r}} \frac{\Delta e}{f},$$

et, par suite,

$$\Delta v = \Delta \chi + \frac{a}{\bar{r}} \sin \varepsilon \frac{\Delta e}{f}.$$

Considérant maintenant ε et ν comme variables, on a, par les mêmes équations,

$$\Delta w = \frac{a}{\bar{r}} f \Delta \varepsilon,$$

et, puisque χ est constant,

$$\Delta v = \frac{a}{\bar{r}} f \Delta \varepsilon.$$

De même

$$\frac{\Delta r}{r} = \frac{\Delta \bar{r}}{\bar{r}} + \frac{\Delta \nu}{1+\nu};$$

mais

$$\log \bar{r} = \log a + \log(1 - e \cos \varepsilon),$$

par suite

$$\frac{\Delta \bar{r}}{\bar{r}} = \frac{a e \sin \varepsilon \Delta \varepsilon}{\bar{r}},$$

d'où

$$\frac{\Delta r}{r} = \frac{\Delta \nu}{1+\nu} + \frac{a e \sin \varepsilon}{\bar{r}} \Delta \varepsilon. \tag{23}$$

Égalant maintenant ces deux valeurs de Δv, puis celles de Δr, et négligeant le diviseur $1+\nu$ qui introduirait des quantités du second ordre, il vient

$$(24) \quad \begin{cases} \Delta \varepsilon = \dfrac{\sin \varepsilon}{f^2} \Delta e + \dfrac{1 - e \cos \varepsilon}{f} \Delta \chi, \\ \Delta \nu = \dfrac{\Delta a}{a} - \dfrac{e \sin \varepsilon}{f} \Delta \chi - \dfrac{e + \cos \varepsilon}{f^2} \Delta e. \end{cases}$$

On aura de même

$$(25) \quad \begin{cases} \Delta \eta = \dfrac{\sin \eta}{f^2} \Delta e + \dfrac{1 - e \cos \eta}{f} \Delta \chi, \\ \Delta \beta = \dfrac{\Delta a}{a} - \dfrac{e \sin \eta}{f} \Delta \chi - \dfrac{e + \cos \eta}{f^2} \Delta e. \end{cases}$$

Des expressions

$$p = \sin i \sin(\sigma - \theta_0),$$
$$q = \sin i \cos(\sigma - \theta_0) - \sin i_0,$$

on tire

$$\Delta p = \cos i \sin(\sigma - \theta_0)\,\Delta i + \cos(\sigma - \theta_0)\sin i\,\Delta\sigma,$$
$$\Delta q = \cos i \cos(\sigma - \theta_0)\,\Delta i - \sin(\sigma - \theta_0)\sin i\,\Delta\sigma,$$

et comme il s'agit de la variation des éléments à l'origine, il faut poser

$$i = i_0, \qquad \sigma = \theta_0,$$

ce qui donne

$$\Delta p = \sin i\,\Delta\sigma, \qquad \Delta q = \cos i\,\Delta i.$$

Différentiant maintenant

$$u = \frac{\bar{r}}{a}\, q \sin(v - \theta_0) - \frac{\bar{r}}{a}\, p \cos(v - \theta_0),$$

on a, puisque $\Delta\sigma = \cos i \Delta\theta$,

$$\frac{\Delta u}{\cos i} = \frac{\bar{r}}{a} \sin(v - \theta_0)\,\Delta i - \frac{\bar{r}}{a} \cos(v - \theta_0)\sin i\,\Delta\theta;$$

remplaçant $v - \theta_0$ par $w + \varpi_0 - \theta_0$, et introduisant l'anomalie excentrique par la relation $\bar{r} = a(1 - e\cos\varepsilon)$, on a finalement

$$(26) \qquad \frac{\Delta u}{\cos i} = \gamma \sin\varepsilon + \delta(\cos\varepsilon - e),$$

en posant

$$\gamma = f[\cos(\varpi_0 - \theta_0)\,\Delta i - \sin(\varpi_0 - \theta_0)\sin i\,\Delta\theta],$$
$$\delta = \sin(\varpi_0 - \theta_0)\,\Delta i + \cos(\varpi_0 - \theta_0)\sin i\,\Delta\theta.$$

On trouve de même

$$(27) \qquad \frac{\Delta u_1}{\cos i} = \gamma\cos\varepsilon - \delta\sin\varepsilon.$$

Ainsi sont obtenues les variations

$$\Delta\varepsilon,\ \Delta\nu,\ \Delta\eta,\ \Delta\beta,\ \Delta u,\ \Delta u_1,$$

qui entrent dans $\Delta\Lambda$.

12.

En différentiant la valeur de $\Delta\varepsilon$ et ajoutant la valeur de $\Delta\nu$ au résultat, il vient

$$\frac{\partial\Delta\varepsilon}{\partial\varepsilon}+\Delta\nu=\frac{\Delta a}{a}-\frac{e}{f^2}\Delta e;$$

de plus, des relations

$$a^3n^2=\mu,\qquad an=hf,$$

on tire

$$\tfrac{1}{2}\log a+\log h+\log f=\tfrac{1}{2}\log\mu$$

et

$$\frac{\Delta h}{h}=-\tfrac{1}{2}\frac{\Delta a}{a}-\frac{e}{f^2}\Delta e.$$

Éliminant Δe et Δa entre ces deux relations, on a

$$(28)\qquad\begin{cases}\dfrac{\Delta a}{a}=2\dfrac{\partial\Delta\varepsilon}{\partial\varepsilon}+2\dfrac{\Delta h}{h}+2\Delta\nu,\\[2mm]\dfrac{e}{f^2}\Delta e=\dfrac{\partial\Delta\varepsilon}{\partial\varepsilon}+2\dfrac{\Delta h}{h}+\Delta\nu.\end{cases}$$

On aura de même

$$(29)\qquad\begin{cases}\dfrac{\Delta a}{a}=\dfrac{2\partial\Delta\eta}{\partial\eta}+2\dfrac{\Delta h}{h}+2\Delta\beta,\\[2mm]\dfrac{e}{f^2}\Delta e=\dfrac{\partial\Delta\eta}{\partial\eta}+2\dfrac{\Delta h}{h}+\Delta\beta.\end{cases}$$

La substitution, dans la valeur de $\Delta\Lambda$, de ces expressions de Δa, Δe, donne

$$\Delta\Lambda=\frac{\rho}{a}\left[\frac{\partial T}{\partial\lambda}\Delta\lambda+\frac{\partial T}{\partial\varepsilon}\Delta\varepsilon+(B+T)\Delta\nu+C\frac{\Delta h}{h}+(T+\overline{T})\Delta\beta\right.$$
$$\left.+D\frac{u}{\cos i}+E\frac{u_1}{\cos i}\right]$$
$$+\frac{\partial\Lambda}{\partial\eta}\Delta\eta-\frac{\rho}{a}T\frac{\partial\Delta\eta}{\partial\eta}.$$

Multipliant par $d\varepsilon$ et intégrant, après avoir posé

$$L=\frac{\partial T}{\partial\lambda}\Delta\lambda+\frac{\partial T}{\partial\varepsilon}\Delta\varepsilon+(B+T)\Delta\nu+C\frac{\Delta h}{h}+D\frac{u}{\cos i}+E\frac{u_1}{\cos i},$$

on a

$$\int \Delta\Lambda d\varepsilon = \frac{\rho}{a}\int L d\varepsilon + \frac{\rho}{a}\Delta\beta\int(T+\overline{T})d\varepsilon - \frac{\rho}{a}\frac{\partial\Delta\eta}{\partial\eta}\int T d\varepsilon + \Delta\eta\int\frac{\partial\Lambda}{\partial\eta}\partial\varepsilon;$$

mais, de plus,

$$\frac{\partial\Lambda}{\partial\eta} = \frac{\rho}{a}\frac{\partial T}{\partial\eta} + T\frac{\partial\rho}{a\partial\eta},$$

de sorte qu'en faisant usage des notations suivantes, déjà employées dans ce travail,

$$W = \int T d\varepsilon, \quad \frac{\partial W}{\partial\varepsilon} = T, \quad \frac{\overline{\partial W}}{\partial\varepsilon} = \overline{T}, \quad -2\frac{\partial\beta}{\partial\eta} = \frac{\partial W}{\partial\eta} = \int\frac{\partial T}{\partial\eta}d\varepsilon,$$

il vient

$$\int \Delta\Lambda d\varepsilon = \frac{\rho}{a}\left(\int L d\varepsilon + \Delta\beta\int T d\varepsilon + \Delta\beta\int\overline{T}d\varepsilon + \Delta\eta\int\frac{\partial T}{\partial\eta}d\varepsilon - \frac{\partial\Delta\eta}{\partial\eta}\int T d\varepsilon\right)$$
$$+ \Delta\eta\frac{\partial\rho}{a\partial\eta}\int T d\varepsilon,$$

et

$$\overline{\int\Delta\Lambda d\varepsilon} = \frac{r}{a}\overline{\int L d\varepsilon} + \frac{r}{a}\left(\overline{W} + \int\frac{\overline{\partial W}}{\partial\varepsilon}d\varepsilon\right)\Delta\nu$$
$$+ \overline{W}\left(\frac{\partial r}{a\partial\varepsilon}\Delta\varepsilon - \frac{r}{a}\frac{\partial\Delta\varepsilon}{\partial\varepsilon}\right) + \frac{r}{a}\frac{\overline{\partial W}}{\partial\eta}\Delta\varepsilon.$$

Comme $\frac{\partial r}{a\partial\varepsilon} = e\sin\varepsilon$, le coefficient de $\overline{W}$ dans l'expression précédente devient $\frac{e-\cos\varepsilon}{f^2}\Delta e$, en remplaçant $\Delta\nu$ et $\Delta\varepsilon$ par leurs valeurs ; alors

(30) $$\begin{cases} \Delta n\delta z = \int\left\{\frac{r}{a}\left[\overline{\int L d\varepsilon} + \left(\overline{W} + \int\frac{\overline{\partial W}}{\partial\varepsilon}d\varepsilon\right)\Delta\nu + \frac{\overline{\partial W}}{\partial\eta}\Delta\varepsilon\right]\right. \\ \qquad\qquad \left. + \overline{W}\frac{e-\cos\varepsilon}{f^2}\Delta e\right\}d\varepsilon. \end{cases}$$

Il est bon aussi de remarquer que la relation $a^3n^2 = \mu$ donne

$$\frac{\Delta a}{a} = -\frac{2}{3}\frac{\Delta n}{n},$$

relation qui servira dans l'application des formules précédentes.

13.

L'équation $\Lambda = \frac{\rho}{a} T$ donne

$$\Delta\Lambda = \frac{\rho}{a}\Delta T + T\Delta\frac{\rho}{a};$$

de plus, comme

$$\Delta\frac{\rho}{a} = \frac{\Delta\rho}{a} - \frac{\rho}{a}\frac{\Delta a}{a},$$

et que, d'après l'équation (23), on a

$$\Delta\rho = \rho\Delta\beta + \frac{\partial\rho}{\partial\eta}\Delta\eta,$$

il vient

$$\Delta\frac{\rho}{a} = \frac{\rho}{a}\Delta\beta + \frac{\partial\rho}{a\partial\eta}\Delta\eta - \frac{\rho}{a}\frac{\Delta a}{a};$$

par suite,

$$\int\Delta T d\varepsilon = \frac{a}{\rho}\int\Delta\Lambda d\varepsilon - \frac{a\partial\rho}{\rho\partial\eta}\Delta\eta\int T d\varepsilon - \Delta\beta\int T d\varepsilon + \frac{\Delta a}{a} T d\varepsilon,$$

et, en remplaçant $\int\Delta\Lambda d\varepsilon$ par sa valeur,

$$\int\Delta T d\varepsilon = \int L d\varepsilon + \Delta\beta\int\overline{T}d\varepsilon + \Delta\eta\int\frac{\partial T}{\partial\eta}d\varepsilon + \frac{\Delta a}{a}\int T d\varepsilon - \frac{\partial\Delta\eta}{\partial\eta}\int T d\varepsilon.$$

On déduit aisément de ce qui précède

$$\frac{\partial\int\Delta T d\varepsilon}{\partial\eta} = \frac{\partial\int L d\varepsilon}{\partial\eta} + \Delta\eta\int\frac{\partial^2 T}{\partial\eta^2}d\varepsilon + \frac{\partial\Delta\beta}{\partial\eta}\int\overline{T}d\varepsilon$$
$$+ \frac{\Delta a}{a}\int\frac{\partial T}{\partial\eta}d\varepsilon - \frac{\partial^2\Delta\eta}{\partial\eta^2}\int T d\varepsilon,$$

$$\overline{\frac{\partial\int\Delta T d\varepsilon}{\partial\eta}} = \overline{\frac{\partial\int L d\varepsilon}{\partial\eta}} + \frac{\partial W}{\partial\eta}\frac{\Delta a}{a} - \overline{W}\frac{\partial^2\Delta\varepsilon}{\partial\varepsilon^2}$$
$$+ \frac{\partial\Delta\nu}{\partial\varepsilon}\int\frac{\partial W}{\partial\eta}d\varepsilon + \Delta\varepsilon\frac{\overline{\partial^2 W}}{\partial\eta^2},$$

et comme

$$\frac{\partial^2\Delta\varepsilon}{\partial\varepsilon^2} = -\frac{\partial\Delta\nu}{\partial\varepsilon} = -\frac{\sin\varepsilon}{f^2}\Delta e + \frac{e\cos\varepsilon}{f}\Delta\chi = -\Delta\varepsilon + \frac{\Delta\chi}{f},$$

il vient

$$\frac{\partial \overline{\int \Delta T d\varepsilon}}{\partial \eta} = \frac{\partial \overline{\int L d\varepsilon}}{\partial \eta} + \frac{\partial \overline{W}}{\partial \eta}\frac{\Delta a}{a} + \frac{\partial^2 \overline{W}}{\partial \eta^2}\Delta\varepsilon + \left(\overline{W} + \int \frac{\partial \overline{W}}{\partial \varepsilon} d\varepsilon\right)\frac{\partial \Delta \nu}{\partial \varepsilon},$$

ou enfin

$$(31)\quad \left\{ \begin{aligned} \Delta\nu = -\tfrac{1}{2}\int\Big[& \frac{\partial \overline{\int L d\varepsilon}}{\partial \eta} + \frac{\partial \overline{W}}{\partial \eta}\frac{\Delta a}{a} + \left(\frac{\partial^2 \overline{W}}{\partial \eta^2} + \overline{W} + \int \frac{\partial \overline{W}}{\partial \varepsilon} d\varepsilon\right)\Delta\varepsilon \\ & - \left(\overline{W} + \int \frac{\partial \overline{W}}{\partial \varepsilon} d\varepsilon\right)\frac{\Delta \chi}{f}\Big] d\varepsilon . \end{aligned} \right.$$

Il faut remarquer ici que $\Delta\nu$, dans le premier membre, désigne la variation qu'éprouve ν lorsqu'on passe d'un système d'éléments à l'autre, tandis que dans le second membre $\Delta\nu$ indique la fonction des accroissements des éléments introduits à l'art. 11.

14.

On a aussi

$$\Delta U = \frac{\partial U}{\partial \lambda}\Delta\lambda + \frac{\partial U}{\partial \eta}\Delta\eta + \frac{\partial U}{\partial \beta}\Delta\beta + \frac{\partial U}{\partial \varepsilon}\Delta\varepsilon + \frac{\partial U}{\partial \nu}\Delta\nu + \frac{\partial U}{\partial e}\Delta e + \cdots$$
$$+ \frac{\partial U}{\partial a}\Delta a + \frac{\partial U}{\partial u}\Delta u + \frac{\partial U}{\partial u_1}\Delta u_1 .$$

L'expression

$$U = \frac{\rho r^2}{af}\sin(\omega - w)\,.\,\frac{\partial \Omega}{\partial Z}\cos i$$

donne

$$\frac{\partial U}{\partial \beta} = \rho\frac{\partial U}{\partial \rho} = U ,$$

$$\frac{\partial U}{\partial \nu} = r\frac{\partial U}{\partial r} = 2U + Y ,$$

$$\frac{\partial U}{\partial e} = \frac{e}{f^2}U ,$$

$$a\frac{\partial U}{\partial a} = -U ,$$

$$\frac{\partial U}{\partial u} = D_1'' ,$$

$$\frac{\partial U}{\partial u_1} = E_1'' ,$$

en désignant par D'_1, E'_1 les quantités ainsi dénommées déjà, et négligeant D'_2, E'_2 qui renferment $\sin i$ en facteur. On obtient alors

$$\Delta U = \frac{\partial U}{\partial \lambda} \Delta\lambda + \frac{\partial U}{\partial \varepsilon} \Delta\varepsilon + (2U + Y) \Delta\nu + \frac{e}{f^2} U \Delta e - U \frac{\Delta a}{a} + U \Delta\beta$$
$$+ \frac{\partial U}{\partial \eta} \Delta\eta + D''_1 \frac{\Delta u}{\cos i} + E''_1 \frac{\Delta u_1}{\cos i}.$$

Éliminant $\frac{\Delta a}{a}$, $\frac{e}{f^2}\Delta e$ par les équations (29), il vient

$$\Delta U = \frac{\partial U}{\partial \lambda} \Delta\lambda + \frac{\partial U}{\partial \varepsilon} \Delta\varepsilon + (2U + Y) \Delta\nu - U \left(\frac{\partial \Delta\varepsilon}{\partial \varepsilon} + \Delta\nu - \Delta\beta\right)$$
$$+ \frac{\partial U}{\partial \eta} \Delta\eta + D''_1 \frac{\Delta u}{\cos i} + E''_1 \frac{\Delta u_1}{\cos i}.$$

La première équation de l'art. 12 donne, par analogie,

$$\frac{\partial \Delta\eta}{\partial \eta} + \Delta\beta = \frac{\Delta a}{a} - \frac{e}{f^2} \Delta e,$$

donc

$$\frac{\partial \Delta\eta}{\partial \eta} + \Delta\beta = \frac{\partial \Delta\varepsilon}{\partial \varepsilon} + \Delta\nu.$$

par suite,

$$\frac{\partial \Delta\varepsilon}{\partial \varepsilon} + \Delta\nu - \Delta\beta = \frac{\partial \Delta\eta}{\partial \eta},$$

et enfin,

$$\Delta U = \frac{\partial U}{\partial \lambda} \Delta\lambda + \frac{\partial U}{\partial \varepsilon} \Delta\varepsilon + (2U + Y) \Delta\nu + D''_1 \frac{\Delta u}{\cos i} + E''_1 \frac{\Delta u_1}{\cos i}$$
$$+ \frac{\partial U}{\partial \eta} \Delta\eta - U \frac{\partial \Delta\eta}{\partial \eta}.$$

Posant, de plus,

$$(32) \quad \left\{ \begin{aligned} \Pi = {} & \frac{\partial U}{\cos i\, \partial \lambda} \Delta\lambda + \frac{\partial U}{\cos i\, \partial \varepsilon} \Delta\varepsilon + \left(\frac{2U}{\cos i} + \frac{Y}{\cos i}\right) \Delta\nu \\ & + \frac{D''_1}{\cos i} \frac{\Delta u}{\cos i} + \frac{E''_1}{\cos i} \frac{\Delta u_1}{\cos i}, \end{aligned} \right.$$

il vient

$$\int \frac{\Delta U}{\cos i} d\varepsilon = \int \Pi d\varepsilon + \Delta\eta \int \frac{\partial U}{\cos i\, \partial \eta} d\varepsilon - \frac{\partial \Delta\eta}{\partial \eta} \int \frac{U}{\cos i} d\varepsilon;$$

mais, d'après les équations de l'art. 18, *Première partie,* on a

$$u = \overline{\int \frac{\partial R}{\partial \varepsilon} d\varepsilon}, \qquad u_1 = \frac{du}{d\varepsilon} = \overline{\frac{\partial R}{\partial \eta}},$$

d'où

$$u = \overline{\int U d\varepsilon}, \qquad u_1 = \overline{\int \frac{\partial U}{\partial \eta} d\varepsilon};$$

enfin, en changeant η en ε, on a

$$(33) \qquad \frac{\Delta u}{\cos i} = \overline{\int \Pi d\varepsilon} + \frac{u_1}{\cos i} \Delta \varepsilon - \frac{u}{\cos i} \frac{\partial \Delta \varepsilon}{\partial \varepsilon}.$$

Il faut renouveler ici, pour le Δu du premier membre, l'observation faite pour $\Delta \nu$ à la fin de l'art. 13.

15.

Les constantes arbitraires introduites par l'intégration seront déterminées, lorsqu'elles seront sensibles, comme celles que l'on a déjà rencontrées précédemment et dont elles ont la forme.

Entre les corrections des coefficients des variations séculaires, données par les expressions qu'on vient de développer, existent des relations pouvant servir à contrôler les calculs, et qu'il est utile de connaître. Ces corrections devant avoir la même forme que les coefficients de la première approximation, le résultat ne doit, avant tout, contenir aucun terme proportionnel à ε^2 ou $n^2 t^2$, et les coefficients de ces termes, entrant dans l'expression (30) de $\Delta n\delta z$, doivent se détruire rigoureusement. De plus, dans la première approximation, les variations séculaires ont les formes suivantes, savoir : pour $n\delta z$,

$$[H''_0 - i(1 - \tfrac{1}{2}e^2) H'_0] e^{\varepsilon i} \varepsilon - \tfrac{1}{4} e (H''_0 - i H'_0) e^{2\varepsilon i} \varepsilon,$$

pour ν,

$$- H'_0 \varepsilon - \tfrac{1}{2}(H'_0 - i H''_0) e^{\varepsilon i} \varepsilon,$$

et pour $\frac{u}{\cos i}$,

$$- 2e V''_0 \varepsilon + (V''_0 + i V'_0) e^{\varepsilon i} \varepsilon.$$

En négligeant les carrés et les produits des corrections, on a

$$\Delta n\delta z = \{ \Delta H''_0 - i[(1 - \tfrac{1}{2}e^2) \Delta H'_0 - e H'_0 \Delta e] \} e^{\varepsilon i} \varepsilon$$
$$- \tfrac{1}{4} [e \Delta H''_0 + H''_0 \Delta e - i(e \Delta H'_0 + H'_0 \Delta e)] e^{2\varepsilon i} \varepsilon,$$

$$\Delta\nu = -(e\Delta H_0' + H_0'\Delta e)\varepsilon - \tfrac{1}{2}(\Delta H_0' - i\Delta H_0'')\,\mathrm{e}^{\varepsilon i}\varepsilon,$$

$$\frac{\Delta u}{\cos i} = -2(e\Delta V_0'' + V_0''\Delta e)\varepsilon + (\Delta V_0'' + i\Delta V_0')\,\mathrm{e}^{\varepsilon i}\varepsilon.$$

Telles sont les formes sous lesquelles on peut mettre les corrections des variations séculaires obtenues art. 12, 13, 14. C'est ce que je vais démontrer.

16.

Je suppose le développement de L effectué, et je ne considère que les termes susceptibles d'amener des variations séculaires; j'ai successivement

$$L = \mathbf{f}_0' + (\mathbf{g})_1\,\mathrm{e}^{(-\eta+\varepsilon)i} + (\mathbf{h})_0\,\mathrm{e}^{\eta i},$$

$$\int L\,d\varepsilon = \mathbf{f}_0'\varepsilon - i(\mathbf{g})_1\,\mathrm{e}^{(-\eta+\varepsilon)i} + (\mathbf{h})_0\,\mathrm{e}^{\eta i}\varepsilon,$$

$$\frac{\partial\int L\,d\varepsilon}{\partial\eta} = -(\mathbf{g})_1\,\mathrm{e}^{(-\eta+\varepsilon)i} + i(\mathbf{h})_0\,\mathrm{e}^{\eta i}\varepsilon,$$

$$\overline{\frac{\partial\int L\,d\varepsilon}{\partial\eta}} = -2\mathbf{g}_1' + i(\mathbf{h})_0\,\mathrm{e}^{\varepsilon i}\varepsilon,$$

$$\overline{\int L\,d\varepsilon} = \mathbf{f}_0'\varepsilon + 2\mathbf{g}_1'' + (\mathbf{h})_0\,\mathrm{e}^{\varepsilon i}.$$

J'ai aussi, art. 33, 35 et 36, *Première partie,*

$$\overline{\frac{\partial W}{\partial\eta}} = 2eH_0' + i(H)_0\,\mathrm{e}^{\varepsilon i}\varepsilon,$$

$$\overline{\frac{\partial^2 W}{\partial\eta^2}} = -2G_1'' - (H)_0\,\mathrm{e}^{\varepsilon i}\varepsilon,$$

$$\overline{\frac{\partial W}{\partial\varepsilon}} = -eH_0' + [(F)_1 + (G)_2 + (H)_0]\,\mathrm{e}^{\varepsilon i} + [(F)_2 + (G)_2 + (H)_1]\,\mathrm{e}^{2\varepsilon i} + \cdots,$$

$$\int\overline{\frac{\partial W}{\partial\varepsilon}}\,d\varepsilon = -2K - eH_0'\varepsilon - i[(F)_1 + (G)_2 + (H)_0]\,\mathrm{e}^{\varepsilon i} - \tfrac{1}{2}i[(F)_2 + (G)_3 + (H)_1]\,\mathrm{e}^{2\varepsilon i},$$

$$\overline{W} = 2k + 2G_1'' + eH_0'\varepsilon + (H)_0\,\mathrm{e}^{\varepsilon i}\varepsilon.$$

Posant maintenant, pour abréger l'écriture,

$$\frac{\Delta a}{a} = \alpha, \qquad \frac{\Delta e}{f^2} = \beta, \qquad \frac{\Delta\chi}{f} = \gamma,$$

il vient

$$\Delta\varepsilon = \gamma + \beta\sin\varepsilon - \gamma e\cos\varepsilon,$$

$$\Delta\nu = \alpha - e\beta - \beta\cos\varepsilon - \gamma e\sin\varepsilon,$$

$$2\frac{\Delta h}{h} = -\alpha + 2e\beta,$$

$$(e-\cos\varepsilon)\frac{\Delta e}{f^2} = \beta e - \beta\cos\varepsilon,$$

$$\overline{W} + \int\overline{\frac{\partial W}{\partial\varepsilon}}\,d\varepsilon = (H)_0\,\mathrm{e}^{\varepsilon i}\varepsilon,$$

où je néglige les termes qui ne renferment pas ε en facteur. On tire de là

$$\left(\overline{W} + \int\overline{\frac{\partial W}{\partial\varepsilon}}\,d\varepsilon\right)\Delta\nu = -(\beta + ie\gamma)(H)_0\varepsilon + (\alpha - e\beta)(H)_0\,\mathrm{e}^{\varepsilon i}\varepsilon$$
$$-\tfrac{1}{2}(\beta - ie\gamma)(H)_0\,\mathrm{e}^{2\varepsilon i}\varepsilon,$$

$$\overline{\frac{\partial W}{\partial\eta}}\,\Delta\varepsilon = -(\beta + ie\gamma)(H)_0\varepsilon + i\gamma(H)_0\,\mathrm{e}^{\varepsilon i}\varepsilon + \tfrac{1}{2}(\beta - ie\beta)(H)_0\,\mathrm{e}^{2\varepsilon i}\varepsilon,$$

et, faisant la somme de ces deux expressions, il vient

$$\left(\overline{W} + \int\overline{\frac{\partial W}{\partial\varepsilon}}\,d\varepsilon\right)\Delta\nu + \overline{\frac{\partial W}{\partial\eta}}\,\Delta\varepsilon = -2(\beta + ie\gamma)(H)_0\varepsilon$$
$$+(\alpha - e\beta + i\gamma)(H)_0\,\mathrm{e}^{\varepsilon i}\varepsilon.$$

Par des substitutions successives, on trouve

$$\overline{\int L\,d\varepsilon} + \left(\overline{W} + \int\overline{\frac{\partial W}{\partial\varepsilon}}\,d\varepsilon\right)\Delta\nu + \overline{\frac{\partial W}{\partial\eta}}\,\Delta\varepsilon = [\mathbf{f}'_0 - 2(\beta H'_0 - e\gamma H''_0)]\varepsilon$$
$$+ [(\alpha - e\beta + i\gamma)(H)_0 + (\mathbf{h})_0]\,\mathrm{e}^{\varepsilon i}\varepsilon,$$

$$\frac{r}{a}\left[\overline{\int L\,d\varepsilon} + \left(\overline{W} + \int\overline{\frac{\partial W}{\partial\varepsilon}}\,d\varepsilon\right)\Delta\nu + \overline{\frac{\partial W}{\partial\eta}}\,\Delta\varepsilon\right] = \big\}\mathbf{f}'_0 - 2(\beta H'_0 - e\gamma H''_0)$$
$$-e[(\alpha - e\beta)H'_0 - \gamma H''_0 + \mathbf{h}'_0\big\}\varepsilon$$
$$+\big\}\alpha H'_0 - \gamma(1+e^2)H''_0 - \tfrac{1}{2}e\mathbf{f}'_0 + \mathbf{h}'_0 + i[\gamma H'_0 + (\alpha - e\beta)H''_0 + \mathbf{h}''_0]\big\}\,\mathrm{e}^{\varepsilon i}\varepsilon$$
$$-\tfrac{1}{2}e\big\{(\alpha - e\beta)H'_0 - \gamma H''_0 + \mathbf{h}'_0 + i[\gamma H'_0 + (\alpha - e\beta)H''_0 + \mathbf{h}''_0]\big\}\,\mathrm{e}^{2\varepsilon i}\varepsilon,$$

$$\overline{W}\,\frac{e-\cos\varepsilon}{f^2}\,\Delta e = \overline{W}\beta(e-\cos\varepsilon) = -\beta f^2 H'_0\varepsilon + e\beta(\tfrac{1}{2}H'_0 + iH''_0)\,\mathrm{e}^{\varepsilon i}\varepsilon$$
$$-\tfrac{1}{2}\beta(H'_0 + iH''_0)\,\mathrm{e}^{2\varepsilon i}\varepsilon;$$

additionnant les deux dernières relations membre à membre, il vient

$$\begin{aligned}\frac{d\Delta n\delta z}{d\varepsilon} &= [\mathbf{f}'_0 - \beta(3-2e^2)H'_0 + 3e\gamma H''_0 - e\alpha H'_0 - e\mathbf{h}'_0]\,\varepsilon \\ &- \{\mathbf{h}'_0 - \tfrac{1}{2}e\mathbf{f}'_0 + \alpha H'_0 + \tfrac{1}{2}e\beta H'_0 - \gamma(1+e^2)H''_0 \\ &\qquad + i[\gamma H'_0 + \alpha H''_0 + \mathbf{h}''_0]\}\,\mathrm{e}^{\varepsilon i}\,\varepsilon \\ &+ \tfrac{1}{2}\{e\alpha H'_0 + \beta f^2 H'_0 - e\gamma H''_0 + e\mathbf{h}'_0 \\ &\qquad + i[e\gamma H'_0 + \beta f^2 H''_0 + e\alpha H''_0 + e\mathbf{h}''_0]\}\,\mathrm{e}^{2\varepsilon i}\,\varepsilon\,;\end{aligned}$$

intégrant, et ne conservant que les termes en ε, il vient

$$\begin{aligned}\Delta n\delta z &= \tfrac{1}{2}[\mathbf{f}'_0 - \beta(3-2e^2)H'_0 + 3e\gamma H''_0 - e\alpha H'_0 - e\mathbf{h}'_0]\,\varepsilon^2 \\ &+ \{\gamma H'_0 + \alpha H''_0 + \mathbf{h}''_0 - i[\mathbf{h}'_0 - \tfrac{1}{2}e\mathbf{f}'_0 + (\alpha + \tfrac{1}{2}e\beta)H'_0 - \gamma(1+e^2)H''_0]\}\,\mathrm{e}^{\varepsilon i}\,\varepsilon \\ &+ \tfrac{1}{4}\{(-\beta f^2 - e\alpha + e\gamma)H''_0 - e\mathbf{h}''_0 + i[(e\alpha + \beta f^2)H'_0 - e\gamma H''_0 + e\mathbf{h}'_0]\}\,\mathrm{e}^{2\varepsilon i}\,\varepsilon.\end{aligned}$$

17.

Pour développer $\mathbf{f}'_0 - e\mathbf{h}'_0$, je remarque que cette quantité est la partie constante du produit $(1-e\cos\eta)L$.

Le coefficient de $\Delta\lambda$ étant nul ici, puisque λ n'entre qu'avec j' qui est nul dans le cas actuel, on a

$$L = \frac{\partial T}{\partial \varepsilon}\Delta\varepsilon + (B+T)\Delta\nu + 2(T+X+\overline{T})\frac{\Delta h}{h} + D\frac{u}{\cos i} + E\frac{u_1}{\cos i},$$

qu'on peut écrire, en se souvenant que $B = V + X$,

$$L = \frac{\partial T}{\partial \varepsilon}\Delta\varepsilon + V\Delta\nu + (T+X)\left(\Delta\nu + 2\frac{\Delta h}{h}\right) + 2\overline{T}\frac{\Delta h}{h} + D\frac{u}{\cos i} + E\frac{u_1}{\cos i},$$

où T, V, X, $\overline{T}$ ont la même signification que précédemment, art. 9, *Deuxième partie.*

Multipliant ces fonctions par $1 - e\cos\eta$, et ne conservant que les termes indépendants de η, il vient

$$\begin{aligned} M(1-e\cos\eta) &= -3, \\ N(1-e\cos\eta) &= 0, \\ M'(1-e\cos\eta) &= \frac{3}{f^2}(-e^2 + e\cos\varepsilon), \\ N'(1-e\cos\eta) &= \frac{3e\sin\varepsilon}{f^2},\end{aligned}$$

$$T(1-e\cos\eta)=-3a\frac{\partial\Omega}{\partial\varepsilon},$$

$$\frac{\partial T}{\partial\varepsilon}(1-e\cos\eta)=-3a\frac{\partial^2\Omega}{\partial\varepsilon^2},$$

$$V(1-e\cos\eta)=-3\frac{\partial.ar\dfrac{\partial\Omega}{\partial r}}{\partial\varepsilon},$$

$$(T+X)(1-e\cos\eta)=\frac{3}{f^2}(-1+e\cos\varepsilon)a\frac{\partial\Omega}{\partial\varepsilon}+\frac{3}{f^2}e\sin\varepsilon.ar\frac{\partial\Omega}{\partial r},$$

par suite,

$$(1-e\cos\eta)\frac{\partial T}{\partial\varepsilon}\Delta\varepsilon=3[(-1+e\cos\varepsilon)\gamma-\beta\sin\varepsilon]a\frac{\partial^2\Omega}{\partial\varepsilon^2},$$

$$(1-e\cos\eta)V\Delta\nu=3[\beta(e+\cos\varepsilon)+e\gamma\sin\varepsilon-\alpha]\frac{\partial.ar\dfrac{\partial\Omega}{\partial r}}{\partial\varepsilon},$$

$$(1-e\cos\eta)(T+X)\left(\Delta\nu+2\frac{\Delta h}{h}\right)=\frac{3}{f^2}\Big[-\tfrac{3}{2}e\beta+(1+e^2)\beta\cos\varepsilon+e\gamma\sin\varepsilon$$
$$-\frac{e\beta}{2}\cos2\varepsilon-\frac{e^2\gamma}{2}\sin2\varepsilon\Big]a\frac{\partial\Omega}{\partial\varepsilon}$$
$$+\frac{3}{f^2}\left(-\frac{e^2\gamma}{2}+e^2\beta\sin\varepsilon+\frac{e^2\gamma}{2}\cos2\varepsilon-\frac{e\beta}{2}\sin2e\right)ar\frac{\partial\Omega}{\partial r}.$$

Prenant maintenant les premiers termes de $a\frac{\partial\Omega}{\partial\varepsilon}$, $ar\frac{\partial\Omega}{\partial r}$, j'ai

$$a\frac{\partial\Omega}{\partial\varepsilon}=A_1e^{\varepsilon i}+A_2e^{2\varepsilon i},$$

$$ar\frac{\partial\Omega}{\partial r}=B'_0+B_1e^{\varepsilon i}+B_2e^{2\varepsilon i},$$

$$a\frac{\partial^2\Omega}{\partial\varepsilon^2}=iA_1e^{\varepsilon i}+2iA_2e^{2\varepsilon i},$$

$$\frac{\partial.ar\dfrac{\partial\Omega}{\partial r}}{\partial\varepsilon}=iB_1e^{\varepsilon i}+2iB_2e^{2\varepsilon i}:$$

substituant, et ne conservant que la partie constante, je trouve

$$(1-e\cos\eta)\frac{\partial T}{\partial\varepsilon}\Delta\varepsilon=3\beta A_1+3ie\gamma A_1,$$

$$(1-e\cos\eta)V\Delta\nu=3i\beta B_1-3e\gamma B_1,$$

$$(1-e\cos\eta)(T+X)\left(\Delta\nu+2\frac{\Delta h}{h}\right)=\frac{3\beta}{f^2}[(1+e^2)A_1-\tfrac{1}{2}eA_2+ie^2B_1-\tfrac{1}{2}ieB_2]$$
$$+\frac{3\gamma}{f^2}(ieA_1-\tfrac{1}{2}ie^2A_2+\tfrac{1}{2}e^2B_2-\tfrac{1}{2}e^2B'_0).$$

De plus,

$$(1-e\cos\eta)\overline{T}=-eH'_0,$$
$$(1-e\cos\eta)2\overline{T}\frac{\Delta h'}{h}=eH'_0\alpha-2e^2H'_0\beta.$$

On a encore

$$Du+Eu_1=Ma^2\frac{\partial.u\dfrac{\partial\Omega}{\partial Z}}{\partial\varepsilon}+N\left(a^2r\frac{\partial^2\Omega}{\partial r\,\partial Z}+a^2\frac{\partial\Omega}{\partial Z}\right),$$
$$(1-e\cos\eta)(Du+Eu_1)=-3a^2\frac{\partial.u\dfrac{\partial\Omega}{\partial Z}}{\partial\varepsilon}=0,$$

puisque les dérivées n'ont pas de terme constant.

Additionnant ces divers résultats, il vient

$$\mathbf{f}'_0-e\mathbf{h}'_0=\frac{3\beta}{f^2}(2A'_1-\tfrac{1}{2}eA'_2+B''_1-\tfrac{1}{2}eB''_2)$$
$$+\frac{3e\gamma}{f^2}[(2-e^2)A''_1-\tfrac{1}{2}eA''_2-f^2B'_1+\tfrac{1}{2}eB'_2-\tfrac{1}{2}eB'_0]$$
$$+e\alpha H'_0-2e^2\beta H'_0;$$

mais les équations (66), *Première partie*, donnent

$$H'_0=\frac{1}{f^2}(2A'_1-\tfrac{1}{2}eA'_2+B''_1-\tfrac{1}{2}eB''_2),$$
$$H''_0=\frac{1}{f^2}[-(2-e^2)A''_1+\tfrac{1}{2}eA''_2+f^2B'_1-\tfrac{1}{2}eB'_2+\tfrac{1}{2}eB'_0],$$

par suite,

$$\mathbf{f}'_0-e\mathbf{h}'_0=e\alpha H'_0+(3-2e^2)\beta H'_0-3e\gamma H''_0,$$

résultat qui montre que le coefficient de ε^2 dans $\Delta n\delta z$ est nul. Si l'on élimine $\mathbf{f}'_0$ du coefficient de $e^{\varepsilon i}\varepsilon$, le multiplicateur de i dans ce coefficient devient

$$(1-\tfrac{1}{2}e^2)\mathbf{h}''_0+(1-\tfrac{1}{2}e^2)\alpha H''_0-f^2e\beta H'_0-\gamma(1-\tfrac{1}{2}e^2)H''_0.$$

Posant, de plus,

$$\Delta H''_0=\gamma H'_0+\alpha H''_0+\mathbf{h}''_0,$$
$$\Delta H'_0=-\gamma H''_0+\alpha H'_0+\mathbf{h}'_0,$$

la ligne précédente peut s'écrire

$$(1-\tfrac{1}{2}e^2)\,\Delta H_0' - \beta e f^2 H_0',$$

et l'on a

$$\begin{aligned}\Delta n\delta z &= \{\Delta H_0'' - i[(1-\tfrac{1}{2}e^2)\,\Delta H_0' - \beta e f^2 H_0']\}\,e^{\varepsilon i}\varepsilon \\ &+ \tfrac{1}{4}[-e\Delta H_0'' - \beta f^2 H_0'' + i(e\Delta H_0' + \beta f^2 H_0')]\,e^{2\varepsilon i}\varepsilon,\end{aligned}$$

ou bien, puisque $\beta f^2 = \Delta e$, art. 17,

$$\begin{aligned}\Delta n\delta z &= \{\Delta H_0'' - i[(1-\tfrac{1}{2}e^2)\,\Delta H_0' - eH_0'\Delta e]\}\,e^{\varepsilon i}\varepsilon \\ &+ \tfrac{1}{4}[-e\Delta H_0'' - H_0''\Delta e + i(e\Delta H_0' + H_0'\Delta e)]\,e^{2\varepsilon i}\varepsilon,\end{aligned}$$

ce qui est la forme indiquée à l'art. 15.

18.

Je vais calculer maintenant la partie de $\Delta\nu$, qui dépend des variations séculaires. On a trouvé

$$\overline{W} = 2k + 2G_1''\varepsilon + eH_0'\varepsilon + [K_1 - i(F)_1 - \tfrac{1}{2}i(G)_2]\,e^{\varepsilon i} + (H)_0\,e^{\varepsilon i}\varepsilon,$$

$$\int \frac{\overline{\partial W}}{\partial \varepsilon}\,d\varepsilon = -eH_0'\varepsilon - i[(F)_1 + (G)_2 + (H)_0]\,e^{\varepsilon i},$$

$$\frac{\overline{\partial^2 W}}{\partial \eta^2} = -2G_1'' + [-K + \tfrac{1}{2}i(G)_2]\,e^{\varepsilon i} - (H)_0\,e^{\varepsilon i}\varepsilon,$$

d'où l'on tire, en tenant compte de l'équation (71), *Première partie,*

$$\overline{W} + \int \frac{\overline{\partial W}}{\partial \varepsilon}\,d\varepsilon + \frac{\overline{\partial^2 W}}{\partial \eta^2} = 2k + 2i(A)_1\,e^{\varepsilon i};$$

de plus,

$$\begin{aligned}\left(\overline{W} + \int \frac{\overline{\partial W}}{\partial \varepsilon}\,d\varepsilon + \frac{\overline{\partial^2 W}}{\partial \eta^2}\right)\Delta\varepsilon - \left(\overline{W} + \int \frac{\overline{\partial W}}{\partial \varepsilon}\,d\varepsilon\right)\frac{\Delta\chi}{f} \\ = -2\beta(A)_1 - 2\gamma[G_1'' + ie(A)_1] - \gamma(H)_0\,e^{\varepsilon i}\varepsilon,\end{aligned}$$

$$\frac{\overline{\partial W}}{\partial \eta}\,\frac{\Delta a}{a} = [-2G_1' + i(H)_0\,e^{\varepsilon i}\varepsilon]\,\alpha,$$

$$\frac{\overline{\partial \int L\,d\varepsilon}}{\partial \eta} = -2\mathbf{g}_1' + i(\mathbf{h})_0\,e^{\varepsilon i};$$

additionnant ces trois derniers résultats, on obtient

$$\frac{\partial \Delta\nu}{\partial \varepsilon} = \mathbf{g}_1' + \alpha G_1' + \beta A_1' + \gamma(G_1'' - eA_1'') - \tfrac{1}{2}[i(\mathbf{h})_0 + i\alpha(H)_0 - \gamma(H)_0]\,e^{\varepsilon i}\varepsilon.$$

Intégrant et ne conservant que le terme en ε, on obtient

$$\Delta\nu = [\mathbf{g}'_1 + \alpha G'_1 + \beta A'_1 + \gamma(G''_1 - eA''_1)]\varepsilon - \tfrac{1}{2}[(\mathbf{h})_0 + \alpha(H)_0 + i\gamma(H)_0]\mathrm{e}^{\varepsilon i}\varepsilon.$$

19.

Le développement de $\mathbf{g}'_1 + e\mathbf{h}'_0$ s'obtient, en remarquant qu'il est la partie constante du produit $\mathfrak{B}L$, dans lequel je fais, pour abréger, $\mathfrak{B} = \cos(\eta - \varepsilon) + e\cos\eta$.

Opérant comme à l'art. 17, on a successivement

$$\mathfrak{B}\frac{\partial M}{\partial \varepsilon} = \frac{1}{f^2}(-2e\sin\varepsilon + e^2\sin 2\varepsilon,$$

$$\mathfrak{B}\frac{\partial N}{\partial \varepsilon} = \frac{1}{f^2}(2 - e^2 - e^2\cos 2\varepsilon),$$

$$\mathfrak{B}M = 1,$$

$$\mathfrak{B}N = 0,$$

$$\mathfrak{B}M' = -\frac{2-3e^2}{f^2} - \frac{e^2}{f^2}\cos 2\varepsilon,$$

$$\mathfrak{B}N' = -\frac{2e}{f^2}\sin\varepsilon - \frac{e^2}{f^2}\sin 2\varepsilon,$$

$$\mathfrak{B}T = 0,$$

$$\mathfrak{B}\frac{\partial T}{\partial \varepsilon}\Delta\varepsilon = (4\gamma + \beta\sin\varepsilon - \gamma e\cos\varepsilon)a\frac{\partial^2\Omega}{\partial\varepsilon^2}$$
$$+\frac{1}{f^2}\left\{\begin{matrix}\beta(-e + \tfrac{1}{2}e^2\cos\varepsilon + e\cos 2\varepsilon - \tfrac{1}{2}e^2\cos 3\varepsilon)\\ +\gamma[-(2e + \tfrac{1}{2}e^2)\sin\varepsilon + 2e^2\sin 2\varepsilon - \tfrac{1}{2}e^3\sin 3\varepsilon]\end{matrix}\right\}a\frac{\partial\Omega}{\partial\varepsilon}$$
$$+\frac{1}{f^2}\left\{\begin{matrix}\gamma[2 - e^2 - (2e - \tfrac{3}{2}e^2)\cos\varepsilon - e^2\cos 2\varepsilon + \tfrac{1}{2}e^3\cos 3\varepsilon]\\ +\beta[(2 - \tfrac{1}{2}e^2)\sin\varepsilon - \tfrac{1}{2}e^2\sin 3\varepsilon]\end{matrix}\right\}ar\frac{\partial\Omega}{\partial r},$$

$$\mathfrak{B}V\Delta\nu = 4(\alpha - e\beta - \beta\cos\varepsilon - \gamma e\sin\varepsilon)\frac{\partial . ar\frac{\partial\Omega}{\partial r}}{\partial\varepsilon},$$

$$\mathfrak{B}(T+X)\left(\Delta\nu + 2\frac{\Delta h}{h}\right)$$
$$= \frac{1}{f^2}\left\{\begin{matrix}\beta(2e - e^3 - \frac{4-3e^2}{2}\cos\varepsilon - e^3\cos 2\varepsilon + \tfrac{1}{2}e^2\cos 3e)\\ -\gamma[e(2 - \tfrac{1}{2}e^2)\sin\varepsilon + \tfrac{1}{2}e^3\sin 3\varepsilon]\end{matrix}\right\}a\frac{\partial\Omega}{\partial\varepsilon}$$
$$+\frac{1}{f^2}\left\{\begin{matrix}\beta(-\tfrac{3}{2}e^2\sin\varepsilon + ef^2\sin 2\varepsilon + \tfrac{1}{2}e^2\sin 3\varepsilon)\\ +\gamma(e^2 + \tfrac{1}{2}e^3\cos\varepsilon - e^2\cos 2\varepsilon - \tfrac{1}{2}e^3\cos 3\varepsilon)\end{matrix}\right\}ar\frac{\partial\Omega}{\partial r}.$$

Remplaçant dans la valeur de $\mathfrak{B}L$, obtenue à l'aide de ces relations, les dérivées par leurs valeurs, et ne conservant que les termes constants, il vient

$$\mathbf{g}'_1 + e\mathbf{h}'_0 = \tfrac{1}{2}\beta(-3A'_1 + \tfrac{1}{2}eA'_2 - B''_1 + \tfrac{1}{2}eB''_2)$$
$$+ \frac{1}{2f^2}\gamma[-2e(1+f^2)A''_1 + e^2A''_2 + B'_0 + f^2B'_1 - e^2B'_2];$$

mais, à cause des relations (66), *Première partie*, on a

$$f^2H'_0 + A'_1 = 3A'_1 - \tfrac{1}{2}eA'_2 + B''_1 - \tfrac{1}{2}eB''_2,$$
$$f^2(G''_1 - eH''_0 - eA''_1) = 2eA''_1 - e^2A''_2 - B'_0 - ef^2B'_1 + e^2B'_2,$$

par suite,

$$\mathbf{g}'_1 + e\mathbf{h}'_0 = -2\beta(f^2H'_0 + A'_1) - 2\gamma(G''_1 - eH''_0 + eA''_1).$$

Éliminant maintenant $\mathbf{g}'_1$ de $\Delta\nu$, art. 18, à l'aide de cette équation, il vient

$$\Delta\nu = -(e\Delta H'_0 + H'_0\Delta e)\varepsilon - \tfrac{1}{2}(\Delta H'_0 - i\Delta H''_0)\,\mathrm{e}^{\varepsilon i}\varepsilon,$$

forme indiquée à l'art. 15.

20.

Pour passer aux perturbations de la latitude, je suppose qu'on ait

$$\Pi = \mathbf{t}' + (\mathbf{v})\,\mathrm{e}^{\eta i},$$

alors il vient

$$\overline{\int \Pi\, d\varepsilon} = \mathbf{t}'\varepsilon + (\mathbf{v})\,\mathrm{e}^{\varepsilon i}\varepsilon.$$

On a aussi

$$\frac{u}{\cos i} = -2eV''_0\varepsilon + iV_0\,\mathrm{e}^{\varepsilon i}\varepsilon,$$

d'où, en négligeant les termes indépendants de ε,

$$\frac{u_1}{\cos i} = -V_0\,\mathrm{e}^{\varepsilon i}\varepsilon,$$

par suite,

$$\frac{u}{\cos i}\frac{\partial\Delta\varepsilon}{\partial\varepsilon} = -eV''_0(\beta - ie\gamma)\,\mathrm{e}^{\varepsilon i} + iV_0(\beta + ie\gamma)\varepsilon + \tfrac{1}{2}iV_0(\beta - ie\gamma)\,\mathrm{e}^{2\varepsilon i}\varepsilon,$$

$$\frac{u_1}{\cos i}\Delta\varepsilon = -\gamma V_0\,\mathrm{e}^{\varepsilon i}\varepsilon + V_0(e\gamma - i\beta)\varepsilon + \tfrac{1}{2}V_0(e\gamma + i\beta)\,\mathrm{e}^{2\varepsilon i}\varepsilon,$$

d'où

$$\frac{u_1}{\cos i}\Delta\varepsilon - \frac{u}{\cos i}\frac{\partial\Delta\varepsilon}{\partial\varepsilon} = 2(e\gamma V_0' - \beta V_0'')\varepsilon + (-\gamma V_0' + e\beta V_0'' + i\gamma f^2 V_0'')e^{\varepsilon i}\varepsilon\,,$$

et enfin

$$\frac{\Delta u}{\cos i} = (\mathbf{t}' + 2e\gamma V_0' - 2\beta V_0'')\varepsilon + \{\mathbf{v} + e\beta V_0'' - \gamma V_0 + i[\gamma f^2 V_0'' + (\mathbf{v})]\}e^{\varepsilon i}\varepsilon\,.$$

21.

Le développement de $\mathbf{t}' + 2e\mathbf{v}'$ est égal à la partie constante du produit $\Pi(1 + 2e\cos\eta)$. Ici, le coefficient de $\Delta\lambda$ est encore nul; de plus,

$$U = Qa^2\frac{\partial\Omega}{\partial Z}\cos i\,, \quad Y = Qa^2 r\frac{\partial^2\Omega}{\partial r\,\partial Z}\cos i\,,$$

et

$$(1 + 2e\cos\eta)Q = 0\,,$$

d'où

$$(1 + 2e\cos\eta)U = 0\,, \quad (1 + 2e\cos\eta)Y = 0\,.$$

On a encore

$$D_1'' = PW\cos i\,, \quad E_1'' = PW_1\cos i\,,$$

où W et W_1 sont indépendants de η, et où

$$P = e\sin\varepsilon - e\sin\eta + \sin(\eta - \varepsilon)\,;$$

par suite,

$$P(1 + 2e\cos\eta) = 0\,, \quad D_1''(1 + 2e\cos\eta) = 0\,, \quad E_1''(1 + 2e\cos\eta) = 0\,,$$

de sorte que

$$\mathbf{t}' + 2e\mathbf{v}' = 0\,.$$

Éliminant maintenant $\mathbf{t}'$ de la valeur de Δu, art. 20, il vient

$$\frac{\Delta u}{\cos i} = 2(-e\mathbf{v}' + e\gamma V_0' + \beta V_0'')\varepsilon + [\mathbf{v}' + e\beta V_0'' - \gamma V_0' + i(\gamma f^2 V_0'' + \mathbf{v}'')]e^{\varepsilon i}\varepsilon\,,$$

de sorte qu'en posant

$$\Delta V_0'' = \mathbf{v}' + e\beta V_0'' - \gamma V_0'\,, \quad \Delta V_0' = \mathbf{v}'' + \gamma f^2 V_0''\,,$$

on a

$$\frac{\Delta u}{\cos i} = -2(e\Delta V_0'' + V_0''\Delta e)\varepsilon + (\Delta V_0'' + i\Delta V_0')e^{\varepsilon i}\varepsilon\,,$$

forme indiquée à l'art. 15.

22.

Calcul de $\mathbf{h}_0$. — En ayant égard aux seuls termes dont on a besoin ici, il vient

$$\frac{\partial T}{\partial \varepsilon} = i(G)_1 e^{(\varepsilon-\eta)t} + i(H)_1 e^{(\varepsilon+\eta)t};$$

soient, de plus,

$$V + X + T = (M) e^{(-\eta+\varepsilon)t} + (N)_0 e^{\eta t} + (N)_1 e^{(\eta+\varepsilon)t},$$
$$T + \overline{T} + X = (P)_0 e^{\eta t},$$
$$D = (Q)_1 e^{(-\eta+\varepsilon)t} + (R)_0 e^{\eta t} + (R)_1 e^{(\eta+\varepsilon)t},$$
$$E = S_1 e^{(-\eta+\varepsilon)t} + T_1 e^{(\eta+\varepsilon)t}.$$

Je néglige dans E le terme en $e^{\eta t}$, parce que la multiplication par $\frac{\Delta u_1}{\cos i}$ ne donnerait pas avec lui de terme en $e^{\eta t}$. Les valeurs numériques des coefficients précédents sont du reste connues par le calcul des perturbations du second ordre. On a aussi

$$\frac{\Delta u}{\cos i} = -e\mu + \tfrac{1}{2}(\mu - i\lambda) e^{\varepsilon t},$$
$$\frac{\Delta u_1}{\cos i} = \tfrac{1}{2}(\lambda + i\mu) e^{\varepsilon t};$$

et ensuite

$$\frac{\partial T}{\partial \varepsilon} \Delta\varepsilon = [\tfrac{1}{2}(e\gamma + i\beta) i G_1 - \tfrac{1}{2}(\beta + ie\gamma)(H)_1] e^{\eta t},$$
$$(V + X + T)\Delta\nu = [(\alpha - e\beta)(N)_0 - \tfrac{1}{2}(\beta - ie\gamma) M_1 - \tfrac{1}{2}(\beta + ie\gamma)] e^{\eta t},$$
$$2(T + X + \overline{T}) \frac{\Delta h}{h} = (-\alpha + 2e\beta)(P)_0 e^{\eta t},$$
$$D \frac{\Delta u}{\cos i} = [-e\mu (R)_0 + \tfrac{1}{2}(\mu - i\lambda) Q_1 + \tfrac{1}{2}(\mu + i\lambda)(R)_1] e^{\eta t},$$
$$E \frac{\Delta u_1}{\cos i} = [\tfrac{1}{2}(\lambda + i\mu)(S)_1 + \tfrac{1}{2}(\lambda - i\mu) T_1] e^{\eta t}.$$

Or, $(\mathbf{h})_0$ est le coefficient de $e^{\eta t}$ dans L; l'addition des cinq dernières lignes donne donc

$$\begin{aligned}(\mathbf{h})_0 = {} & \alpha[(N)_0 - (P)_0] \\ & + \tfrac{1}{2}\beta[-G_1 - (H)_1 - 2e(N)_0 - M_1 - (N)_1 + 4e(P)_1] \\ & + \tfrac{1}{2}ie\gamma[G_1 - (H)_1 + M_1 - (N)_1] \\ & + \tfrac{1}{2}\gamma[-iQ_1 + i(R)_1 + (S)_1 + T_1] \\ & + \tfrac{1}{2}\mu[-2e(\mathrm{R})_0 + Q_1 + (R)_1 + i(S)_1 - iT_1],\end{aligned}$$

équation qui se dédouble et donne

$$\begin{aligned}
\mathbf{h}'_0 = {} & \alpha(N'_0 - P'_0) + \tfrac{1}{2}\beta[-G'_1 - H'_1 - M'_1 - N'_1 - 2e(2P'_0 - N'_0)] \\
& + \tfrac{1}{2}e\gamma(G''_1 + H''_1 + M''_1 + N''_1) \\
& + \tfrac{1}{2}\lambda(-Q'_1 + R'_1 + S'_1 + T'_1) \\
& + \tfrac{1}{2}\mu(-2eR''_0 + Q''_1 + R''_1 - S''_1 - T''_1), \\
\mathbf{h}''_0 = {} & \alpha(N''_0 - P''_0) + \tfrac{1}{2}\beta[G''_1 - H''_1 + M''_1 - N''_1 + 2e(2P''_1 - N''_0)] \\
& + \tfrac{1}{2}e\gamma(G'_1 - H'_1 + M'_1 + N'_1) \\
& + \tfrac{1}{2}\lambda(-Q''_1 + R''_1 + S''_1 - T''_1 \\
& + \tfrac{1}{2}\mu(-2eR'_0 - Q'_1 + R'_1 + S'_1 + T'_1).
\end{aligned}$$

23.

Calcul de $\mathbf{v}$. — En considérant les seuls termes nécessaires ici, on a

$$\frac{U}{\cos i} = iU_1\, e^{(\varepsilon-\eta)i} + iV_1\, e^{(\varepsilon+\eta)i},$$

$$\frac{\partial U}{\cos i\, \partial \varepsilon} = -U_1\, e^{(\varepsilon-\eta)i} - V_1\, e^{(\varepsilon+\eta)i}.$$

Soient, de plus,

$$\frac{2U+Y}{\cos i} = (A)_1\, e^{(-\eta+\varepsilon)i} + (B)_0\, e^{\eta i} + (B)_1\, e^{(\eta+\varepsilon)i},$$

$$\frac{D''_1}{\cos i} = (C)_1\, e^{(-\eta+\varepsilon)i} + (D)_0\, e^{\eta i} + (D)_1\, e^{(\eta+\varepsilon)i},$$

$$\frac{E''}{\cos i} = E_1\, e^{(-\eta+\varepsilon)i} + F_1\, e^{(\eta+\varepsilon)i};$$

et ensuite

$$\frac{\partial U}{\cos i\, \partial \varepsilon}\,\Delta\varepsilon = \tfrac{1}{2}[(e\gamma + i\beta)(U)_1 + (e\gamma - i\beta)V_1]\, e^{\eta i},$$

$$\frac{2U+Y}{\cos i}\,\Delta\nu = [(\alpha - e\beta)(B)_0 - \tfrac{1}{2}(\beta - ie\gamma)A_1 - \tfrac{1}{2}(\beta + ie\gamma)(B)_1]\, e^{\eta i},$$

$$\frac{D'_1}{\cos i}\,\frac{\Delta u}{\cos i} = [-e\mu(D)_0 + \tfrac{1}{2}(\mu - i\lambda)C_1 + \tfrac{1}{2}(\mu + i\lambda)(D)_1]\, e^{\eta i},$$

$$\frac{E''_1}{\cos i}\,\frac{\Delta U}{\cos i} = \tfrac{1}{2}[(\lambda + i\mu)(\mathrm{E})_1 + (\lambda - i\mu)F_1]\, e^{\eta i},$$

puis, en additionnant les quatre lignes précédentes,

$$
\begin{aligned}
\mathbf{V} = \alpha(B)_0 &+ \tfrac{1}{2}\beta[-2e(B)_0 - A_1 - (B)_1 + i(U)_1 - iV_1] \\
&+ \tfrac{1}{2}e\gamma[(U)_1 + V_1 + iA_1 - i(B)_1] \\
&+ \tfrac{1}{2}\lambda[-iC_1 + i(D)_1 + (E)_1 + F_1] \\
&+ \tfrac{1}{2}\mu[-2e(D)_0 + C_1 + (D)_1 + i(E)_1 - iF_1];
\end{aligned}
$$

cette équation se dédouble et donne

$$
\begin{aligned}
\mathbf{V}' = \alpha B'_0 &+ \tfrac{1}{2}\beta(-2eB'_0 - A'_1 - B'_1 - U''_1 + V''_1) \\
&+ \tfrac{1}{2}e\gamma(U'_1 + V'_1 - A''_1 + B''_1) \\
&+ \tfrac{1}{2}\lambda(-C''_1 - D''_1 + E'_1 + F'_1) \\
&+ \tfrac{1}{2}\mu(-2eD'_0 + C'_1 + D'_1 - E''_1 + F''_1), \\
\mathbf{V}'' = \alpha B''_0 &+ \tfrac{1}{2}\beta(-2eB''_0 - A''_1 - B''_1 + U'_1 - V'_1) \\
&+ \tfrac{1}{2}e\gamma(U''_1 - V''_1 + A'_1 - B'_1) \\
&+ \tfrac{1}{2}\lambda(-C'_1 + D'_1 + E''_1 - F''_1) \\
&+ \tfrac{1}{2}\mu(-2eD''_0 - C''_1 + D''_1 + E'_1 - F'_1).
\end{aligned}
$$

24.

Pour avoir la correction totale des coefficients de perturbations, il faut encore tenir compte de la variation que produit Δn dans les petits diviseurs. Si l'on désigne par F la fonction dans l'intégrale de laquelle Δn amène une correction, il faudra prendre la variation de

$$\int F d\varepsilon = -\frac{iB}{j - j'N}\,\mathrm{e}^{\varphi i} = \frac{n}{jn - j''n'} \times -iB\,\mathrm{e}^{\varphi i},$$

ce qui donne

$$\Delta \int F d\varepsilon = -\frac{j'N}{j - j'N}\frac{\Delta n}{n} \times -\frac{iB}{j - j'N}\,\mathrm{e}^{\varphi i},$$

ou bien

$$\Delta \int F de = \chi(j, j') \int F de,$$

en posant

$$\chi(j, j') = -\frac{j'N}{j - j'N}\frac{\Delta n}{n}.$$

La fonction χ que je viens d'introduire se distingue de la fonction f, art. 42, *Première partie*, en ce que le numérateur renferme $j'N$ au lieu de j. On aura donc ici, pour $\Delta P_{j,j'}, \ldots$, les formules de l'article précité, en y remplaçant f par χ.

§ III.

Transformation des perturbations dépendant des éléments osculateurs en perturbations dépendant des éléments moyens. Détermination des éléments moyens.

25.

Les perturbations correspondantes aux éléments moyens étant toujours les plus petites en valeur totale, il y a avantage à les employer. Soient donc c_0, a_0, e_0, ϖ_0, i_0, θ_0 les éléments auxquels se rapportent les perturbations $n\delta z$, ν, $\frac{u}{\cos i}$, qu'on vient de considérer; (c), (a), (e), (χ), (i), (σ) les éléments auxquels se rapportent les perturbations cherchées, $n\delta(z)$, (ν), $\frac{(u)}{\cos i}$. Les éléments des deux systèmes diffèrent de quantités de l'ordre des forces perturbatrices. r et v, étant des coordonnées idéales, ont les mêmes valeurs dans chacun de ces systèmes d'éléments et de perturbations correspondantes; il faut donc satisfaire d'abord aux deux systèmes

$$\begin{array}{ll}
nt + c_0 + n\delta z = \bar{\varepsilon} - e_0 \sin\bar{\varepsilon}, & nt + (c) + n\delta(z) = (\bar{\varepsilon}) - (e)\sin\bar{\varepsilon}, \\
\bar{r}\cos\bar{w} = a_0(\cos\bar{\varepsilon} - e_0), & (r)\cos(w) = (a)\cos(\varepsilon) - (a)(e), \\
\bar{r}\sin\bar{w} = a_0 f_0 \sin\bar{\varepsilon}, & (r)\sin(w) = (a)(f)\sin\bar{\varepsilon}, \\
v = \bar{w} + \varpi_0, & v = (w) + (\chi), \\
r = \bar{r}(1+\nu), & r = (r)[1+(\nu)], \\
a_0^3 n_0^2 = \mu, & a^3 n^2 = \mu,
\end{array}$$

dans lesquels n est toujours la vraie valeur du moyen mouvement.

26.

En négligeant les puissances de la force perturbatrice supérieures à la seconde, et en posant

$$\begin{aligned} \Delta n\delta z &= n\delta(z) - n\delta z, \\ \Delta c &= (c) - c_0, \\ \Delta e &= (e) - e_0, \\ \Delta \chi &= (\chi) - \varpi_0, \end{aligned}$$

on a

$$\Delta v = \Delta \bar{w} + \Delta \chi = \frac{\partial \bar{w}}{\partial g}\Delta g + \frac{\partial \bar{w}}{\partial e}\Delta e + \Delta \chi,$$

où $g = nt + c_0$; comme v ne varie pas et que

$$\Delta g = \Delta n\delta z + \Delta c,$$

il vient

$$0 = \frac{\partial \bar{w}}{\partial g}(\Delta n\delta z + \Delta c) + \frac{\partial \bar{w}}{\partial e}\Delta e + \Delta \chi$$
$$+ \tfrac{1}{2}\frac{\partial^2 \bar{w}}{\partial g^2}(\Delta n\delta z + \Delta c)^2 + \tfrac{1}{2}\frac{\partial^2 \bar{w}}{\partial e^2}\Delta e^2 + \frac{\partial^2 \bar{w}}{\partial e \partial g}(\Delta n\delta z + \Delta c)\Delta e.$$

Négligeant les quantités du second ordre, on tire de cette équation

$$\Delta n\delta z + \Delta c = -\frac{\frac{\partial \bar{w}}{\partial e}}{\frac{\partial \bar{w}}{\partial g}}\Delta e - \frac{1}{\frac{\partial \bar{w}}{\partial g}}\Delta \chi,$$

d'où

$$(\Delta n\delta z + \Delta c)^2 = \frac{\left(\frac{\partial \bar{w}}{\partial e}\right)^2}{\left(\frac{\partial \bar{w}}{\partial g}\right)^2}\Delta e^2 + \frac{1}{\left(\frac{\partial \bar{w}}{\partial g}\right)^2}\Delta \chi^2 + 2\frac{\frac{\partial \bar{w}}{\partial e}}{\left(\frac{\partial \bar{w}}{\partial g}\right)^2}\Delta e \Delta \chi;$$

substituant ces deux valeurs dans l'équation qui précède, on a

$$\Delta n\delta z = -\Delta c - \frac{\frac{\partial w}{\partial e}}{\frac{\partial \bar{w}}{\partial g}}\Delta e - \frac{1}{\frac{\partial \bar{w}}{\partial g}}\Delta \chi$$

$$+\left\{\frac{\dfrac{\partial^2 w}{\partial e^2}}{2\dfrac{\partial w}{\partial g}}-\frac{\dfrac{\partial^2 w}{\partial g\,\partial e}\dfrac{\partial w}{\partial e}}{\left(\dfrac{\partial w}{\partial g}\right)^2}+\frac{\dfrac{\partial^2 w}{\partial g^2}\left(\dfrac{\partial w}{\partial e}\right)^2}{2\left(\dfrac{\partial w}{\partial g}\right)^3}\right\}\Delta e^2$$

$$+\left\{\frac{\dfrac{\partial^2 w}{\partial g\,\partial e}}{\left(\dfrac{\partial w}{\partial g}\right)^2}-\frac{\dfrac{\partial^2 w}{\partial g^2}\dfrac{\partial w}{\partial e}}{\left(\dfrac{\partial w}{\partial g}\right)^3}\right\}\Delta e\,\Delta\chi-\frac{\dfrac{\partial^2 w}{\partial g^2}}{2\left(\dfrac{\partial w}{\partial g}\right)^3}\Delta\chi^2,$$

où, pour abréger, on a écrit w au lieu de $\bar{w}$. En posant

$$H=\frac{\dfrac{\partial w}{\partial e}}{\dfrac{\partial w}{\partial g}},\qquad K=\frac{1}{\dfrac{\partial w}{\partial g}},$$

il vient

$$\frac{\partial H}{\partial g}=\frac{\dfrac{\partial w}{\partial g}\dfrac{\partial^2 w}{\partial e\,\partial g}-\dfrac{\partial w}{\partial e}\dfrac{\partial^2 w}{\partial g^2}}{\left(\dfrac{\partial w}{\partial g}\right)^2},\qquad \frac{\partial K}{\partial g}=-\frac{\dfrac{\partial^2 w}{\partial g^2}}{\left(\dfrac{\partial w}{\partial g}\right)^2},$$

d'où

$$\begin{aligned}\Delta n\,\delta z = & -\Delta c - H\Delta e - K\Delta\chi \\ & +\tfrac{1}{2}\left(H\frac{\partial H}{\partial g}-\frac{\partial H}{\partial e}\right)\Delta e^2+\left(H\frac{\partial K}{\partial g}-\frac{\partial K}{\partial e}\right)\Delta e\,\Delta\chi \\ & +\tfrac{1}{2}K\frac{\partial K}{\partial g}\Delta\chi^2.\end{aligned}$$

Continuant à écrire, pour abréger, w, r, au lieu de $\bar{w}$, $\bar{r}$; a, e, ... pour a_0, e_0, ..., on a

$$\frac{\partial w}{\partial g}=\frac{a^2 f}{r^2},\qquad \frac{\partial w}{\partial e}=\frac{\sin w}{f}(2+e\cos w);$$

par suite,

$$H=\frac{r^2\sin w}{a^2 f^3}(2+e\cos w),\qquad K=\frac{r^2}{a^2 f},$$

et, comme on a

$$\frac{\partial r}{\partial g}=\frac{ae\sin w}{f},\qquad \frac{\partial r}{\partial e}=-a\cos w,$$

on obtient

$$\frac{\partial H}{\partial g}=\frac{\partial H}{\partial r}\frac{ae\sin w}{f}+\frac{\partial H}{\partial w}\frac{a^2f}{r^2};$$

mais

$$\frac{\partial H}{\partial r}=\frac{2r\sin w}{a^2f^3}(2+e\cos w),\qquad \frac{\partial H}{\partial w}=\frac{r^2}{a^2f^3}(2\cos w+e\cos 2w),$$

donc

$$\frac{\partial H}{\partial g}=\frac{r}{af^4}[3e+(2+e^2)\cos w].$$

De même, en désignant par $\left(\frac{\partial H}{\partial e}\right)$ la dérivée de H par rapport à e entrant explicitement dans cette fonction, on a

$$\frac{\partial H}{\partial e}=\left(\frac{\partial H}{\partial e}\right)+\frac{\partial H}{\partial r}\frac{\partial r}{\partial e}+\frac{\partial H}{\partial w}\frac{\partial w}{\partial e},$$

ou, par substitution,

$$\frac{\partial H}{\partial e}=\frac{r^2\sin w}{a^2f^5}[4e+(1+e^2)\cos w].$$

On a aussi

$$\frac{\partial K}{\partial g}=\frac{2re\sin w}{af^2},$$

$$\frac{\partial K}{\partial e}=\frac{r^2e}{a^2f^3}-\frac{2r}{af}\cos w.$$

Introduisant maintenant l'anomalie excentrique, il vient

$$H=\frac{2-e^2}{f^2}\sin\varepsilon-\frac{e\sin 2\varepsilon}{2f^2},$$

$$K=\frac{2+e^2}{2f}-\frac{2e}{f}\cos\varepsilon+\frac{e^2\cos 2\varepsilon}{2f},$$

$$\frac{\partial H}{\partial g}=\frac{e}{f^2}+\frac{2\cos\varepsilon}{f^2},$$

$$\frac{\partial H}{\partial e}=\frac{3e-e^3}{f^4}\sin\varepsilon+\frac{1-3e^2}{2f^4}\sin 2\varepsilon,$$

$$\frac{\partial K}{\partial g}=\frac{2e\sin\varepsilon}{f},$$

$$\frac{\partial K}{\partial e}=\frac{6e-3e^3}{2f^3}-\frac{2\cos\varepsilon}{f^3}+\frac{e^3\cos 2\varepsilon}{2f^3}.$$

Substituant dans l'expression de $\Delta n \delta z$ donnée plus haut, il vient

$$(34)\left\{\begin{aligned}\Delta n\delta z = &- \Delta c\\ &- \left(\frac{2-e^2}{f^2}\sin\varepsilon - \frac{e\sin 2\varepsilon}{2f^2}\right)\Delta e\\ &- \left(\frac{2+e^2}{2f^2} - \frac{2e\cos\varepsilon}{f} + \frac{e^2\cos 2\varepsilon}{2f}\right)\Delta\chi\\ &+ \left(-\frac{3e}{4f^4}\sin\varepsilon + \frac{3}{4f^4}\sin 2\varepsilon - \frac{e}{4f^4}\sin 3\varepsilon\right)\Delta e^2\\ &- \left(\frac{2e-e^3}{2f^3} - \frac{4-e^2}{2f^3}\cos\varepsilon + \frac{4e-e^3}{2f^3}\cos 2\varepsilon - \frac{e^2}{2f^3}\cos 3\varepsilon\right)\Delta e\Delta\chi\\ &+ \left(\frac{4e+3e^3}{4f^2}\sin\varepsilon - \frac{e^2}{f^2}\sin 2\varepsilon + \frac{e^3}{4f^2}\sin 3\varepsilon\right)\Delta\chi^2.\end{aligned}\right.$$

Il faut, dans cette relation, lire $\bar{\varepsilon}$, e_0 là où l'on a écrit ε, e.

27.

Posant, de plus,

$$\begin{aligned}\Delta r &= (r) - \bar{r},\\ \Delta\nu &= (\nu) - \nu,\\ \Delta a &= (a) - a,\\ \Delta n &= n - n_0,\end{aligned}$$

et, se rappelant que r ne change pas de valeur avec le système d'éléments elliptiques, les relations $r = (r)[1 + (\nu)] = \bar{r}(1+\nu)$ donnent

$$(r) - \bar{r} + (r)[(\nu) - \nu] + \nu[(r) - \bar{r}] = 0,$$

qu'on peut écrire

$$\Delta\nu = -\frac{1+\nu}{(r)}\Delta r,$$

ou bien

$$\Delta\nu = -\frac{(1+\nu)\Delta r}{\bar{r}+\Delta r}.$$

On a, de plus,

$$r - \bar{r} = \bar{r}\nu \quad \text{ou} \quad \frac{\Delta r}{\bar{r}} = \nu,$$

et

$$\log\left(\frac{r}{\bar{r}}\right) = \nu - \tfrac{1}{2}\nu^2 + \dots,$$

ou, dans une première approximation,

$$\nu = \log\left(\frac{r}{\bar{r}}\right),$$

et, en allant jusqu'aux quantités du second ordre inclusivement,

$$\nu = \log\left(\frac{r}{\bar{r}}\right) + \tfrac{1}{2}\nu^2 = \log\left(\frac{r}{\bar{r}}\right) + \tfrac{1}{2}\left[\log\left(\frac{r}{\bar{r}}\right)\right]^2,$$

d'où enfin

$$\frac{\Delta r}{\bar{r}} = \Delta \log \bar{r} + \tfrac{1}{2}(\Delta \log \bar{r})^2.$$

On a aussi

$$\frac{\Delta \nu}{1+\nu} = -\frac{\Delta r}{\bar{r} + \Delta r} = -\frac{\Delta r}{\bar{r}} + \left(\frac{\Delta r}{\bar{r}}\right)^2,$$

et comme

$$\frac{\Delta r}{\bar{r}} = \log\left(\frac{r}{\bar{r}}\right) + \tfrac{1}{2}\log\left(\frac{r}{\bar{r}}\right)^2,$$

$$\left(\frac{\Delta r}{\bar{r}}\right)^2 = \left(\log \frac{r}{\bar{r}}\right)^2,$$

il vient

$$\frac{\Delta \nu}{1+\nu} = -\log \frac{r}{\bar{r}} + \tfrac{1}{2}\left(\log \frac{r}{\bar{r}}\right)^2,$$

ou

$$\frac{\Delta \nu}{1+\nu} = -\Delta \log \bar{r} + \tfrac{1}{2}(\Delta \log \bar{r})^2.$$

De l'équation

$$\bar{r} = \frac{a_0 f_0^2}{1 + e_0 \cos \bar{w}},$$

après y avoir remplacé a_0 par sa valeur

$$a_0 = \left(\frac{\mu}{n_0^2}\right)^{\frac{1}{3}},$$

on tire

$$\log \bar{r} = \tfrac{1}{3}\log \mu - \tfrac{2}{3}\log n_0 + 2\log f_0 - \log(1 + e_0 \cos \bar{w}),$$

où $\bar{r}$ est fonction de n_0, e_0 et $\bar{w}$. Or, des valeurs de v, art. 25, on déduit $\Delta w = -\Delta \chi$; alors l'équation précédente donne, dans une première approximation,

$$\Delta \log \bar{r} = -\tfrac{2}{3}\frac{\Delta n}{n_0} - \frac{2e_0 + (1 + e_0^2)\cos \bar{w}}{f_0^2(1 + e_0 \cos \bar{w})}\Delta e_0 - \frac{e_0 \sin \bar{w}}{1 + e_0 \cos \bar{w}}\Delta \chi,$$

mais

$$\frac{\partial \log \bar{r}}{\partial e_0} = -\frac{2e_0 + (1+e_0^2)\cos\bar{w}}{f_0^2(1+e_0\cos\bar{w})} = -\frac{2e_0}{f_0} - \frac{\bar{r}\cos\bar{w}}{a_0 f_0^2},$$

$$\frac{\partial \log \bar{r}}{\partial \bar{w}} = \frac{e_0 \sin\bar{w}}{1+e_0\cos\bar{w}} = \frac{e_0 \bar{r}\sin\bar{w}}{a_0 f_0^2},$$

de sorte que, en ayant égard aux quantités du second ordre, on a

$$\Delta \log \bar{r} = -\tfrac{2}{3}\frac{\Delta n}{n_0} + \frac{\partial \log \bar{r}}{\partial e_0}\Delta e_0 - \frac{\partial \log \bar{r}}{\partial \bar{w}}\Delta\chi$$
$$+ \tfrac{1}{3}\left(\frac{\Delta n}{n_0}\right)^2 + \tfrac{1}{2}\frac{\partial^2 \log \bar{r}}{\partial e^2}\Delta e_0^2 + \tfrac{1}{2}\frac{\partial^2 \log \bar{r}}{\partial \bar{w}^2}\Delta\chi^2 - \frac{\partial^2 \log \bar{r}}{\partial e_0 \partial \bar{w}}\Delta e \Delta\chi,$$

et, par suite,

$$\frac{\Delta \nu}{1+\nu} = \tfrac{2}{3}\frac{\Delta n}{n} - \frac{\partial \log r}{\partial e}\Delta e + \frac{\partial \log r}{\partial w}\Delta\chi$$
$$-\tfrac{1}{9}\left(\frac{\Delta n}{n}\right)^2 - \tfrac{2}{3}\frac{\partial \log r}{\partial e}\frac{\Delta n}{n}\Delta e + \tfrac{2}{3}\frac{\partial \log r}{\partial w}\frac{\Delta n}{n}\Delta\chi$$
$$-\tfrac{1}{2}\left[\frac{\partial^2 \log r}{\partial e^2} - \left(\frac{\partial \log r}{\partial e}\right)^2\right]\Delta e^2 + \left(\frac{\partial^2 \log r}{\partial e \partial w} - \frac{\partial \log r}{\partial e}\frac{\partial \log r}{\partial w}\right)\Delta e \Delta\chi$$
$$-\tfrac{1}{2}\left[\frac{\partial^2 \log r}{\partial w^2} - \left(\frac{\partial \log r}{\partial w}\right)^2\right]\Delta\chi^2,$$

où, pour abréger, j'ai écrit $r, w, e, \ldots$ pour $\bar{r}, \bar{w}, e_0, \ldots$.

De l'expression ci-dessus de $\log \bar{r}$, on tire successivement

$$\frac{\partial \log r}{\partial e} = -\frac{2e}{f^2} - \frac{\cos w}{1+e\cos w},$$

$$\frac{\partial \log r}{\partial w} = \frac{e\sin w}{1+e\cos w},$$

$$\frac{\partial^2 \log r}{\partial e^2} = -\frac{2(1+e^2)}{f^4} + \frac{r^2\cos^2 w}{a^2 f^4},$$

$$\frac{\partial^2 \log r}{\partial w \partial e} = \frac{r^2 \sin w}{a^2 f^4},$$

$$\frac{\partial^2 \log r}{\partial w^2} = \frac{er\cos w}{af^2} + \frac{e^2 r^2 \sin^2 w}{a^2 f^4}.$$

Si l'on introduit l'anomalie excentrique, on a

$$\frac{\partial \log r}{\partial e} = -\frac{e + \cos\varepsilon}{f^2},$$

$$\frac{\partial \log r}{\partial w} = \frac{e \sin\varepsilon}{f},$$

$$\frac{\partial^2 \log r}{\partial e^2} = -\frac{2(1+e^2)}{f^4} - \frac{4e\cos\varepsilon}{f^4},$$

$$\frac{\partial^2 \log r}{\partial w \partial e} = \frac{\sin\varepsilon}{f^3}(1 - e\cos\varepsilon),$$

$$\frac{\partial^2 \log r}{\partial w^2} = \frac{e(\cos\varepsilon - e]}{f^2} + \frac{e^2 \sin\varepsilon}{f}\frac{\sin\varepsilon}{f},$$

et enfin

$$(35)\quad \left\{\begin{aligned} \frac{\Delta\nu}{1+\nu} = {} & \tfrac{2}{3}\frac{\Delta n}{n} + \frac{e+\cos\varepsilon}{f^2}\Delta e + \frac{e\sin\varepsilon}{f}\Delta\chi \\ & - \tfrac{1}{9}\left(\frac{\Delta n}{n}\right)^2 + \tfrac{2}{3}\frac{e+\cos\varepsilon}{f^2}\frac{\Delta n}{n}\Delta e + \tfrac{2}{3}\frac{e\sin\varepsilon}{f}\frac{\Delta n}{n}\Delta\chi \\ & + \left(\frac{1+e^2}{f^4} + \frac{2e\cos\varepsilon}{f^4}\right)\Delta e^2 + \frac{1+e^2}{f^3}\sin\varepsilon\,.\,\Delta e\,\Delta\chi \\ & + \left(\frac{e^2}{2f^2} - \frac{e\cos\varepsilon}{2f^2}\right)\Delta\chi^2, \end{aligned}\right.$$

où il faut remplacer e, ε, f par e_0, $\bar{\varepsilon}$, f_0.

28.

La latitude ne change pas, que l'on exprime les perturbations soit à l'aide des éléments osculateurs, soit à l'aide des éléments moyens; il en résulte

$$\begin{aligned} r\sin b &= r\sin i_0 \sin(v - \theta_0) + a_0(1+\nu)u \\ &= r\sin(i)\sin[v - (\sigma)] + (a)[1 + (\nu)](u); \end{aligned}$$

de sorte qu'en posant

$$\Delta u = \frac{(a)[1 + (\nu)]}{a_0(1+\nu)}(u) - u,$$

et, en remplaçant v par $\bar{w} + \varpi_0$, les équations précédentes donnent

$$\Delta u = \frac{\bar{r}}{a_0} \sin i_0 \sin(\bar{w} + \varpi_0 - \theta_0) - \frac{\bar{r}}{a_0} \sin(i) \sin(\bar{w} + \varpi_0 - \theta_0) \cos[(\sigma) - \theta_0]$$
$$+ \frac{\bar{r}}{a_0} \sin(i) \cos(\bar{w} + \varpi_0 - \theta_0) \sin[(\sigma) - \theta_0] .$$

Introduisant l'anomalie excentrique et posant

$$(36) \quad \begin{cases} \sin(i) \sin[(\sigma) - \theta_0] = \beta \cos i_0 , \\ \sin(i) \cos[(\sigma) - \theta_0] = \gamma \cos i_0 + \sin i_0 , \end{cases}$$

il vient

$$(37) \quad \begin{cases} \Delta u = - e_0 [\beta \cos(\varpi_0 - \theta_0) - \gamma \sin(\varpi_0 - \theta_0)] \cos i_0 \\ \quad + [\beta \cos(\varpi_0 - \theta_0) - \gamma \sin(\varpi_0 - \theta_0)] \cos i_0 \cos \bar{\varepsilon} \\ \quad - f_0 [\beta \sin(\varpi_0 - \theta_0) + \gamma \cos(\varpi_0 - \theta_0)] \cos i_0 \sin \bar{\varepsilon} . \end{cases}$$

En traitant les équations (36) comme celles de l'art. 8, on obtient

$$(i) = i_0 + \gamma + \tfrac{1}{2}\beta^2 \cot i_0 + \tfrac{1}{2}\gamma^2 \operatorname{tang} i_0 ,$$
$$(\sigma) = \theta_0 + \beta \cot i_0 - \beta\gamma \cot i_0 .$$

De même, en désignant par (θ) la longitude du nœud et par (ϖ) celle du périhélie en fonction des éléments moyens, on a, toujours d'après le même article, les expressions finales

$$(\theta) = \theta_0 + \frac{\beta}{\sin i_0} - \frac{\beta\gamma(2 - 3\sin^2 i_0)}{2\sin^2 i_0 \cos i_0} + \Delta\Gamma ,$$
$$(\varpi) = (\chi) + \beta \operatorname{tang} \tfrac{1}{2} i_0 + \beta\gamma \frac{(1 + 2\cos i_0) \operatorname{tang}^2 i_0}{2\cos i_0} + \Delta\Gamma ,$$

où $\Delta\Gamma$ est une quantité qu'il faut calculer.

En négligeant les quantités du second ordre et éliminant β, on a

$$(\theta) = (\sigma) + \frac{2\sin^2 \frac{1}{2} i_0}{\cos i_0} [(\sigma) - \theta_0] ,$$
$$(\varpi) = (\chi) + \frac{2\sin^2 \frac{1}{2} i_0}{\cos i_0} [(\sigma) - \theta_0] ,$$

29.

Dans ce qui précède, on a égalé à 0 tant les variations de r que celles de $r \sin b$; par conséquent la variation de b a été aussi égalée à 0. Il reste encore à annuler la variation de l, condition qui déterminera la valeur de $\Delta\Gamma$ précédemment introduite. Je reprends pour cela les équations, art. 18, *Première partie,*

$$(38)\quad \begin{cases} \cos b \sin(l-\theta_0-\Gamma) = \cos i_0 \sin(v-\theta) - s\left(\operatorname{tang} i_0 + \dfrac{q}{2\cos^3 i_0}\right), \\ \cos b \cos(l-\theta_0-\Gamma) = \cos(v-\theta_0) + \dfrac{sp}{2\cos^2 i_0}; \end{cases}$$

alors, en posant

$$\Delta s = (s) - s,$$

et rappelant que $u = \frac{\bar{r}}{a} s$, l'expression précédente de Δu donne

$$\Delta s = \beta \cos i_0 \cos(v-\theta_0) - \gamma \cos i_0 \sin(v-\theta_0).$$

De plus, les équations de l'art. 10, *Première partie,* donnent

$$(p) = -(s)\cos(v-\theta_0) + \frac{\partial(s)}{\partial v}\sin(v-\theta_0),$$

$$(q) = (s)\sin(v-\theta_0) + \frac{\partial(s)}{\partial v}\cos(v-\theta_0);$$

remplaçant alors, dans ces équations, (s) par $s + \Delta s$, et observant de plus que

$$\Delta \frac{\partial s}{\partial v} = -\beta \cos i_0 \sin(v-\theta_0) - \gamma \cos i_0 \cos(v-\theta_0),$$

il vient

$$(p) = p - \beta \cos i_0,$$
$$(q) = q - \gamma \cos i_0.$$

De là résulte le deuxième système d'équations

$$(39)\quad \begin{cases} \cos b \sin[l-(\theta)-\Gamma] = \cos(i)\sin[v-(\sigma)] - (s)\operatorname{tang}(i) - \dfrac{(s)(q-\gamma\cos i_0)}{2\cos^3 i_0}, \\ \cos b \cos[l-(\theta)-\Gamma] = \cos[v-(\sigma)] + \dfrac{(s)(p-\beta\cos i_0)}{2\cos^2 i_0}, \end{cases}$$

qu'il faut identifier avec les équations (38).

30.

Pour cela, soient

$$\Delta i = (i) - i_0,$$
$$\Delta\sigma = (\sigma) - 0_0,$$
$$\Delta\theta = (\theta) - \theta_0.$$

Les équations (39), développées par la série de Taylor, jusqu'aux quantités du second ordre inclusivement, donnent

$$\begin{aligned}\cos b \sin(l-\theta_0-\Gamma-\Delta\theta) &= \sin(v-\theta_0)(\cos i_0 - \sin i_0\,\Delta i - \tfrac{1}{2}\cos i_0\,\Delta i^2 - \tfrac{1}{2}\cos i_0\,\Delta\sigma^2)\\ &+ \cos(v-\theta_0)(-\cos i_0\,\Delta\sigma + \sin i_0\,\Delta i\,\Delta\sigma)\\ &- s\left(\operatorname{tang} i_0 + \frac{q}{2\cos^3 i_0}\right)\\ &- \operatorname{tang} i_0\,\Delta s - \frac{(2\Delta i-\gamma)\Delta s}{2\cos^2 i_0} - \frac{(2\Delta i-\gamma)s}{2\cos^2 i_0} - \frac{q\,\Delta s}{2\cos^3 i_0},\end{aligned}$$

$$\begin{aligned}\cos b\cos(l-\theta_0-\Gamma-\Delta\theta) &= \cos(v-\theta_0).(1-\tfrac{1}{2}\Delta\sigma^2) + \sin(v-\theta_0)\Delta\sigma\\ &+ \frac{sp}{2\cos^2 i_0} - \frac{\beta s}{2\cos i_0} - \frac{\beta\,\Delta s}{2\cos i_0} + \frac{p\,\Delta s}{2\cos^2 i_0}.\end{aligned}$$

Multipliant membre à membre la première de ces équations par $\cos\Delta\theta = 1 - \frac{1}{2}\Delta\theta^2$, la seconde par $\sin\Delta\theta = \Delta\theta$, et ajoutant les produits, on a

$$\begin{aligned}\cos b\sin(l-\theta_0-\Gamma) &= \cos i_0 \sin(v-\theta_0) - s\left(\operatorname{tang} i_0 + \frac{q}{2\cos^3 i_0}\right)\\ &+ \sin(v-\theta_0)(-\sin i_0\Delta i - \tfrac{1}{2}\cos i_0\Delta i^2 - \tfrac{1}{2}\cos i_0\Delta\sigma^2 - \tfrac{1}{2}\cos i_0\,\Delta\theta^2 + \Delta\sigma\Delta\theta)\\ &+ \cos(v-\theta_0)(-\cos i_0\,\Delta\sigma + \Delta\theta + \sin i_0\,\Delta i\,\Delta\sigma)\\ &- \operatorname{tang} i_0\,\Delta s - \frac{(2\Delta i-\gamma)\Delta s}{2\cos^2 i_0} - \frac{(2\Delta i-\gamma)s}{2\cos^2 i_0} - \frac{q\Delta s}{2\cos^3 i_0}.\end{aligned}$$

Multipliant la première des équations ci-dessus par $-\sin\Delta\theta = -\Delta\theta$, la seconde par $\cos\Delta\theta = 1 - \frac{1}{2}\Delta\theta^2$, et ajoutant les produits, il vient

$$\begin{aligned}\cos b\cos(l-\theta_0-\Gamma) &= \cos(v-\theta_0) - \frac{sp}{2\cos^2 i_0}\\ &+ \cos(v-\theta_0)(\cos i_0\,\Delta\sigma\,\Delta\theta - \tfrac{1}{2}\Delta\sigma^2 - \tfrac{1}{2}\Delta\theta^2)\\ &+ \sin(v-\theta_0)(\Delta\sigma - \cos i_0\,\Delta\theta + \sin i_0\,\Delta i\,\Delta\theta)\\ &+ \frac{(2\sin i_0\,\Delta\theta - \beta)\Delta s}{2\cos i_0} + \frac{(2\sin i_0\,\Delta\theta-\beta)s}{2\cos i_0} + \frac{p\,\Delta s}{2\cos^2 i_0}.\end{aligned}$$

On a trouvé, art. 28,

$$\Delta i = \gamma + \tfrac{1}{2}\beta^2 \cot i_0 + \tfrac{1}{2}\gamma^2 \operatorname{tang} i_0,$$
$$\Delta\varpi = \beta \cot i_0 - \beta\gamma \cot^2 i_0,$$
$$\Delta\theta = \beta \operatorname{coséc} i_0 - \beta\gamma \frac{2-3\sin^2 i_0}{2\sin^2 i_0 \cos i_0} + \Delta\Gamma,$$

art. 10, *Première partie*,

$$s = q\sin(v-\theta_0) - p\cos(v-\theta_0),$$

et, art. 29,

$$\Delta s = \beta\cos i_0 \cos(v-\theta_0) - \gamma\cos i_0 \sin(v-\theta_0);$$

exprimant les coefficients des trois dernières lignes de chacune des équations ci-dessus en fonction de ces valeurs, il vient

$$\cos b\sin(l-\theta_0-\Gamma) = \cos i_0 \sin(v-\theta_0) - s\left(\operatorname{tang} i_0 + \frac{q}{2\cos^2 i_0}\right)$$
$$+ \cos(v-\theta_0)\left(\Delta\Gamma + \frac{p\gamma - q\beta}{2\cos^2 i}\right),$$
$$\cos b\cos(l-\theta_0-\Gamma) = \cos(v-\theta_0) + \frac{sp}{2\cos^2 i_0}$$
$$+ \sin(v-\theta_0)\left(-\cos i_0 \Delta\Gamma + \frac{q\beta - p\gamma}{2\cos i_0}\right),$$

équations qui deviennent identiques aux équations (38), en posant

$$\Delta\Gamma = \frac{q\beta - p\gamma}{2\cos^2 i_0};$$

cette dernière relation peut s'écrire

$$\Delta\Gamma = \frac{\Delta s \dfrac{\partial s}{\partial v} - s\dfrac{\partial \Delta s}{\partial v}}{2\cos^3 i_0},$$

ou bien

$$\Delta\Gamma = \frac{a_0}{r}\,\frac{\Delta u \dfrac{\partial u}{\partial \varepsilon} - u\dfrac{\partial \Delta u}{\partial \varepsilon}}{2f\cos^3 i_0},$$

expression en général insensible. Dans le cas exceptionnel où l'on doit tenir compte de cette valeur de $\Delta\Gamma$, il faut remarquer qu'elle renferme une partie constante, donnée par les expressions de (ϖ) et (θ), art. 28; la partie variable doit être jointe à la valeur de Γ, calculée d'abord à l'aide des éléments i_0, θ_0, etc.

31.

Je me propose maintenant d'exprimer les perturbations en fonction, non seulement des éléments moyens, mais aussi de l'anomalie excentrique qui résulte de (c) et de (e) par l'équation

$$nt+(c)=\varepsilon-(e)\sin\varepsilon.$$

En posant

$$\mathfrak{A}=-\frac{2-e_0^2}{f_0^2}\sin\bar{\varepsilon}+\frac{e_0\sin2\bar{\varepsilon}}{2f_0^2},$$

$$\mathfrak{B}=-\frac{2+e_0^2}{2f_0}+\frac{2e_0\cos\bar{\varepsilon}}{f_0}-\frac{e_0^2\cos2\bar{\varepsilon}}{2f_0},$$

et désignant par E l'ensemble des termes du second ordre, l'expression (34) devient

$$n\delta(z)-n\delta z=-\Delta c+\mathfrak{A}\Delta e+\mathfrak{B}\Delta\chi+E.$$

Les coefficients de cette expression, fonctions de $\bar{\varepsilon}$, sont liés avec $n\delta z$ par l'équation

$$nt+c+n\delta z=\bar{\varepsilon}-e_0\sin\bar{\varepsilon},$$

et $n\delta z$ est développé, dans ce qui précède, en fonction de ε_0, qui dépend de

$$nt+c=\varepsilon_0-e_0\sin\varepsilon_0.$$

Il est avantageux d'exprimer aussi ces coefficients en fonction de ε_0. Pour obtenir ce résultat, je pose

$$A=-\frac{2-e_0^2}{f_0^2}\sin\varepsilon_0+\frac{e_0}{2f_0^2}\sin2\varepsilon_0,$$

$$B=-\frac{2+e_0^2}{2f_0^2}+\frac{2e_0}{f_0}\cos\varepsilon_0-\frac{e_0^2}{2f_0}\cos2\varepsilon_0,$$

d'où

$$\frac{\partial A}{\partial g}=-\frac{e_0}{f_0^2}-\frac{2\cos\varepsilon_0}{f_0^2},$$

$$\frac{\partial B}{\partial g}=-\frac{2e_0}{f_0}\sin\varepsilon_0.$$

Or, d'après les relations ci-dessus, on passe de l'équation qui lie ε_0 au temps à celle qui lie $\bar{\varepsilon}$ à la même variable, en changeant nt ou g

en $g + n\delta z$: on aura donc, en continuant à désigner par E l'ensemble des termes du second ordre,

$$\mathfrak{A} = A + \frac{\partial A}{\partial g} n\delta z,$$

$$\mathfrak{B} = B + \frac{\partial B}{\partial g} n\delta z,$$

$$n\delta(z) = n\delta z - \Delta c + A\Delta e + B\Delta\chi$$

$$+ \frac{\partial A}{\partial g} n\delta z \Delta e + \frac{\partial B}{\partial g} n\delta z \Delta\chi + E.$$

Pour exprimer maintenant $n\delta(z)$ en fonction de (c), (e), (χ), ε au lieu de c, e, χ, ε_0, j'observe que l'on a

$$(g) = nt + (c) = \varepsilon - (e)\sin\varepsilon,$$

$$nt + c = \varepsilon_0 - e_0 \sin\varepsilon_0,$$

de sorte que, si l'on pose de nouveau,

$$\Delta c = (c) - c,$$

$$\Delta e = (e) - e_0,$$

$$\Delta\varepsilon = \varepsilon - \varepsilon_0,$$

il viendra

$$\Delta c = \Delta\varepsilon - (e)\sin\varepsilon + e_0 \sin\varepsilon_0,$$

d'où l'on tire, en négligeant les quantités de second ordre,

$$\Delta\varepsilon = \frac{\Delta c}{1 - e_0\cos\varepsilon} + \frac{\sin\varepsilon}{1 - e_0\cos\varepsilon}\Delta e.$$

L'expression obtenue pour $n\delta z$ est, en outre, dans chacun de ses arguments, fonction de $j'Nc$, où c doit être remplacé par (c), à l'aide de la relation $c = (c) - \Delta c$. On aura, en tenant compte de toutes ces substitutions,

$$\mathfrak{A} = A + \frac{\partial A}{\partial g} n\delta z - \frac{\partial A}{\partial\varepsilon}\Delta\varepsilon - \frac{\partial A}{\partial e}\Delta e,$$

$$\mathfrak{B} = B + \frac{\partial B}{\partial g} n\delta z - \frac{\partial B}{\partial\varepsilon}\Delta\varepsilon - \frac{\partial B}{\partial e}\Delta e;$$

il faut aussi remplacer $n\delta z$ par

$$n\delta z - \frac{\partial . n\delta z}{\partial c}\Delta c - \frac{\partial . n\delta z}{\partial\varepsilon}\Delta\varepsilon;$$

ou, à cause de la valeur qu'on vient de trouver pour $\Delta\varepsilon$, par

$$n\delta z - \left(\frac{\partial . n\delta z}{\partial c} + \frac{\partial . n\delta z}{\partial \varepsilon}\,\frac{1}{1-e\cos\varepsilon}\right)\Delta c - \left(\frac{\partial . n\delta z}{\partial e} - \frac{\partial . n\delta z}{\partial \varepsilon}\,\frac{\sin\varepsilon}{1-e\cos\varepsilon}\right)\Delta e\,.$$

Des valeurs de A et de B, on tire

$$\frac{\partial A}{\partial e} = -\frac{2e}{f^4}\sin\varepsilon + \frac{1+e^2}{2f^4}\sin 2\varepsilon\,,$$

$$\frac{\partial B}{\partial e} = -\frac{4e-e^3}{2f^3} + \frac{2}{f^3}\cos\varepsilon - \frac{2e-e^3}{2f^3}\cos 2\varepsilon\,,$$

$$\frac{\partial A}{\partial \varepsilon} = -\frac{2-e^2}{f^2}\cos\varepsilon + \frac{e}{f^2}\cos 2\varepsilon\,,$$

$$\frac{\partial B}{\partial \varepsilon} = -\frac{2e\sin\varepsilon}{f} + \frac{e^2}{f}\sin 2\varepsilon\,,$$

de sorte qu'en substituant ces diverses valeurs dans l'expression de $n\delta(z)$, on a

$$n\delta(z) = n\delta z - \left(1 + \frac{\partial . n\delta z}{\partial c} + \frac{\partial . n\delta z}{\partial \varepsilon}\,\frac{1}{1-e\cos\varepsilon}\right)\Delta c$$

$$+ \left[-\frac{2-e^2}{f^2}\sin\varepsilon + \frac{e}{2f^2}\sin 2\varepsilon - \left(\frac{e}{f^2} + \frac{2\cos\varepsilon}{f^2}\right)n\delta z - \frac{\partial . n\delta z}{\partial \varepsilon}\,\frac{\sin\varepsilon}{1-e\cos\varepsilon}\right]\Delta e$$

$$+ \left(-\frac{2+e^2}{2f} + \frac{2e}{f}\cos\varepsilon - \frac{e^2}{2f}\cos 2\varepsilon - \frac{2e}{f}\sin\varepsilon . n\delta z\right)\Delta\chi$$

$$+ \left(\frac{e}{f^2} + \frac{2\cos\varepsilon}{f^2}\right)\Delta c\,\Delta e + \frac{2e}{f}\sin\varepsilon\,\Delta c\,\Delta\chi$$

$$+ \left(\frac{9e-4e^3}{4f^4}\sin\varepsilon + \frac{5-6e^2}{4f^4}\sin 2\varepsilon - \frac{e}{4f^4}\sin 3\varepsilon\right)\Delta e^2$$

$$+ \left(\frac{4e-2e^3}{2f^4} - \frac{e^2}{2f^3}\cos\varepsilon - \frac{4e-2e^3}{2f^3}\cos 2\varepsilon + \frac{e^2}{2f^3}\cos 3\varepsilon\right)\Delta e\,\Delta\chi$$

$$+ \left(\frac{4e+e^3}{4f^2}\sin\varepsilon - \frac{e^2}{f^2}\sin 2\varepsilon + \frac{e^3}{4f^2}\sin 3\varepsilon\right)\Delta\chi^2\,.$$

32.

On peut aussi, par le même procédé, exprimer (ν) en fonction des mêmes éléments. En posant

$$\mathfrak{p} = \frac{e_0 + \cos\bar{\varepsilon}}{f_0^2}, \qquad \mathfrak{Q} = \frac{e_0 \sin\bar{\varepsilon}}{f_0},$$

$$P = \frac{e_0 + \cos\varepsilon_0}{f_0^2}, \qquad Q = \frac{e_0 \sin\varepsilon_0}{f_0},$$

on a, en supprimant les indices,

$$\frac{\partial P}{\partial e} = \frac{1 + e^2 + 2e\cos\varepsilon}{f^4}, \qquad \frac{\partial Q}{\partial e} = \frac{1}{f^3}\sin\varepsilon,$$

$$\frac{\partial P}{\partial g} = -\frac{\sin\varepsilon}{f^2}\,\frac{1}{1 - e\cos\varepsilon}, \qquad \frac{\partial Q}{\partial g} = \frac{e\cos\varepsilon}{f}\,\frac{1}{1 - e\cos\varepsilon},$$

$$\frac{\partial P}{\partial g} = -\frac{\sin\varepsilon}{f^2}, \qquad \frac{\partial Q}{\partial \varepsilon} = \frac{e\cos\varepsilon}{f};$$

comme

$$\mathfrak{p} = P + \frac{\partial P}{\partial g} n\delta z - \frac{\partial P}{\partial \varepsilon}\Delta\varepsilon - \frac{\partial P}{\partial e}\Delta e,$$

$$\mathfrak{Q} = Q + \frac{\partial Q}{\partial g} n\delta z - \frac{\partial Q}{\partial \varepsilon}\Delta\varepsilon - \frac{\partial Q}{\partial e}\Delta e,$$

et que, de plus, il faut remplacer ν par

$$\nu - \left(\frac{\partial \nu}{\partial c} + \frac{\partial \nu}{\partial \varepsilon}\,\frac{1}{1 - e\cos\varepsilon}\right)\Delta c - \frac{\partial \nu}{\partial \varepsilon}\,\frac{\sin\varepsilon}{1 - e\cos\varepsilon}\Delta e,$$

il vient, par substitution dans l'équation (35),

$$\begin{aligned}
(\nu) = {} & \nu + \tfrac{2}{3}\frac{\Delta n}{n} + \frac{e + \cos\varepsilon}{f^2}\Delta e + \frac{e\sin\varepsilon}{f}\Delta\chi \\
& + \tfrac{2}{3}\frac{\Delta n}{n}\nu + \frac{e + \cos\varepsilon}{f^2}\nu\Delta e + \frac{e\sin\varepsilon}{f}\nu\Delta\chi \\
& - \frac{\partial \nu}{\partial \varepsilon}\,\frac{1}{1 - e\cos e}\Delta c - \frac{\partial \nu}{\partial c}\Delta c - \frac{\partial \nu}{\partial \varepsilon}\,\frac{\sin\varepsilon}{1 - e\cos\varepsilon}\Delta e \\
& - \frac{\sin\varepsilon}{f^2}\,\frac{1}{1 - e\cos\varepsilon} n\delta z\Delta e + \frac{e\cos\varepsilon}{f}\,\frac{1}{1 - e\cos\varepsilon} n\delta z\Delta\chi \\
& - \tfrac{1}{9}\left(\frac{\Delta n}{n}\right)^2 + \tfrac{2}{3}\frac{e + \cos\varepsilon}{f^2}\,\frac{\Delta n}{n}\Delta e + \tfrac{2}{3}\frac{e\sin\varepsilon}{f}\,\frac{\Delta n}{n}\Delta\chi
\end{aligned}$$

$$+\frac{\sin\varepsilon}{f^2(1-e\cos\varepsilon)}\Delta c\Delta e-\frac{e\cos\varepsilon}{f(1-e\cos\varepsilon)}\Delta c\Delta\chi$$

$$+\left(\frac{1+e^2}{f^3}\sin\varepsilon-\frac{e\sin 2\varepsilon}{2f(1-e\cos\varepsilon)}\right)\Delta e\Delta\chi$$

$$+\left(\frac{e^2}{2f^2}-\frac{e\cos\varepsilon}{2f^2}\right)\Delta\chi^2+\frac{\sin^2\varepsilon}{f^2(1-e\cos\varepsilon)}\Delta e^2.$$

Si l'on pose $e=\sin\varphi$, $\zeta=\operatorname{tang}\frac{1}{2}\varphi$, on a, pour servir au calcul de $n\delta(z)$ et de (ν), les formules suivantes

$$\frac{1}{1-e\cos\varepsilon}=\frac{1}{f}(1+2\zeta\cos\varepsilon+2\zeta^2\cos 2\varepsilon+\cdots),$$

$$\frac{\sin\varepsilon}{1-e\cos\varepsilon}=(1+\zeta^2)(\sin\varepsilon+\zeta\sin 2e+\zeta^2\sin 3\varepsilon+\cdots),$$

$$\frac{e\cos\varepsilon}{1-e\cos\varepsilon}=\frac{1}{f}(1-f+2\zeta\cos\varepsilon+2\zeta^2\cos 2\varepsilon+2\zeta^3\cos 3\varepsilon+\cdots),$$

$$\frac{\sin^2\varepsilon}{1-e\cos\varepsilon}=\tfrac{1}{2}(1+\zeta^2)[1+\zeta\cos\varepsilon-f(1+\zeta^2)(\cos 2\varepsilon+\zeta\cos 3\varepsilon+\cdots)],$$

$$\frac{e\sin\varepsilon\cos\varepsilon}{1-e\cos\varepsilon}=\zeta^2\sin\varepsilon+\zeta(1+\zeta^2)(\sin 2\varepsilon+\zeta\sin 3\varepsilon+\zeta^2\sin 4\varepsilon+\cdots).$$

33.

Pour développer l'expression (37) en fonction des mêmes éléments, je pose, pour abréger,

$$B=\beta\cos(\varpi_0-\theta_0)-\gamma\sin(\varpi_0-\theta_0),$$
$$C=f[\beta\sin(\varpi_0-\theta_0)+\gamma\cos(\varpi_0-\theta_0)],$$

ce qui donne

$$\frac{\Delta u}{\cos i_0}=-eB+B\cos\bar{\varepsilon}-C\sin\bar{\varepsilon};$$

remplaçant ici Δu par sa valeur de l'art. 28, il vient

$$\frac{(u)}{\cos i_0}=\left(\frac{u}{\cos i_0}-e_0B+B\cos\bar{\varepsilon}-C\sin\bar{\varepsilon}\right)\frac{a_0(1+\nu)}{a[1+(\nu)]}:$$

or,

$$\left(\frac{a_0}{a}\right)^{\frac{3}{2}}=\frac{n}{n_0}=1+\frac{n-n_0}{n_0}=1+\Delta n(n-\Delta n)^{-1}=1+\frac{\Delta n}{n},$$

$$\frac{a_0}{a}=\left(1+\frac{\Delta n}{n}\right)^{\frac{2}{3}}=1+\tfrac{2}{3}\frac{\Delta n}{n},$$

$$(1+\nu)\,[1+(\nu)]^{-1}=1-[(\nu)-\nu],$$

par suite,

$$\frac{(u)}{\cos i_0}=\frac{u}{\cos i_0}-eB-C\sin\bar{\varepsilon}+B\cos\bar{\varepsilon}$$

$$+\tfrac{2}{3}\frac{\Delta n}{n}\frac{u}{\cos i}-\tfrac{2}{3}\frac{\Delta n}{n}eB-\tfrac{2}{3}\frac{\Delta n}{n}C\sin\bar{\varepsilon}+\tfrac{2}{3}\frac{\Delta n}{n}B\cos\bar{\varepsilon}.$$

Pour remplacer dans cette expression $\bar{\varepsilon}$ par ε_0, il faut remplacer

$$\sin\bar{\varepsilon}\text{ par }\sin\varepsilon_0+\frac{\partial\sin\varepsilon}{\partial g}n\delta z=\sin\varepsilon_0+\frac{\cos\varepsilon_0}{1-e\cos\varepsilon_0}n\delta z,$$

$$\cos\bar{\varepsilon}\text{ par }\cos\varepsilon_0+\frac{\partial\cos\varepsilon}{\partial g}n\delta z=\cos\varepsilon_0-\frac{\sin\varepsilon_0}{1-e\cos\varepsilon_0}n\delta z,$$

ce qui donne

$$\frac{(u)}{\cos i}=\frac{u}{\cos i}-eB-C\sin\varepsilon+B\cos\varepsilon-\frac{C\cos\varepsilon}{1-e\cos\varepsilon}n\delta z-\frac{B\sin\varepsilon}{1-e\cos\varepsilon}n\delta z$$

$$+\tfrac{2}{3}\frac{\Delta n}{n}\frac{u}{\cos i}-\tfrac{2}{3}\frac{\Delta n}{n}eB-\tfrac{2}{3}\frac{\Delta n}{n}C\sin\varepsilon+\tfrac{2}{3}\frac{\Delta n}{n}B\cos\varepsilon$$

$$-[(\nu)-\nu]\frac{u}{\cos i}+[(\nu)-\nu]eB+[(\nu)-\nu]C\sin\varepsilon-[(\nu)-\nu]B\cos\varepsilon,$$

où, pour abréger, on a écrit ε au lieu de ε_0.

Passant maintenant à l'expression de $\frac{(u)}{\cos i}$ en fonction de $\varepsilon,(c),(e)$, il vient

$$\frac{(u)}{\cos i}=\frac{u}{\cos i}-\frac{\frac{\partial u}{\partial\varepsilon}}{\cos i}\left(\frac{\Delta c}{1-e\cos\varepsilon}+\frac{\sin\varepsilon}{1-e\cos\varepsilon}\Delta e\right)-\frac{\frac{\partial u}{\partial c}}{\cos i}\Delta c$$

$$-C\sin\varepsilon-C\cos\varepsilon\frac{n\delta z}{1-e\cos\varepsilon}+C\cos\varepsilon\left(\frac{\Delta c}{1-e\cos\varepsilon}+\frac{\sin\varepsilon}{1-e\cos\varepsilon}\Delta e\right)$$

$$+B\cos\varepsilon-B\sin\varepsilon.\frac{n\delta z}{1-e\cos\varepsilon}+B\sin\varepsilon\left(\frac{\Delta c}{1-e\cos\varepsilon}+\frac{\sin\varepsilon}{1-e\cos\varepsilon}\Delta e\right)$$

$$+\tfrac{2}{3}\frac{\Delta n}{n}\left(\frac{u}{\cos i}-eB-C\sin\varepsilon+B\cos\varepsilon\right)$$

$$-[(\nu)-\nu]\left(\frac{u}{\cos i}-eB-C\sin\varepsilon+B\cos\varepsilon\right),$$

où bien

$$\frac{(u)}{\cos i} = \frac{u}{\cos i} - eB - C\sin\varepsilon + B\cos\varepsilon$$

$$- \frac{\frac{\partial u}{\partial \varepsilon}}{\cos i} \frac{\Delta c}{1 - e\cos\varepsilon} - \frac{\frac{\partial u}{\partial \varepsilon}}{\cos i} \frac{\sin\varepsilon}{1 - e\cos\varepsilon} \Delta e - \frac{\frac{\partial u}{\partial c}}{\cos i} \Delta c$$

$$+ \frac{2}{3} \frac{\Delta n}{n} \left(\frac{u}{\cos i} - eB - C\sin\varepsilon + B\cos\varepsilon \right).$$

$$- [(\nu) - \nu] \left(\frac{u}{\cos i} - eB - C\sin\varepsilon + B\cos\varepsilon \right)$$

$$- \frac{1}{1 - e\cos\varepsilon} (C\cos\varepsilon + B\sin\varepsilon) n\delta z$$

$$+ \frac{1}{1 - e\cos\varepsilon} (C\cos\varepsilon + B\sin\varepsilon) \Delta c$$

$$+ \frac{1}{1 - e\cos\varepsilon} (\tfrac{1}{2} C\sin 2\varepsilon + B\sin^2\varepsilon) \Delta e .$$

Dans la plupart des cas, beaucoup de ces termes sont insensibles.

33.

Il faut maintenant introduire la condition pour que les nouveaux éléments elliptiques soient les éléments moyens.

Soit

$$n\delta z = (A)_1 e^{\varepsilon i} + (A)_2 e^{2\varepsilon i} + (A)_3 e^{3\varepsilon i} + \cdots ;$$

substituant, dans l'expression de $n(\delta)z$, cette partie de $n\delta z$ indépendante de j', et ne conservant que les termes constants et ceux qui dépendent de $e^{\varepsilon i}$, remarquant, de plus, que c, qui entre toujours avec j', ne peut dès lors se trouver ici, on a

$$\frac{\partial . n\delta z}{\partial \varepsilon} = i [(A)_1 e^{\varepsilon i} + 2(A)_2 e^{2\varepsilon i} + 3(A)_3 e^{3\varepsilon i} + \cdots] ,$$

qu'il faut multiplier par

$$\frac{1}{1 - e\cos\varepsilon} = \frac{1}{f} [1 + \zeta(e^{\varepsilon i} + e^{-\varepsilon i}) + \zeta^2(e^{2\varepsilon i} + e^{-2\varepsilon i}) + \cdots] .$$

pour avoir le coefficient de Δc dans $n\delta(z)$. Effectuant on trouve

$$1+\frac{1}{f}i\{2(A)_1\zeta+4(A)_2\zeta^2+6(A)_3\zeta^3+\cdots$$
$$+[(A)_1+2(A)_2\zeta+3(A)_3\zeta^2+\cdots+A_1\zeta^2+2A_2\zeta^3+\cdots]\}e^{\varepsilon i}.$$

On a aussi

$$-\frac{\sin\varepsilon}{1-e\cos\varepsilon}\frac{\partial.n\delta z}{\partial\varepsilon}=\frac{1+\zeta^2}{2}\{2(A)_1+4\zeta(A)_2+6\zeta^2(A)_3+\cdots$$
$$+[2(A)_2+3\zeta(A)_3+4\zeta^2(A)_4+\cdots$$
$$-A_1\zeta-2A_2\zeta^2-3A_3\zeta^3-\cdots]e^{\varepsilon i}\},$$

et

$$-\frac{1}{f^2}(e+2\cos\varepsilon)n\delta z=-\frac{1}{f^2}\{[e(A)_1+A_2]e^{\varepsilon i}+2A_1\};$$

ajoutant enfin

$$\frac{i}{2f^2}(2-e^2)e^{\varepsilon i}$$

à la somme de ces deux expressions, on obtient, pour le coefficient de Δe,

$$\frac{1+\zeta^2}{2}[2(A)_1+4\zeta(A)_2+6\zeta^2(A)_3+\cdots]-\frac{2A_1}{f^2}$$
$$+\left\{\frac{1+\zeta^2}{2}[2(A)_2+3\zeta(A)_3+4\zeta^2(A)_4+\cdots-A_1\zeta-2A_2\zeta^2-3A_3\zeta^3-\cdots]\right.$$
$$\left.-\frac{1}{f^2}[e(A)_1+(A)_2]+\frac{i}{2f^2}(2-e^2)\right\}e^{\varepsilon i}.$$

On a encore

$$-\frac{e}{2f}\sin\varepsilon.n\ z=\frac{ie}{f}[-2(A)_1-(A)_2e^{2\varepsilon i}],$$

par suite, le coefficient de $\Delta\chi$ est

$$-\frac{2+e^2}{2f}-\frac{2ei(A)_1}{f}+\frac{e}{f}[1-i(A)_2]e^{\varepsilon i}.$$

On peut aussi écrire, pour le coefficient de Δc,

$$1-\frac{2}{f}(\zeta A_1'+2\zeta^2A_2''+3\zeta^3A_3''+\cdots)$$
$$+\frac{1}{f}\{-(1-\zeta^2)(A_1''+2\zeta A_2''+3\zeta^2A_3''+\cdots)$$
$$+i(1+\zeta^2)(A_1'+2\zeta A_2'+3\zeta^2A_3'+\cdots)\}e^{\varepsilon i};$$

pour le coefficient de Δe,

$$
\begin{aligned}
&(1+\zeta^2)(A_1'+2\zeta A_2'+3\zeta A_3'+\cdots)-\frac{2A_1'}{f^2}\\
&+\left\{\begin{aligned}
&\frac{1+\zeta^2}{2}[-\zeta A_1'+2(1-\zeta^2)A_2'+3(1-\zeta^2)A_3'+\cdots]-\frac{eA_1'+A_2'}{f^2}\\
&+i\left\{\frac{1+\zeta^2}{2}[\zeta A_1''+2(1+\zeta^2)A_2''+3\zeta(1+\zeta^2)A_3''+\cdots]\right.\\
&\qquad\qquad\left.-\frac{1}{f^2}eA_1''-\frac{1}{f^2}A_2''+\frac{2-e^2}{2f^2}\right\}
\end{aligned}\right\}e^{\varepsilon i};
\end{aligned}
$$

pour le coefficient de $\Delta\chi$,

$$
-\frac{2+e^2}{2f}+\frac{2eA_1'}{f}+\frac{e}{f}(1+A_2''-iA_2')e^{\varepsilon i}.
$$

La substitution de ces résultats dans l'expression de $n\delta(z)$ donne

$$
\begin{aligned}
n\delta(z)=n\delta z&-\left[1-\frac{2}{f}(\zeta A_1'+2\zeta^2A_2''+3\zeta^3A_3''+\cdots)\right]\Delta c\\
&+\left[\left(1+\zeta^2-\frac{2}{f^2}\right)A_1'+(1+\zeta^2)(2\zeta A_2'+3\zeta^2A_3'+\cdots)\right]\Delta e\\
&-\left(\frac{2+e^2}{2f}-\frac{2eA_1'}{f}\right)\Delta\chi+\frac{e}{f^2}\Delta c\,\Delta e+\frac{2e-e^3}{f^4}\Delta e\,\Delta\chi\\
&+\left\{\begin{aligned}
&-\frac{1}{f}(1-\zeta^2)(A_1''+2\zeta A_2''+3\zeta^2A_3''+\cdots)\Delta c\\
&+\left\{-\left[\zeta(1+\zeta^2)+\frac{e}{f^2}\right]A_1'+\left(1-\zeta^4-\frac{1}{f^2}\right)A_2'\right.\\
&\qquad\left.+\frac{1-\zeta^4}{2}(3\zeta A_3'+4\zeta^2A_4'+\cdots)\right\}\Delta e\\
&+\frac{e}{f}(1+A_2'')\Delta\chi-\frac{e}{4f^3}\Delta e\,\Delta\chi+\frac{1}{f^2}\Delta e\,\Delta c\\
&+i\left\{\begin{aligned}
&\frac{1+\zeta^2}{f}(A_1'+2\zeta A_2'+3\zeta^2A_3'+\cdots)\Delta c\\
&+\left\{\left[\frac{\zeta(1+\zeta^2)}{2}-\frac{e}{f^2}\right]A_1''+\left[(1+\zeta^2)^2-\frac{1}{f^2}\right]A_2''\right.\\
&\qquad\left.+\frac{(1+\zeta^2)^2}{2}(3\zeta A_3''+4\zeta^2A_4''+\cdots)+\frac{2-e^2}{f^2}\right\}\Delta c\\
&-\frac{e}{f}A_2'\Delta\chi-\frac{e}{f}\Delta c\,\Delta\chi-\frac{9e-4e^3}{8f^4}\Delta e^2-\frac{4e+e^3}{8f^2}\Delta\chi^2
\end{aligned}\right\}
\end{aligned}\right\}e^{\varepsilon i}.
\end{aligned}
$$

D'après l'art. 40, *Première partie*, les éléments moyens annulent les trois coefficients qui précèdent; les trois équations qui en résultent, résolues par approximations successives, donnent les valeurs de Δc, $\Delta\chi$, Δe. On aura ensuite

$$\begin{aligned}(e) &= e_0 + \Delta e,\\ (\chi) &= \varpi_0 + \Delta\chi,\\ (c) &= c_0 + \Delta c,\end{aligned}$$

où (e), (χ), (c) sont les éléments moyens.

34.

Soient maintenant

$$\begin{aligned}n\delta z &= A\mathrm{e}^{\varepsilon i},\\ (\nu) - \nu &= F\mathrm{e}^{\varepsilon i},\\ \frac{u}{\cos i} &= H\mathrm{e}^{\varepsilon i};\end{aligned}$$

De là on tire

$$\frac{\frac{\partial u}{\partial \varepsilon}}{\cos i} = iH\mathrm{e}^{\varepsilon}, \quad \frac{\partial u}{\partial c} = 0,$$

et, en substituant dans l'art. 32, il vient

$$\frac{(u)}{\cos i} = \left\{\begin{array}{l} H' + \frac{1}{2}B + \frac{1}{2}eBF' - \frac{\zeta(1+\zeta^2)}{2}A'C - \frac{\zeta}{4(1+\zeta^2)}A''B \\ -(1+\zeta^2)\left(\frac{H''}{f} - \frac{1}{2}C\right)\Delta c - \frac{1}{2}\zeta\left[\frac{H'}{1+\zeta^2} - (1+\zeta^2)\frac{B}{2}\right]\Delta e \\ \qquad\qquad\qquad\qquad + \frac{2}{3}\left(H' + \frac{1}{2}B\right)\frac{\Delta n}{n} \\ + i\left\{\begin{array}{l} -H'' + \frac{1}{2}fC - \frac{1}{2}eBF'' - \frac{\zeta(1+\zeta^2)}{2}A''C + \frac{\zeta}{4(1+\zeta^2)}A'B \\ -\left[\frac{1}{f}(1-\zeta^2)H' + \frac{B}{4(1+\zeta^2)}\right]\Delta c \\ \qquad - \frac{1}{2}\zeta\left(\frac{H''}{1+\zeta^2} + \frac{\zeta f}{e}C\right)\Delta e - \frac{2}{3}\left(H'' - \frac{1}{2}fC\right)\frac{\Delta n}{n} \end{array}\right\} \end{array}\right\}\mathrm{e}^{\varepsilon i}.$$

En égalant à 0, d'après l'art. 40, *Première partie*, ce coefficient de la première puissance de $\mathrm{e}^{\varepsilon i}$, on a deux équations, à l'aide desquelles on déterminera B et C. On en tire approximativement

$$B = -2H' + 2eH'F' + \zeta(1+\zeta^2)\frac{A'H''}{f} + \frac{\zeta}{1+\zeta^2}A''H',$$

$$C = 2H' - 2eH'F'' + \zeta(1+\zeta^2)A''H'' + \frac{f\zeta}{1+\zeta^2}A'H'$$

On aura ensuite les quantités désignées par β et γ, à l'art. 28, par les équations suivantes

$$\beta = B\cos(\varpi_0 - \theta_0) + \frac{1}{f} C\sin(\varpi_0 - \theta_0),$$

$$\gamma = - B\sin(\varpi_0 - \theta_0) + \frac{1}{f} C\cos(\varpi_0 - \theta_0).$$

Le même article donne encore

$$\Delta i = \gamma + \frac{\beta^2}{2}\cot i_0 + \frac{\gamma^2}{2}\tang i_0,$$

$$\Delta\sigma = \beta\cot i_0 - \beta\gamma\cot^2 i_0;$$

par suite,

$$(i) = i_0 + \Delta i,$$

$$(\sigma) = \theta_0 + \Delta\sigma,$$

$$(\varpi) = (\chi) + \frac{2\sin^2\frac{1}{2}i_0}{\cos i_0}\Delta\sigma,$$

$$(\theta) = (\sigma) + \frac{2\sin^2\frac{1}{2}i_0}{\cos i_0}\Delta\sigma.$$

Ces recherches achèvent de déterminer les coefficients contenus dans les valeurs de $n\delta(z)$, (ν), $\frac{(u)}{\cos i}$, des art. 31, 32 et 33.

On exprime ainsi en fonction des éléments moyens les perturbations calculées d'abord en fonction des éléments fournis par l'observation, ce qui donne la solution complète du problème proposé.

ERRATA

Page 25, ligne 12, en descendant, lisez $(1-\beta^2)\frac{\partial^2\zeta}{\partial\tau^2}$, au lieu de $(1-\beta^2)\frac{\partial^2\zeta}{\partial\tau}$.

Page 25, ligne 7, en montant, lisez $\frac{\overline{\partial\beta}}{\partial\tau}$, au lieu de $\frac{\partial\beta}{\partial\tau}$.

Page 29, ligne 11, en descendant, lisez $u=\frac{r}{a_0}s$, au lieu de $u=\frac{r}{a_0}$.

Page 43, ligne 12, en descendant, lisez $\frac{\partial\Omega}{\partial w}$, au lieu de $\frac{\partial\Omega}{\partial Z}$.

Page 45, ligne 2, en montant, lisez $(H)_j$, au lieu de (H).

Page 46, ligne 9, en montant, lisez $(G)\,e^{-ni}$, au lieu de $(G)\,e^{-i}$.

Page 48, ligne 7, en montant, lisez $\left(1+\frac{\delta h}{h_0}\right)^{-1}$, au lieu de $\left(1+\frac{\delta h}{h_0}\right)^{-}$.

Page 52, ligne 10, en descendant, lisez $(P)_3$, au lieu de (P_3).

Page 60, ligne 3, en montant, lisez R''_3, au lieu de R''_0.

Page 65, ligne 3, en montant, intercalez Δ entre Σ et W.

Page 87, ligne 5, en descendant, abaissez i au niveau de l'exposant.

Page 105, lignes 13, 14, 17, 18, en descendant, lisez ∂, au lieu de d dans les premiers membres.

Page 182, ligne 7, en descendant, lisez $\tan g\,\frac{1}{2}\varepsilon$, au lieu de $\tan g\,{}^{1}\varepsilon$.

Page 182, ligne 9, en descendant, lisez de, au lieu de ∂e.

TABLE DES MATIÈRES

Première partie.

§ I. Transformation des coordonnées 2
§ II. Formation des équations différentielles des perturbations du temps, du logarithme du rayon vecteur et de la coordonnée perpendiculaire au plan fondamental 18
§ III. De la fonction perturbatrice et de ses dérivées partielles 31
§ IV. Développement des fonctions W_0 et R_0 suivant les puissances de $e^{\varepsilon i}$. 42
§ V. Intégration des équations différentielles dans le cas où $j' = 0$. — Détermination des constantes arbitraires dans deux cas différents. 51

Deuxième partie.

§ I. Établissement des formules générales nécessaires pour le calcul des perturbations du second ordre 66
§ II. Développement des quantités auxiliaires servant au calcul des perturbations dépendant du carré de la masse perturbatrice 84
§ III. Variation séculaire de la longitude moyenne 95
§ IV. Intégration des expressions précédemment calculées et desquelles dépendent les perturbations du second ordre 128
§ V. Développement de l'équation de condition établie à l'art. 51 148
§ VI. Calcul des termes dépendant des produits des masses perturbatrices. 168

Troisième partie.

§ I. Transformation des éléments elliptiques 175
§ II. Développement des expressions des corrections à faire aux coefficients de perturbations, et qui résultent de la correction des éléments osculateurs pris pour base du calcul 185
§ III. Transformation des perturbations dépendant des éléments osculateurs en perturbations dépendant des éléments moyens. — Détermination des éléments moyens 208

Errata 231

Bordeaux.—Imp. G. Gounouilhou, rue Guiraude, 11.

www.ingramcontent.com/pod-product-compliance
Lightning Source LLC
Chambersburg PA
CBHW071655200326
41519CB00012BA/2518
9782013737913